Bionik als Wissenschaft

Werner Nachtigall

Bionik als Wissenschaft

Erkennen → Abstrahieren → Umsetzen

Prof. Dr. Werner Nachtigall
Höhenweg 169
66133 Scheidt

ISBN 978-3-642-10319-3 e-ISBN 978-3-642-10320-9
DOI 10.1007/978-3-642-10320-9
Springer Heidelberg Dordrecht London New York

Die Deutsche Nationalbibliothek verzeichnet diese Publikation in der Deutschen Nationalbibliografie; detaillierte bibliografische Daten sind im Internet über http://dnb.d-nb.de abrufbar.

© Springer-Verlag Berlin Heidelberg 2010
Dieses Werk ist urheberrechtlich geschützt. Die dadurch begründeten Rechte, insbesondere die der Übersetzung, des Nachdrucks, des Vortrags, der Entnahme von Abbildungen und Tabellen, der Funksendung, der Mikroverfilmung oder der Vervielfältigung auf anderen Wegen und der Speicherung in Datenverarbeitungsanlagen, bleiben, auch bei nur auszugsweiser Verwertung, vorbehalten. Eine Vervielfältigung dieses Werkes oder von Teilen dieses Werkes ist auch im Einzelfall nur in den Grenzen der gesetzlichen Bestimmungen des Urheberrechtsgesetzes der Bundesrepublik Deutschland vom 9. September 1965 in der jeweils geltenden Fassung zulässig. Sie ist grundsätzlich vergütungspflichtig. Zuwiderhandlungen unterliegen den Strafbestimmungen des Urheberrechtsgesetzes.
Die Wiedergabe von Gebrauchsnamen, Handelsnamen, Warenbezeichnungen usw. in diesem Werk berechtigt auch ohne besondere Kennzeichnung nicht zu der Annahme, dass solche Namen im Sinne der Warenzeichen- und Markenschutz-Gesetzgebung als frei zu betrachten wären und daher von jedermann benutzt werden dürften.

Satz und Herstellung: le-tex publishing services GmbH, Leipzig
Einbandentwurf: eStudioCalamar, Figueres/Berlin

Gedruckt auf säurefreiem Papier

Springer ist Teil der Fachverlagsgruppe Springer Science+Business Media (www.springer.de)

Für Martha

For Martin

Vorwort

Der Begriff „bionics" taucht erstmals wohl bei Steele (1961) auf. Eine der allgemeinsten Definitionen der Bionik könnte lauten:

„*Technische Umsetzung von Prinzipien der Natur*".

Diese Definition ist nicht sehr scharf. Zum Beispiel ist mit „Natur" im Allgemeinen die Welt der Lebewesen gemeint. Es gibt aber auch die unbelebte Umwelt. Man kennt präzisere und detailliertere Definitionen, die sich in der Diskussion herauskristallisiert haben und die heute unter Bionikern allgemein akzeptiert sind (Abschn. 9.1). Aber bleiben wir einmal bei diesem schlichten Satz, denn er kennzeichnet schon klar genug das methodische Vorgehen.

Bevor man etwas umsetzen kann, muss man es erforschen, das heißt, in seinem So-Sein erkannt haben. Und bevor man Prinzipien abstrahieren kann, muss man eine genügend große Datenmenge aus der Natur, das heißt das „So-Sein der Natur in ihren real existierenden Facetten", kennen. Damit ergibt sich die folgende Vorgehensweise. An einem altbekannten Beispiel ist sie in der folgenden Abbildung illustriert.

A Erforschen der belebten Welt. Im Allgemeinen: Erkennen von Struktur-Funktions-Beziehungen bei bestimmten Arten von Tieren und Pflanzen.
B Abstraktion allgemeiner Prinzipien aus den „biologischen Originaldaten", die sich aus (A) ergeben haben.
C Adäquate, der Technik angemessene Umsetzung allgemeiner Prinzipien nach (B) bis zur Realisation durch den konstruierenden Ingenieur.

Man kann sich nun streiten, wo in dieser Vorgehenskette *Bionik* als eigenständige Wissenschaft angesiedelt ist. Bionik betreiben bedeutet ja gerade *nicht* **die Natur direkt zu kopieren**. Das wäre Schritt (C) direkt auf Schritt (A) gesetzt, unter Auslassung von Schritt (B). Es bedeutet vielmehr, **abstrahierte Naturprinzipien technologisch umzusetzen**. Das wäre das Kettenglied (B) zwischen Schritt (A) und Schritt (C).

Ich vertrete die letztgenannte Sichtweise. In diesem Buch ist mit „Bionik" immer „Bionik im eigentlichen Sinne" gemeint, also im Sinne von Schritt (C), auch wenn

A.) AM ANFANG STEHT DIE NATURFORSCHUNG
("Technische Biologie" → Grundlagenforschung)

Klettfrüchte haften an Fellen und Kleidern

B.) ES FOLGT DIE ABSTRAKTION EINES PRINZIPS

> Prinzip der
> statistischen Verhakung

C.) DAS PRINZIP WIRD TECHNISCH UMGESETZT
("Bionik" → angewandte Forschung)

Technisches Klettband

Zum Dreistufenprinzip der LU-Methode (vgl. Abschn. 10.1.7)

„im eigentlichen Sinne" nicht immer dabeisteht. Andere finden, dass man bereits Bionik betreibt, wenn man „Vorbilder" aus der Natur schon unter dem Gesichtspunkt des späteren Umsetzens untersucht. Was ich im nächsten Absatz als „Technische Biologie" anführe, wäre demnach also bereits Teil der Bionik. Die Vertreter dieser Sichtweise verwenden den Begriff „Bionik" also als „Bionik im weitesten Sinne". Im vorliegenden Buch wird diese Begriffserweiterung außerhalb dieser Vorbemerkungen nicht weiter verwendet.

Ich habe den Anfangsschritt (A) der genannten Kette immer als *Technische Biologie* bezeichnet. Diese untersucht Tiere und Pflanzen aus dem Blickwinkel der Ingenieurwissenschaften und der Technischen Physik. Sie versucht, ihre Objekte mit den Analysemethoden dieser Disziplinen zu erfassen und zu verstehen sowie mit den Deskriptionsmethoden dieser Disziplinen zu beschreiben.

Damit lassen sich – in geeigneten Fällen bereits im Zuge dieser Vorgehensweise – aus den Basisdaten diejenigen allgemeinen Gesetzlichkeiten ableiten, welche die *Bionik* für die anschließende Umsetzungsphase benötigt.

Somit kann man sagen: *Technische Biologie* verbindet nach unserem Schema Schritt (A) mit Schritt (B), und *Bionik* verbindet Schritt (B) mit Schritt (C). Mit (B) überschneiden sich also die beiden Ansätze; (B) wäre sozusagen ihr gemeinsamer Nenner.

Ein Vorteil dieser definitorischen Trennung liegt auch darin, dass man die *Technische Biologie* als eigenständige Disziplin betrachten kann, mit spezifischen Näherungsweisen und eigenen Ergebnissen. Die Ergebnisse *können durchaus auch für sich stehen* (wie auch andere biologische Ansätze, die nicht auf einer technisch orientierten Betrachtungsweise beruhen). Technische Biologie habe ich mit meinen Arbeitsgruppen jahrzehntelang sehr intensiv betrieben. Ergebnisse dieser Disziplin *müssen nicht* notwendigerweise umgesetzt werden, können und sollten dies aber. Das kann auch durch andere Autoren geschehen, die auf den Ergebnissen technisch-biologisch orientierter Bearbeiter aufbauen. Dafür gibt es viele Beispiele.

Bezeichnet man dagegen die gesamte Kette A → B → C als *Bionik* „im weitesten Sinne", beginnt man also mit einem Forschungsprojekt und bleibt dann mit der Bearbeitung der Stufe A stehen, so hat man die weitergehende Erwartung nicht erfüllt, die mit einer solchen Bezeichnungsweise nolens volens gekoppelt ist: Die Ergebnisse verschwinden in einem Datenpool. Das ist für die Grundlagenforschung akzeptabel, zu der ja die *Technische Biologie* zählt, nicht aber für die angewandte Forschung.

Aus Gründen einer kurzen und prägnanten Formulierung steht im Haupttitel dieses Buches nur der Begriff „Bionik". Wie im Untertitel verdeutlicht wird, befasst es sich aber im Detail mit den Schritten A → B → C und schildert Grundlagen und Vorgehensweisen jedes dieser Schritte sowie ihre Querbeziehungen. Bionik (im eigentlichen Sinne) ist letztendlich die gemeinsame Endstrecke, in die alles einmündet. Unter diesem Aspekt ist der Teil A des Buches, der die Grundlagen biologischen Forschens, Erkennens und Darstellens zum Inhalt hat, also bereits ein Glied in der Vorgehenskette „Lernen von der Natur für die Technik".

Auch in dieses Buch sind manche Ausschnitte aus meinen früheren Originalarbeiten und Büchern eingeflossen. Dazu wurden aus der klassischen und der Literatur der vergangenen Jahre diejenigen Arbeiten einbezogen, die mir im vorliegenden Zusammenhang relevant erschienen; unmöglich war es freilich, die diversen Verzweigungen der Einzelfragenstellungen vertiefter nachzuvollziehen und vergleichend zu diskutieren.

Ich danke Herrn Dr. A. Wisser für die Rahmendarstellungen zu den Abb. 10.9 und 10.10 sowie für vielerlei computertechnischen Rat. Herrn Dr. C. Ascheron vom Springer-Verlag danke ich für die angenehme Zusammenarbeit. Zwei kürzere Abschnitte sind dem kleinen Buch „Bionik – Lernen von der Natur" entnommen, das ich für die Beck'sche Reihe „Wissen" geschrieben habe. Dem C. H. Beck Verlag danke ich für die Abdruckgenehmigung. Schließlich danke ich den in den Legenden zu Fremdabbildungen angegebenen Autoren und Institutionen für die Wiedergabegenehmigungen.

Saarbrücken, im April 2010   Werner Nachtigall

Inhaltsverzeichnis

A Biologische Basis: Erforschen, Beschreiben, Beurteilen

1 Wissenschaftstheoretische Überlegungen zu den Substraten der Biologie 3
   1.1 Wissenstypen und Grundbezug auf die belebte Welt 3
   1.2 Organismus oder System? 5
   1.3 Kennzeichen belebter Systeme 6
   1.4 Adäquate Beschreibung biologischer Systeme durch Nachbarwissenschaften 7
   1.5 Prinzip der einfachsten Erklärungsmöglichkeit 9
   1.6 Biologie als Naturwissenschaft 9
   1.7 Physikalismus und Reduktionismus 9
      1.7.1 Physikalismus und Vitalismus 9
      1.7.2 Reduktionismus bzw. reduktiver Physikalismus 10
      1.7.3 Nicht reduktiver Physikalismus 10
      1.7.4 Pragmatische Position 12
   1.8 Analyse und Synthese – Biologie und Technik 12

2 Vorgehensweise in der Biologie 15
   2.1 Beobachtung und Beschreibung 15
      2.1.1 Beobachtung mit den Sinnesorganen 15
      2.1.2 Beobachtungen mit Geräten 16
      2.1.3 Die angemessene Beschreibung 17
      2.1.4 In welchen Fällen reicht die Methode „Beobachtung und Beschreibung" aus? 20
      2.1.5 In welchen Fällen reicht die Methode „Beobachtung und Beschreibung" nicht aus? 21
      2.1.6 Allgemeine Bedeutung der Methode „Beobachtung und Beschreibung" in der Biologie 22

3 Das Experiment ... 23
3.1 Typen von Experimenten ... 23
3.1.1 Das qualitative Experiment ... 23
3.1.2 Das quantitative Experiment ... 24
3.2 Prinzipien für das Experiment ... 25
3.2.1 Prinzip der kleinen Schritte ... 25
3.2.2 Prinzip der indirekten Messung ... 27
3.2.3 Prinzip der Lösung einer Struktur aus dem Verband ... 27
3.2.4 Prinzip der Reproduzierbarkeit ... 28
3.2.5 Prinzip der gezielten Ausschaltung ... 29
3.3 Korrelation und Kausalverknüpfung ... 29

4 Schlussfolgern, Beurteilen und Erklären in der Biologie ... 33
4.1 Die induktive und die deduktive Methode ... 33
4.1.1 Induktive Methode ... 33
4.1.2 Deduktive Methode ... 34
4.1.3 Beispiele ... 34
4.2 Die Induktion als Grundmethode des Schlussfolgerns in der naturwissenschaftlichen Forschung ... 36
4.3 Die „deduktive Komponente" induktiver Schlussfolgerung ... 37
4.4 Hypothesenprüfung durch konstruierte Einzelfälle ... 38
4.5 Analyse und Synthese ... 40
4.6 Das vierfache Methodengefüge der Induktion (Max Hartmann) ... 40
4.6.1 Teilschritte eines logisch einheitlichen Gefüges ... 40
4.6.2 Analytische Fehler ... 41
4.7 Die reine oder generalisierende Induktion ... 41
4.7.1 Definition ... 41
4.7.2 Prinzip der Methode ... 42
4.7.3 Zur Leistungsfähigkeit der Methode ... 43
4.8 Die exakte Induktion ... 43
4.8.1 Definition ... 43
4.8.2 Prinzip der Methode ... 44
4.8.3 Zur Leistungsfähigkeit der Methode ... 45
4.9 Das Kausalitätsprinzip ... 45
4.9.1 Ordnungsprinzip ... 45
4.9.2 Grundfrage ... 46
4.9.3 Kausalverknüpfung zweier Phänomenen ... 46
4.9.4 Kausalverknüpfung mehrerer Phänomene ... 46
4.9.5 Das „widerspruchsfreie Schachtelsystem" ... 48
4.10 Kausalität und Statistik ... 48
4.10.1 Verbindlichkeit eines einzigen Experiments ... 48
4.10.2 Unsicherheit kausaler Zuordnung durch nicht berücksichtigte Zwischenstufen ... 48
4.11 Finalität und Heuristik ... 50
4.11.1 Grundvorstellungen finaler Betrachtungsweisen ... 50

        4.11.2 Teleologie und Zweckhaftigkeit 51
        4.11.3 Erklärungswert finaler und kausaler Beziehungen 52
        4.11.4 Problemfindung durch finale Betrachtungsweisen 54
  4.12 Grenzüberschreitungen 55
  4.13 Wertung biologischer Ergebnisse 56
        4.13.1 Erklären, Verstehen, Vorhersagen 56
        4.13.2 Verwerfen überholter Ergebnisse 57
        4.13.3 Von der Person unabhängige Wertung 57
        4.13.4 Zwang, vorhandenes Wissen zu benutzen 57

B Abstraktion biologischer Befunde: Herausarbeitung allgemeiner Prinzipien

5 Funktion und Design 61
  5.1 Funktion 62
        5.1.1 Kennzeichnung und Anschluss an den Designbegriff 62
        5.1.2 Funktionsausprägung und Funktionsarten 63
        5.1.3 Funktion und Komplexität 64
  5.2 Design 69
        5.2.1 Versuch einer Kennzeichnung 69
        5.2.2 Biologisches Design, betrachtet aus dem Blickwinkel bionisch orientierter Formgestalter 71
        5.2.3 Biologisches Design in der Sichtweise der Philosophen 73
        5.2.4 „Generelles Design" als Überbegriff 77

6 Modellmäßige Abstraktion des biologischen Originals und Modellübertragung 79
  6.1 Modellbildung als Basis für die Abstraktion von Prinzipien 79
        6.1.1 Die Natur als Abstraktionsbasis 79
        6.1.2 Das Modell als spezifizierte Relation zur Natur 81
        6.1.3 Erkenntnistheoretische Kritik des Modellbegriffs 83
        6.1.4 Das Modell als Abbild und zugleich Vorbild 84
  6.2 Zum Problem der Modellübertragung 86
        6.2.1 Prinzipien und Kritik 86
        6.2.2 Versuch einer Zuordnung 87
        6.2.3 Analogieforschung 90
        6.2.4 Analogie und neopragmatische Modelltheorie 97
  6.3 Biologische Erkenntnis und modellmäßige Abstraktion 104
        6.3.1 Mechanische Modelle mechanischer Originale 105
        6.3.2 Mechanische Modelle nicht mechanischer Originale 107
        6.3.3 Elektrische Modelle elektrischer Originale 108
        6.3.4 Elektrische Modelle nicht elektrischer Originale 109
        6.3.5 Chemische Modelle 112
        6.3.6 Kybernetische Modelle 112
        6.3.7 Nachrichtentechnische Modelle 113

        6.3.8   Mathematische Modelle................................ 114
        6.3.9   Denkmodelle... 115
  6.4   Schlussfolgerungen zur modellmäßigen Abstraktion 115

C Umsetzung in die Technik: Konzeptuelles, Prinzipienvergleich, Vorgehensweise

7 Bionik als naturbasierter Ansatz 119
  7.1   Zum Naturbegriff – Antithese zur Technik
        oder grundsätzliche Identität? 119
        7.1.1   Lernen von der Natur 119
        7.1.2   Beispiele 121
  7.2   Zur wissenschaftsphilosophischen These
        von der Naturnachahmung durch Bionik 122
        7.2.1   Typisierung der Bionik 122
        7.2.2   Zur Nachahmungsthese der Bionik, Nachahmungstypen.... 124
  7.3   Kann Ästhetik einen Nachahmungstyp darstellen? 126
        7.3.1   Eine Betrachtungskategorie?........................... 126
        7.3.2   Ein Ordnungsprinzip? 126
  7.4   „Von der Technik zum Leben" oder „vom Leben zur Technik"? 127
        7.4.1   Philosophie und Pragmatismus 127
        7.4.2   Organismus und Maschine 128
        7.4.3   Technik und biologische Evolution 129
  7.5   Effizienz und Optimierung 129
        7.5.1   Nochmals: zum Zweckmäßigkeits- und Optimierungsbegriff 130
        7.5.2   Optimierungskriterien als heuristische Prinzipien 132

8 Bionik als interdisziplinärer Ansatz 135
  8.1   Interdisziplinarität, Technowissenschaft und Zirkulation 135
  8.2   Perspektivenwechsel durch Technowissenschaften 137
  8.3   Zum Zirkulationsprinzip..................................... 139

9 Bionik als konzeptueller Ansatz 143
  9.1   Definitionen 143
        9.1.1   Technische Biologie 143
        9.1.2   Bionik 144
        9.1.3   Technische Biologie und Bionik als Antipoden 146
  9.2   Bionik – eine fachübergreifende Vorgehensweise 149
        9.2.1   Formalisierung des Naturvergleichs 149
        9.2.2   Analogieforschung am Anfang 152
        9.2.3   Vorgehensweise der Zusammenarbeit 155
        9.2.4   Stufen der Zusammenarbeit............................ 157
        9.2.5   Typen technologischer Übertragung..................... 162
        9.2.6   Sichtweise des VDI 164
        9.2.7   Bionikdarstellungen 165

9.3 Bionik – ein Denkansatz ... 171
    9.3.1 Zehn Grundprinzipien natürlicher Systeme mit Vorbildfunktion für die Technik ... 172
    9.3.2 Vermittlung der Grundprinzipien ... 174
9.4 Bionik – eine Lebenshaltung ... 174
    9.4.1 Das Naturstudium verleiht Einsichten ... 174
    9.4.2 Eine neue Moral als Basis allen Handelns ... 175
9.5 Was kann von Bionik letztlich erwartet werden? ... 176
    9.5.1 Bionik sollte richtig eingeschätzt werden ... 176
    9.5.2 Vorgehen gestern und morgen ... 176

10 Bionik als Ansatz zum strukturierten Erfinden ... 179
    10.1 Bionik bei BR, TRIZ, SIT und anderen Entwicklungsmethoden ... 179
        10.1.1 BR: „Brainstorming" ... 180
        10.1.2 TRIZ: Theorie des erfinderischen Problemlösens (russ. Abk.) ... 180
        10.1.3 SIT: „Structured Inventive Thinking" ... 182
        10.1.4 NM: Methode von Nakayama Masakazu ... 184
        10.1.5 YN/ARIZ 02: Methode von Yoshiki Nakamura ... 186
        10.1.6 NAIS: „Naturorientierte Inventionsstrategie" ... 189
        10.1.7 LU: „Luscinius-Methode" ... 194

Literaturverzeichnis ... 201

Personenverzeichnis ... 209

Sachverzeichnis ... 213

A
Biologische Basis:
Erforschen, Beschreiben, Beurteilen

Die Basis für ein jedes Abstrahieren und Umsetzen ist das Erforschen, Erkennen und Beschreiben der einem Untersuchungsfall zugrunde liegenden Gegebenheiten. Max Planck hat das auf schlichte Weise sinngemäß so ausgedrückt:

„Vor dem Umsetzen muss das Erkennen stehen."

Biologische Systeme haben ihre Eigenheiten, die im Wesentlichen auf ihren – vielfach geradezu erschlagenden – Komplexitätsgrad zurückzuführen sind. Diese erfordern spezielle Arten der Näherung, der Erforschung und der Beschreibung. Es können dies „typisch biologische" Näherungen sein. Häufig sind es aber solche, die aus Nachbardisziplinen übertragen werden. Dies sind in der Regel „allgemeinere" Disziplinen. Die Physik etwa ist in der Wissenschaftssystematik einfach deshalb auf einem allgemeineren Niveau anzusiedeln, weil sie die Biologie subsumiert (oder doch subsumieren kann), nicht umgekehrt. Die Analyse und Beschreibung bisheriger Systeme von einem solchen „allgemeineren Niveau" aus ist eben auch dafür prädestiniert, allgemeine Prinzipien, die den speziellen biologischen Gegebenheiten zugrunde liegen, zu erkennen und herauszuarbeiten. Damit arbeitet sie aufs beste der *Bionik* in die Hand, die ja biologische Vorbilder nicht etwa kopieren will, sondern ihre allgemeineren Prinzipien, also die abstrahierten, zugrunde liegenden Gegebenheiten, einer technischen Umsetzung zugänglich zu machen sucht.

Im Folgenden werden zunächst wissenschaftstheoretische Überlegungen zu biologischen Substraten vorgestellt, danach ihre allgemeinsten Untersuchungsverfahren und schließlich erkenntnistheoretische Aspekte.

1
Wissenschaftstheoretische Überlegungen zu den Substraten der Biologie

1.1 Wissenstypen und Grundbezug auf die belebte Welt

Schülein u. Reitze (2002) teilen Wissenstypen ein in:

- *Alltagsbewusstsein*: „... ein *Doppelprozessor*". Es kann sowohl mit Vereinfachungen (Egozentrik, Routinen) als auch mit Differenzierungen (Reflexionen) arbeiten; seine Vorstellungen müssen aber nicht notwendigerweise begründet werden.
- *Theorie*: „... als systematisierte und begründete Interpretation auf der Basis von systematisierter Wissenserzeugung".
- *Wissenschaft*: „... ein Sonderfall von institutionalisierter Reflexion, die ... in ihre Entwicklung eng mit der Dynamik moderner Gesellschaften verbunden ist".

Theorien beinhalten Ansprüche auf objektive Erkenntnis, die begründbar sein müssen und dann für sich stehen. Wissenschaften sind in ihrer Funktionsweise von gesellschaftlichen Rahmenbedingungen abhängig. Damit unterscheiden sich Erkenntnistheorie und Wissenschaftstheorie:

Erkenntnistheorie muss die *Logik von Erkenntnis* klären, *Wissenschaftstheorie* die Funktionsweise einer *besonderen Form von institutionalisierter Erkenntnis* erfassen und begreifen.

Was die Technische Biologie und Bionik anbelangt, so existiert eine allgemeinere Wissenschaftstheorie dieser Disziplinen (noch) nicht; spezielle Aspekte sind in den drei Hauptabschnitten dieses Buchs an geeigneter Stelle eingestreut. Klar ist nur, dass diese Disziplinen, wie alle naturwissenschaftlichen Ansätze, dem erkenntnistheoretischen Rahmenwerk unterworfen sind, über das im Folgenden zu sprechen sein wird.

Man spricht von der „belebten Welt" als Basis, auf die sich Technische Biologie und Bionik beziehen. Dies impliziert, das der Begriff „Leben" definierbar ist und das „Leben" von „Unbelebtem" abgrenzbar ist.

Der Begriff *Leben*, so habe ich das vor einiger Zeit in einer Abhandlung über Vorgehensweisen in der Biologie ausgedrückt (Nachtigall 1972), erscheint mir als ein philosophischer Begriff, nicht als naturwissenschaftlicher; die Naturwissenschaft „Biologie" kann sich demnach nur mit (messbaren) *Lebenserscheinungen* befassen. Die kulturphilosophischen und erkenntnistheoretischen Ansätze der Zwischenzeit haben eine nähere Umgrenzung auch nicht erlaubt. Auch in der Biologie wird im Allgemeinen vorausgesetzt, dass die zu bearbeitenden Systeme „belebt" sind; dies wird in der Regel nicht näher problematisiert (z. B. Gutmann et al 1998). „Trotz seiner vielfachen Verwendung ist der Begriff aber in seinem destruktiven Gehalt und normativen Status unklar" (Toepfer 2005).

Gutmann (1996) wie bereits Gutmann und Weingarten (1995) weist darauf hin, dass bereits die altgriechische Kennzeichnung des Begriffs „Leben" nicht eindeutig ist. Das Wort ζωη (Zoë) bedeutet ein Belebtsein an sich, unterscheidet also ein Lebewesen von etwas Unbelebten, etwa einem Stein; βιοσ (bios) dagegen kennzeichnet darüber hinaus eine Lebensform, nämlich Tätigkeit in einer menschlichen Gemeinschaft. Nur der erstere Begriff (wie er in der Fachkennzeichnung „Zoologie" enthalten ist) kennzeichnet „Leben", um das es hier geht. Im Weiteren sieht Gutmann diesen Begriff – wie jedes Prädikat – als determinierenden („*x* lebt") wie auch als modifizierenden Terminus („*x* ist ein Lebendiges"): Wörter können als determinierende wie modifizierende Prädikate fungieren, und beide können theoretisch wie praktisch gemeint sein.

In den Biowissenschaften kann nur der praktische Ansatz angegeben werden, nämlich dass das Untersuchungsobjekt zu einer Klasse von Gegenständen gehört, die als „etwas Lebendiges" anzusehen sind.

Wenn in der Zeit der Entwicklung einer wissenschaftlichen Biologie Leben allgemein als ein „Zustand von Tätigkeiten" (Treviranus 1802) angesehen und, spezieller, mit dem Satz bezeichnet wird „unter Leben verstehen wir die Gesamtheit der dem Organismus eigenen Tätigkeiten" (Burdach 1842), so projiziert die Frage nur auf einen anderen Bezug, denn was ist dann der (belebte) Organismus? Jedenfalls entwickelt sich der Lebensbegriff einerseits in der Philosophie, andererseits in der Biologie des 19. Jahrhunderts zu einem Leitgegenstand, der „den Begriff für sehr unterschiedliche, ja widersprüchliche Programme gleichermaßen attraktiv macht" (Toepfer 2005), wobei freilich die Integrationsrolle des Begriffs für die unterschiedlichen Fach- und Arbeitsrichtungen der Biologie unbestritten ist.

Der genannte Autor legt einen Definitionsvorschlag mit drei „Überkriterien" vor, der wie folgt lautet:

„Leben ist eine Seinsweise von (Natur-)Gegenständen, die sich durch Organisation, Regulation und Evolution auszeichnen."

Die drei genannten zentralen Begriffe werden wie folgt erläutert:

- *Organisation* bezeichnet die Gliederung eines Gegenstands in mehrere Teile (und Prozesse), die sich in ihrer wechselseitigen Erstellung und Erhaltung gegenseitig bedingen und durch die wechselseitige Bezogenheit auf einander bestimmt werden.
- *Regulation* bezeichnet die Ausrichtung der in einem Gegenstand ablaufenden Prozesse auf die Erhaltung dieses Gegenstands; die Regulation besteht in der Versorgung des Systems mit notwendigen Stoffen aus der Umwelt (Ernährung),

der Abwehr schädigender Einwirkungen (Schutz) und der Abstimmung der Prozesse aufeinander (Koordination und Integration).
- *Evolution* bezeichnet die Transformation von Gegenständen, die sich aus der Fähigkeit der Gegenstände zur Fortpflanzung ergibt, d. h. zur Erzeugung von selbstständigen Gegenständen, die ihren Erzeugern ähneln, aber auch Variationen aufweisen, sodass es zu einer Steigerung der Komplexität der Gegenstände in einem langfristigen, Generationen übergreifenden Prozess kommt.

Mit diesen Definitionen hält der Autor den Lebensbegriff in Hinblick auf seinen naturwissenschaftlichen Gebrauch für umrissen. Da dieser aber nicht nur deskriptive, sondern auch normative Elemente enthält („biozentrische Position" der Ethik, z. B. Schweitzer [1988]; These von der „Heiligkeit des Lebens", z. B. Frey [1998]) kann Biologie nicht *die*, sondern nur *eine* Lebenswissenschaft sein. Die somit kurz umrissenen „unscharfen Ränder" des Lebensbegriffs, die ihn zwar *naturwissenschaftlich-empirisch abgrenzen*, aber nicht *philosophisch-erkenntnistheoretisch umgrenzen* können, erfordern, dass technisch-biologisches/bionisches Vorgehen epistemologisch auf einen festlegbaren Satz von Kriterien rekurriert. Diese müssen eine Entität der „belebten Welt" – es kann sich um ein Organ handeln, einen Organismus oder (was oft, aber nicht immer ganz berechtigt, als Synonym zum Begriff „Organismus" gebraucht wird) ein System – erfüllen, sollen sie denn als bionischer Grundbezug verwendet werden können. Ein solcher Satz von Kriterien muss vereinbart werden. Er beinhaltet „messbare Äußerungen (Lebensäußerung)" einer belebten Entität, deren inhärente Grundkenngrößen wir nicht fassen können und für das ein philosophischer Arbeitsbegriff „Leben" eher einen Arbeitsauftrag denn einen Arbeitsnachweis darstellt.

1.2 Organismus oder System?

Der Organismus, ein System von Organen, aber auch eine (im Allgemeinen fortpflanzungsfähige) biologische Einheit, die „elementare Einheit des Lebendigen", ist seit Aristoteles als historisch gewachsene biologische Entität umrissen. Es kommt ihr eine Individualentwicklung zu („*dynamischer Organismusbegriff*"). Im 17./18. Jahrhundert wurde der Organismus an der beherrschenden Newtonschen Mechanik gespiegelt und dementsprechend auch als mechanisches Konzept beschrieben („*mechanischer Organismusbegriff*"). Seit Descartes' „res extensa" wird er mit Maschinen in Beziehung gesetzt, beispielsweise mit den komplexesten damals bekannten, nämlich astronomischen Uhrwerken. Eine moderne Zusammenfassung haben Maier und Zoglauer (1994) herausgegeben.

Für die heutige Zeit stellt Laubichler (2005a,b) ein zunehmendes Ausklammern eines explizit formulierten Organismusbegriffs in der modernen Biologie fest, verursacht beispielsweise durch die dominierende Rolle der Molekularbiologie. Diese habe Disziplinen „in denen der Organismus-Begriff eine zentrale Rolle spielt, wie z. B. die Physiologie, Neurobiologie oder auch die Verhaltensbiologie ... solange an die Seite gedrängt, bis sie sich unter dem Banner ... der ‚organismischen Biologie' ... neu konstituierten". Stattdessen wird heute gerne der Begriff „System" benutzt, vielfach in erweiterter Bedeutung, von der molekularen Ebene bis hin zur Biosphäre. Was seit der zweiten Hälfte des 20. Jahrhunderts „auch weitere Transformationen des Organismus-Begriffs nach sich zog. Er orientierte sich zunehmend an den Konzepten der Informationstheorie, der Kybernetik, und in letzter Zeit auch der Systemtheorie".

Laubichler (2005a) fragt nun:

„Führt der heute überall verwendete Begriff des ‚Systems' nicht zu einer viel weiter reichenden konzeptuellen Integration in den Lebenswissenschaften des 21. Jahrhunderts? Oder aber erfindet die ‚Systembiologie' nur das Rad neu, indem sie einen bestimmten Systembegriff in die Biologie einführt, der nichts anderes als eine Reinkarnation des alt bewährten Organismusbegriffs ist?"

Diese Frage wurde beispielsweise von Bertalanffy (1937, 1949), Weiss (1971) und Maturana (1987) behandelt, doch weder dort noch bei Laubichler (2005a) oder Stotz (2005a), die Organismen als Entwicklungssysteme betrachten, abschließend gelöst. Somit kann die Begriffsverwendung derzeit nur pragmatisch gehandhabt werden.

Da einerseits Systeme durch funktionell gekennzeichnetes Zusammenspielen von Untersystemen („Einheiten") definiert sind und da dies für alle biologischen Niveaus zutrifft (Lipid- und Proteinkomplexe formen das System Biomembran, Organe formen das System Organismus, Ökosysteme formen das System Biosphäre) kann der Organismus als System betrachtet werden. Da andererseits bestimmte Kennzeichen nur dem „System Organismus" zukommen (Abgrenzung, auch der internen Untersysteme, gegen die externe Umwelt, Schaffung eigener Umweltnischen, Trägereinheit des Fortpflanzungsgeschehens und damit der biologische Varianz und Evolution) wird man zumindest bei der Diskussion der genannten Fragen das Organismuskonzept als System ganz eigener Art mit Vorteil beibehalten.

Beide Begriffe sind also verwendbar, doch nicht in jeder Situation (Betrachtungsrichtung) synonym.

1.3 Kennzeichen belebter Systeme

Nahezu alle Kennzeichen, die man auf den ersten Blick als typisch für lebende beziehungsweise belebte Systeme ansehen könnte, sind beim näheren Hinsehen nicht eindeutig auf solche Systeme beschränkt. Für jedes derartige Kennzeichnen finden sich auch Beispiele aus der unbelebten Welt (z. B. Wachstum: Kristalle).

Andererseits bleibt ein belebtes System durch die *Summe* der beobachtbaren Vorgänge und Phänomene im Allgemeinen ohne weiteres als solches erkennbar. Kein „technischer Organismus" und kein unbelebtes System vereinigt all diese Phänomene in der Art und Weise, wie sie uns von Lebewesen her geläufig ist und typisch erscheint.

Aus der Summe der Eigenschaften schälen sich Kategorien oder „Prinzipien" heraus. Sie fassen jeweils Komplexe von Eigenschaften zusammen, die in dieser typischen Konstellation tatsächlich für lebende Systeme charakteristisch sind.

Es hat nicht an Bemühungen gefehlt, den biologischen Lebensbegriff kriterologisch zu bestimmen, also Listen mit kennzeichnenden Größen oder Kriterien (ich habe diese als „Lebensäußerungen" bezeichnet) aufzustellen, die im Einzelnen oder in der Summe typisch sind für ein belebtes Wesen oder für belebte Wesen in ihrer Gesamtheit. Toepfer (2005) nennt 24 Autoren, die solche Merkmalslisten aufgestellt haben, von Bourguet (1729) (Entwicklung, Wachstum, spontane Bewegung) bis Kloskowski (1999) (System organisierter Prozesse, Metabolismus, Speicherung und Weitergabe genetischer Informationen, Anpassung an die Umwelt, Evolution).

Es sei deutlich ausgesprochen, dass solche Komplexe eine Art oberflächlicher Systematisierung, ein Abbild dessen, darstellen, was der Mensch von den außerordentlich vielfältigen Lebenserscheinungen eines Organismus überhaupt zu erkennen vermag. Wenn auch jeder „elementare" Vorgang – eine Wechselbeziehung zwischen Atomen oder Molekülen – in einem belebten System sich nicht prinzipiell von einem ebensolchen in einem unbelebten System unterscheidet, so bringt doch die Summe sehr vieler solcher Einzelvorgänge beim Organismus Erscheinungsbilder zustande, die in der beobachtbaren Art nur für Lebewesen typisch sind. Mohr (1964/65) nennt sechs solcher „Prinzipien":

1. Prinzip der Entwicklung: Lebende Systeme sind prinzipiell nicht invariant gegenüber der Zeit.
2. Prinzip „freie Energie ≫ 0": Lebende Systeme sind prinzipiell nicht im thermodynamischen Gleichgewicht.
3. Prinzip der Struktur: Lebende Systeme sind nicht homogen, sondern hochgradig strukturiert und kompartimentiert.
4. Prinzip der Regulation: Lebende Systeme antworten auf Änderungen der Bedingungen systemerhaltend regulativ.
5. Prinzip der Vererbung: Lebende Systeme transportieren eine im Allgemeinen unveränderte, systemtypische, genetische Information auf ihre Abkömmlinge.
6. Prinzip der enzymatischen Katalyse: Lebende Systeme steuern Stoffwechselvorgänge durch oft vorgangsspezifische, katalytisch wirkende Enzyme, deren Synthese von der systemeigenen genetischen Information festgelegt wird.

Andere Autoren formulieren andersartige, doch meist ähnliche „Prinzipien".

1.4 Adäquate Beschreibung biologischer Systeme durch Nachbarwissenschaften

Manche biologische Disziplinen können nur mit autochthon-biologischen Ansätzen untersucht und in einer biologischen Terminologie beschrieben werden. Dazu gehören etwa die deskriptive Anatomie und die vergleichende Verhaltensforschung.

Bei anderen spielen physikalische oder chemische Sichtweisen als erklärende Parameter bereits deutlich hinein, etwa bei Fragestellungen der Ökologie. Wieder andere können vielfach auch von Wissenschaften untersucht werden, die sich von Haus aus mit nicht lebenden Strukturen befassen. Dies vereinfacht die Abstraktion von Prinzipien, da diese vielfach ja bereits aus einer fachübergreifenden Sichtweise formuliert werden und damit der Abstraktion, welche die Bionik fordert, entgegenkommen.

Beispiel: Beinbewegung Wenn man beobachtet, wie ein Mensch geht, lassen sich zu diesem Vorgang unterschiedliche Fragen stellen, die typisch biologisch erscheinen. Jede Teilfrage kann aber von einer nicht biologischen Disziplin adäquat beantwortet werden.

1. Warum bricht das ruhende System unter Belastung nicht zusammen? Die Antwort gibt die Baustatik.
2. Warum braucht die Schwingung des Beins offensichtlich relativ wenig Energie (ein Mensch kann ja sehr lange Strecken laufen)? Die Antwort gibt die Schwingungsdynamik.
3. Warum fällt der Mensch in manchen Phasen des Ganges nicht um, und wie „weiß" jeder der Muskeln, wann er sich im richtigen Moment kontrahieren soll? Die Antwort gibt die Kybernetik.
4. Wie bekommt jeder Muskel „seinen" Befehl über die Leitungsbahnen der Nerven?
    a) Wie ist die Information beschaffen, wie ist sie verschlüsselt, wie wird sie entschlüsselt? Die Antwort gibt die Informationstheorie.
    b) Wie wird die Information geleitet? Die Antwort gibt die Nachrichtentechnik.
    c) Wie wird die zur Informationsleitung nötige Energie im Nerv erzeugt? Die Antworten gibt die physikalische Chemie.
5. Wie wird die Energie im Muskel freigesetzt? Die Antwort gibt die Biochemie.
6. Wie wird die Energie von der Fußsohle oder Schuhsohle auf die Unterlage übertragen? Die Antwort gibt die (technische) Physik.

Es ist für dieses Beispiel also keine „rein biologische" Fragestellung denkbar. Immer müssen Methoden der Analyse, der Messung oder der Deskription von Nachbarwissenschaften übernommen werden. Es sind stets viele und vielerlei Methoden, die zu übernehmen, zu kombinieren oder auf die spezielle Frage abzustimmen sind. Das kommt daher, weil es die Biologie fast stets mit äußerst komplexen Strukturen und Vorgängen zu tun hat.

Dieses Beispiel ist gleichzeitig ein guter Demonstrator für die Notwendigkeit, *Technische Biologie* zu betreiben. Diese beobachtet die biologischen Substrate und Verfahren aus dem Blickwinkel der physikalischen und ingenieurwissenschaftlichen Disziplinen. Sie versucht, diese aus den Sichtweisen der genannten Disziplinen und mit ihrem Instrumentarium zu erforschen sowie mit dem Vokabular und den Deskriptionsverfahren dieser Disziplinen zu beschreiben.

In Fällen, wie sie durch dieses Beispiel andiskutiert worden sind, kann technisch-biologisches Vorgehen das einzig adäquate sein. In anderen natürlich wieder nicht.

Auf jeden Fall aber bietet dieses Vorgehen die angemessene Basis für eine spätere bionische Umsetzung in die Technik. Sofern man eine solche Umsetzung anpeilt oder doch offen lässt, stellen also Technische Biologie und Bionik die beiden Seiten ein und derselben Medaille dar.

1.5 Prinzip der einfachsten Erklärungsmöglichkeit

Naturwissenschaft sucht immer nach der einfachsten Erklärungsmöglichkeit für ein System oder einen Vorgang. Bieten sich unterschiedliche Erklärungsmöglichkeiten an, so gibt sie der einfachsten den Vorzug. Genauso ist es nicht nötig, geisteswissenschaftliche, philosophische oder theologische Erklärungen heranzuziehen, wenn naturwissenschaftliche vorliegen, da letztere immer die „einfachsten" sind.

Beispiel: „Blutende Hostie" Im Mittelalter ist bisweilen beobachtet worden, dass eine in der Monstranz ausgestellte Hostie blutrot wurde und sich in heruntertropfende Teile auflöste. Man musste in der damaligen Zeit zwangsläufig annehmen, dass übernatürliche Kräfte am Werk waren, weil die Hostie zu bluten begonnen hatte. Die Gründung einiger Wallfahrtskirchen ist auf diesen Vorgang zurückzuführen. Heute nimmt man an, dass die Hostie ein Nährboden für einen bestimmten Pilz gewesen ist, der roten Konidien besitzt. Dieser Pilz kann derartige Verfärbungen und die Veränderungen in der Konsistenz hervorrufen. Da diese naturwissenschaftliche Erklärung den „einfacheren" Erklärungsfaktor darstellt, ist die Annahme übernatürlicher Kräfte nicht mehr nötig.

1.6 Biologie als Naturwissenschaft

Die Biologie ist eine reine Naturwissenschaft. Sie benutzt nur deren Untersuchungsmethoden und verwendet alleine die Denkkategorien und die Erkenntnismöglichkeit der Naturwissenschaften. Wo Phänomene mit diesen Methoden nicht erklärbar sind, kann beispielsweise folgendes der Fall sein:

1. Die Phänomene sind zu komplex für eine Untersuchung mit den heutigen Methoden: Man muss auf bessere Methoden warten.
2. Die Untersuchungsmethode war falsch, d. h. dem Phänomen nicht angemessen: Man muss nach besseren Methoden suchen.
3. Es lag eine Grenzüberschreitung vor; biologische, d. h. naturwissenschaftliche Methoden müssen versagen. Die Frage „Was ist Leben?" ist, wie oben diskutiert, eher eine philosophisch zu behandelnde Frage. Begriffe wie Seele, Schöpfung, Gott, Ganzheit des Organismus und Selbstdarstellung des Organismus sind Begriffe, die in der Naturwissenschaft keinen Erklärungswert besitzen.

1.7 Physikalismus und Reduktionismus

1.7.1 Physikalismus und Vitalismus

Physik befasst sich mit Materie und ihren Wechselwirkungen in jedweder Form. Physikalische Gesetze gelten allgemein, in der unbelebten wie in der belebten Welt. Physikalismus bedeutet eine Sichtweise, die sich *ausschließlich* auf Materielles bezieht. Eine „immaterielle Seelensubstanz" (Descartes 1960; Leibniz 1960), „Vis essentialis" (Wolff 1740) und Entelechie (Driesch 1928; diskutiert bei Weber (1999)), allgemein also kennzeichnende Begriffe des Vitalismus, sind nicht seine Gegenstände.

Physikalismus und Vitalismus sind Gegensätze. Im biologischen Bezug wird der Vitalismus heute nicht mehr als haltbare Position gesehen, während die oben genante „*Grundannahme* des Physikalismus in der heutigen Philosophie der Biologie weitgehend unbestritten" ist (Weber 2005a). Dies gilt jedoch nicht für die *Konsequenzen* des Physikalismus für eben diese Philosophie der Biologie. Ein Hauptdiskussionspunkt ist das Prinzip des Reduktionismus.

1.7.2 Reduktionismus bzw. reduktiver Physikalismus

Vertreter eines „reduktiven Physikalismus" führen Lebenserscheinungen auf physikalische Gesetzlichkeiten zurück. Sie „reduzieren" sie im ursprünglichen Wortsinn (reducere: zurückführen, nicht etwa: übertragen im Wortsinne von „verkleinern, verringern"). Das umgekehrte Sprachbild wäre deshalb angemessener, denn diese Vertreter heben Lebensvorgänge auf ein übergeordnetes, allgemeineres Niveau. Das physikalische Niveau ist, wie erwähnt, deshalb das allgemeinere, weil es im Sinne des Physikalismus biologische Erscheinungen impliziert, nicht umgekehrt.

Dem Wort „Reduktionismus" beziehungsweise der Bezeichnung „reduktiver Physikalismus" werden unterschiedliche Bedeutungen zugeordnet. Weber (2005) nennt den

- Ontologischen Reduktionismus ≡ Physikalismus.
- Methodischen Reduktionismus: Nur eine bestimmte Untersuchungsebene (meist die molekulare) ist wissenschaftlich relevant.
- Epistemologischen Reduktionismus: Theorien über höhere Komplexität (z. B. Organismen) lassen sich auf Theorien über niedere Komplexität (z. B. Organe als Teile von Organismen) zurückführen. Diese Bedeutungszuordnung lässt sich weiter untergliedern:
  – Explanatorischer epistemologischer Reduktionismus: *Eigenschaften* höherer Komplexitäten lassen sich aus den Eigenschaften niederer Komplexitäten (s. o.) und deren Interaktionen *erklären.*
  – Definitorischer epistemologischer Reduktionismus: *Begriffe* der zur reduzierenden Theorie müssen durch Begriffe der reduzierenden Theorie *definierbar* sein.

Der genannte Autor bezieht die wissenschaftstheoretische Reduktionismen-Debatte auf den letztgenannten Unterbegriff, eine Sichtweise, der hier gefolgt wird.

1.7.3 Nicht reduktiver Physikalismus

So sehr Physikalismus als Beschreibungskriterium für belebte Systeme akzeptiert wird, so sehr scheuen sich manche Vertreter der biologischen Philosophie oder der

1.7 Physikalismus und Reduktionismus

philosophischen Biologie vor dem Reduktionismusbegriff; kein Wunder, dass sie versuchen, einen nicht reduktiven Physikalismus zu begründen.

Sie beziehen sich dabei auf augenscheinliche Befunde, dass „die Biologie zumindest in gewissen Bereichen über *eigene Prinzipien* oder *Gesetze* zu verfügen scheint, die nicht in Gesetzen der Physik enthalten sind und auch keine *Anwendungen* physikalischer Gesetze auf bestimmte Systeme darstellen".

Genannt werden in der Evolutionsbiologie die Theorie der natürlichen Selektion oder die des genetischen Drifts, der Begriff der Fitness, die Mendelschen Vererbungsregeln, in der Ökologie könnte man etwa die komplexen Interaktionen im Ökosystem „Waldrand" nennen und so fort.

„Die Frage ist nun, wie diese wohl kaum bestreitbare *Autonomie* gewisser biologischer Theorien unter Voraussetzung des Physikalismus überhaupt möglich ist".

Eine Antwort auf diese Frage im Sinne einer Art nicht reduktiven minimalen Physikalismus haben in der Wissenschaftsphilosophie zwei Theorien versucht, nämlich die

- Emergenztheorie, als inadäquat befunden von Nagel (1979) und die
- Supervenienztheorie, als inadäquat befunden von Weber (2005).

Diese beiden Stichworte werden hier nicht näher gekennzeichnet und diskutiert und nur deshalb genannt, um das wissenschaftsphilosophische Ringen um den Einbau des Reduktionismusbegriffs anzudeuten, wie er seit den 1960er-Jahren vor sich geht. Einigkeit ist nicht erreicht worden, doch hat Weber (2005) einen „Vorschlag unterbreitet, einen (wenigstens teilweisen) nicht-reduktiven Physikalismus zu formulieren", den er possierlicherweise einen „Reduktionsversuch des Nicht-reduktiven Physikalismus" nennt.

Der Autor bezieht sich dabei auf die Theorie *natürlicher Arten* (natural kinds), worunter *nicht* biologische Arten verstanden werden, sondern metaphysische Dingklassen, die „irgendwie ihrer Natur nach zusammengehören". Eine solche natürliche Art bilden etwa Elektronen. Alle Elektronen haben einen Satz invarianter Eigenschaften (z. B. eine bestimmte Ladung, Masse etc.), die kein anderes Teilchen besitzt, wodurch Disziplinen, die solche Invarianten natürlicher Arten kennen, *existenzialistisch* sind („Existenz" wesensgleich „natürlicher Art", Mahner 2005).

Genau dies gilt offensichtlich für die Biologie nicht (Mayr 1961); hier gibt es „keine spezifischen biologischen invarianten natürlichen Arten" (die letzteren wiederum *nicht* im biologisch-taxonomischen Sinne gemeint). „Alle Arten in der Biologie sind *variabel*, beispielsweise die allgemeine Art ‚Gen'. ... Gene unterliegen der *genetischen Variation* ..." Aminosäuren etwa sind invariante Arten; sie kommen zwar in der Biologie vor, sind aber Arten der (existenzialistischen) Chemie.

Aufgrund dieser Variabilität folgert Weber (2005) konsequenterweise, dass es keine genuinen *biologischen* Naturgesetzte gäbe, zumindest nicht Gesetze, die dieselbe Art von Notwendigkeit mit sich führten wie die fundamentalen Gesetze der Physik. Deshalb könne man in der Biologie ohne Verletzung des Physikalismus variable, natürliche Arten postulieren (wie etwa „gehen"), wobei diese eben nicht die charakteristische Invarianz der Eigenschaften aufweisen (müssen), wie sie für andere Zweige der Naturwissenschaft (Physik, Chemie) gelten. „Aus der rein physikalischen Warte heraus betrachtet", so der Autor, „bleiben diese biologischen Arten ... aber *unsichtbar*, deshalb haben die entsprechenden biologischen Theorien einen autonomen Erklärungswert, der nicht durch physikalische Theorien erbracht werden kann." Merton (1973) berichtet über theoretische und empirische Forschungsansätze.

1.7.4 Pragmatische Position

Mir scheint, dass es derzeit und in naher Zukunft dem nicht reduktiven Physikalismus so ergehen wird wie weiland dem Vitalismus: Die Zahl der Positionen, die er halten kann, sinkt mit steigender Erkenntnis. Es ist freilich schwer vorstellbar, dass eines Tages rein physikalische Gesetzlichkeiten in der Lage sein werden, alle aufeinander aufbauenden Elementarvorgänge zu „erklären", die in unserem Gehirn das Gefühl der Zuneigung formen, das wir haben können, wenn wir einem geliebten Menschen gegenüberstehen. Statt „schwer vorstellbar" – das sagt man ja auch den Kreationisten und Vertretern eines „intelligent design" – kann man pragmatisch getrost „derzeit noch nicht erforschbar und verstehbar" sagen und die Lösung der zukünftigen Wissenschaftsgeschichte überlassen.

Es ist zu vermuten, dass sich – philosophisch betrachtet – ein reduktiver Physikalismus als allgemeines Modell etablieren wird, dass sich also – naturwissenschaftlich betrachtet – physikalische Elementarvorgänge unbeschadet ihrer quantentheoretischen Varianz als allgemein bestimmend erweisen werden.

Bis dahin kann man für die biologische Forschungspraxis noch am ehesten einen reduktiven Physikalismus als Hintergrundtheorie stehen lassen oder auch nur als entsprechende Hypothese bis zu einer eventuellen Auffindung dezidierter Ausnahmefälle, die diese falsifizieren.

1.8 Analyse und Synthese – Biologie und Technik

Im Zuge einer bionischen Umsetzung werden heute Biologie und Technik weit stärker in Beziehung gesetzt als das früher der Fall war. Man darf dabei aber nicht vergessen, dass Biologen und Techniker zuerst einmal unterschiedliche Aufgaben haben, unbeschadet der Aufgabe, sich bei bionischen Umsetzungen treffen zu müssen.

Wir haben festgestellt: Der Biologe analysiert Strukturen und Funktionen belebter Organismen. Sein Verfahren ist also das der Analyse. Es handelt sich um:

1. vorgegebene Systeme, meist komplexer Art,
2. vorgegebene Strukturen dieser Systeme,
3. funktionierende Strukturen dieser Systeme.

Der Biologe muss diese zu erklären, das heißt zu analysieren und weiter zu verstehen suchen.

1.8 Analyse und Synthese – Biologie und Technik

Völlig andere Fragestellungen hat der Techniker. Sein Verfahren ist das der Synthese. Es handelt sich hierbei um:

1. Systeme, meist vergleichsweise einfacher Art, die es zu konstruieren gilt,
2. unzusammenhängende aber konstruierbare Einzelstrukturen, die auf passende Weise kombiniert werden müssen, bis sich das zu konstruierende System ergibt und
3. Strukturen, die nur als Denkmöglichkeit vorliegen und erst zum Funktionieren gebracht werden müssen.

Der Techniker muss letztere in angemessener Weise kombinieren und damit zum Beispiel eine Maschine konstruieren – synthetisieren! – und zum Funktionieren bringen.

Technik und Biologie unterscheiden sich selbstredend nicht nur in ihren theoretischen Vorgängen, sondern auch in ihren praktischen Zielen.

Der Techniker betreibt per definitionem eine angewandte, praxisbezogene Wissenschaft.

Der Biologe hat zunächst nur den Erkenntnisgewinn im Auge; er betreibt reine Wissenschaft. In der Folge kann er sich auch der angewandten Wissenschaft zuwenden, sich beispielsweise um eine industrielle Nutzbarmachung seiner Entdeckungen bemühen.

Welche Methoden stehen dem Biologen nun für sein wissenschaftliches Vorgehen zur Verfügung? Es sind einerseits die Beobachtung und Beschreibung, andererseits das Experiment.

2
Vorgehensweise in der Biologie

2.1 Beobachtung und Beschreibung

Dem analysierenden Biologen steht als Basismethode die Beobachtung zur Verfügung. Nach ihr beschreibt er seine Substrate und ordnet sie in einen allgemeineren Zusammenhang ein. Er muss prinzipiell die vorhandenen Gegebenheiten akzeptieren wie sie sind, er darf das Objekt nicht beeinflussen und nicht verändern. Als Beobachter ist er passiv. Wenn man den einseitigen Informationsübergang vom Objekt zum Beobachter betrachtet, findet man das kybernetische Grundprinzip des Steuerns.

Der Biologe kann aber auch Fragen an die Natur stellen und die Antworten der Natur aufzeichnen sowie diese in einen allgemeineren Zusammenhang einordnen. Er nimmt dann gezielten Einfluss auf das Objekt in Form eines Experiments. Im Unterschied zum passiven Beobachter ist er als Experimentator aktiv. Die Informationen, die vom Objekt auf ihn übergehen, sind unterschiedlich, je nachdem, wie er das Objekt experimentell behandelt. Kybernetisch betrachtet hat man es mit einem Vorgang des Regelns zu tun, da zwischen Experimentator und Objekt Rückkopplungen gegeben sind.

Im Folgenden werden die Verfahren und Grenzen der beiden Grundkategorien biologischer Erkenntnisgewinnung gekennzeichnet, der Beobachtung und Beschreibung sowie des Experiments.

2.1.1 Beobachtung mit den Sinnesorganen

Grundlage eines jeden Erkennens bleibt das Hinschauen, das Zusehen, wie etwas ist. Demgemäß sind unsere Sinnesorgane die ersten Beobachtungsinstrumente. Beobachtbar ist zunächst all das, was mit unseren Sinnen erfassbar ist. Wir beobachten einen Gegenstand mit den Modalitäten, die unseren Sinnen eigen sind. Die Informationen über diesen Gegenstand werden gefiltert durch die Übertragungscharakteris-

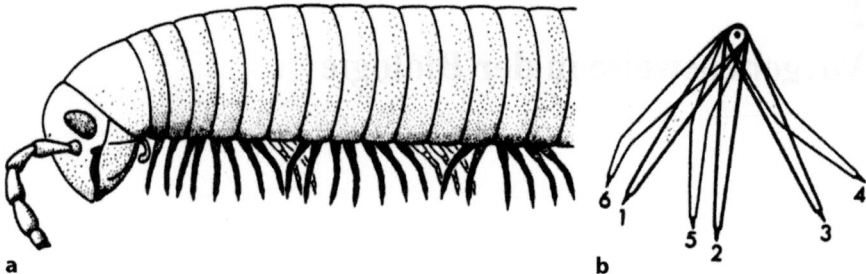

Abb. 2.1 Koordination der Beinbewegung bei einem Hundertfüßler. **a** Momentaner Eindruck (gezeichnet nach einer Elektronenblitzaufnahme). **b** Zu aufeinanderfolgenden Zeitpunkten eingenommene Stellung eines beliebigen Beins

tiken unserer Sinnesorgane. Das heißt, die Information, die unser Zentrales Nervensystem von einem Gegenstand erhält, ist sicher nicht gleich der Information, die der Gegenstand an unsere Sinnesorgane abgibt. Jedes Sinnesorgan verzerrt, verändert und verringert die Information, genau wie jedes Messgerät. Man muss deshalb bei der Diskussion und der Auswertung von Beobachtungen sehr kritisch vorgehen und die „Übertragungscharakteristik" von Sensoren einbeziehen.

Wenn ein Gegenstand eine Funktion ausführt und wenn wir „zusehen", „zuhören", „befühlen", „beriechen" und „begreifen", bekommen wir Informationen über den Gegenstand und das, was er macht. Diese Informationen müssen aber nicht notwendigerweise relevant sein, das heißt den Kern der Funktion wirklich treffen.

Beispiel: Koordination der Beinbewegung beim Hundertfüßler Wenn man einem Hundertfüßler beim Laufen zusieht, gewinnt man den Eindruck, als ob Wellen über die Beine von vorne nach hinten verlaufen und das Tier vorwärts schieben (Abb. 2.1a). Funktionell betrachtet bestehen diese Wellen aber gar nicht. Ihre Existenz wird uns durch das Auge, und zwar durch seine Trägheit sowie durch das optische Verrechnungssystem, vorgegaukelt. Jedes einzelne Bein schwingt vor, setzt auf, drückt zurück (Abb. 2.1b). Jedes führt die gleichen Bewegungen aus wie sein Nachbarbein, ist aber zu diesem um einen gewissen Betrag phasenverschoben. Wir bemerken die Phasenverschiebung als kinematische Komponente nicht. Stattdessen konstruiert unser optisches System aufgrund der ihm eigenen Übertragungscharakteristik etwas, das in Wirklichkeit gar nicht vorhanden ist, nämlich eine Wellenbewegung, die über die Beine läuft.

2.1.2 Beobachtungen mit Geräten

Im erweiterten Sinn ist all das beobachtbar, was mit Messgeräten erfassbar ist. Auch hier sind die Erscheinungen wieder gefiltert durch die Übertragungscharakteristiken dieser Geräte. Es besteht nur ein quantitativer, kein qualitativer Unterschied zwi-

Abb. 2.2 Flügelbewegungen bei der Schmeißfliege. **a** Visueller Eindruck und fotografische Registrierung mit einer Belichtungszeit von 1/50 s. **b** Vollständige Schlagperiode eines Flügels, aufgelöst nach einer Zeitlupenaufnahme mit 6000 Bildern/s; Fliege von hinten gesehen

schen der Beobachtung mit unseren Sinnesorganen und der Analyse mit Geräten. Messgeräte können freilich Vorteile haben, zum Beispiel

- eine bessere Zeitauflösung und
- eine Möglichkeit zur Erfassung uns direkt nicht zugänglicher Qualitäten, zum Beispiel Infrarot und Ultraschall.

Erkenntnistheoretisch bestehen aber keine Unterschiede zwischen dem Beobachten mit Sinnesorganen und dem Beobachten mit Instrumenten.

Beispiel: Windebewegung einer Pflanze und Flügelbewegung einer Fliege Mit dem bloßen Auge beobachtet scheint eine Winde stillzustehen. Die Zeitrafferkamera macht ihre Windebewegung erkennbar, und man kann damit Bewegungsskizzen zeichnen (Strasburger 1978).

Mit dem bloßen Auge betrachtet scheint eine Fliege mit ihren Flügeln Kreissektoren zu beschreiben (Abb. 2.2a). Die Zeitlupenkamera löst diese Bewegungen in Teilphasen auf und registriert diese (Abb. 2.2b), sodass sie auswertbar werden (Nachtigall 1966).

Messgeräte werden immer dann eingesetzt, wenn sich die zu analysierenden Vorgänge der Direktbeobachtung entziehen. Der Einsatz von Messgeräten führt zwar nicht erkenntnistheoretisch, aber doch praktisch weiter, zumal Messgeräte mit Datenloggern die gemessene Datenvielfalt auch registrieren und somit einer späteren Auswertung zuführen können.

2.1.3 Die angemessene Beschreibung

Das Beobachten allein nützt nichts, wenn man die beobachteten Fakten nicht anschließend beschreibt. Es ist ein sehr wichtiges Problem der biologischen Forschungsmethodik, dass der Forscher die angemessene („adäquate") Beschreibung findet.

Ein Faktum oder einen Vorgang angemessen zu beschreiben, heißt:

- Ihn so zu beschreiben, dass die gesamte mit der Beobachtung gewonnene Information wiedergegeben wird, nichts verloren geht und auch nichts dazugedichtet wird.
- Ihn mit einer Ausdrucksweise, einem Vokabular zu beschreiben, das einerseits der Fragestellung angemessen ist, andererseits aber auch eine weiterführende Bearbeitung (z. B. ein Herausdestillieren allgemeiner zugrunde liegender Prinzipien) zulässt.

Beispiel: Beschreibungsformen Der letztere Punkt ist sehr wichtig. Ein Vorgang lässt sich ja auf sehr unterschiedliche Weise beschreiben. Man kann ihn in der Langform sprachlicher Sätze deskribieren. Es gibt aber auch mehrere Kurzformen der Deskription: die physikalische Formel, die chemische Formel, die mathematische Gleichung, die grafische Kurve, den kybernetischen Schaltkreis, das halbabstrakte Schaubild. Es ist wichtig festzuhalten, dass alle diese Deskriptionsmöglichkeiten denktheoretisch gleichwertig sind.

Man wird in jedem Fall diejenige Beschreibungsform wählen, die der Sache am ehesten angemessen ist. Dabei sind unterschiedliche Möglichkeiten zu berücksichtigen.

2.1.3.1 Prinzip der einfachsten Möglichkeiten

Die Deskription sollte die zugrunde liegenden Phänomene auf die einfachste Weise erfassen und in der kürzestmöglichen Art und Weise formulieren. Unnötig komplexe Abhandlungen sind zu vermeiden.

2.1.3.2 Prinzip der weiterführenden Möglichkeiten

Die Darstellung der Ergebnisse sollte so gewählt werden, dass sowohl eine Einordnung in bisher Bekanntes als auch eine Weiterführung möglich werden.

Je nach dem Typ des Problems und nach der vorgesehenen Weiterverarbeitung wird man unterschiedliche Möglichkeiten vorsehen.

Solange es sich um das Problem einer reinen Deskription beobachteter Fakten handelt, ist die einfachste Methode völlig ausreichend, wenn sie nur die Fakten angemessen zusammenfasst. Wenn ein Vorgang mit einem einfachen Satz ausreichend und angemessen beschrieben werden kann, so ist dieser absolut gleichwertig, vielleicht sogar einer Formulierung in der Sprache mathematischer Gleichungen überlegen. Andererseits kann die Problemstellung eine mathematische Formulierung verlangen, wenn diese in eine mathematische Gesamtbearbeitung eingebunden werden, also „weitergeführt" werden soll.

2.1 Beobachtung und Beschreibung

Beispiel: Kinematik der Schwimmbewegungen beim Taumelkäfer Foto- und Filmaufnahmen haben die Bewegung der Schwimmbeine dieses Wasserkäfers auswertbar registriert (Nachtigall 1961, Abb. 2.3b). Die Filme sind analysierbar, das heißt, man kann die Lage eines jeden interessierenden Beinpunkts zu jedem Zeitpunkt relativ zum Tier beziehungsweise relativ zum Raum bestimmen.

Die angemessene Beschreibung ist:

1. Zur Verdeutlichung der Bewegung ganz allgemein die Deskription mit Worten und mit Bildern. So fasst man etwa einen populärwissenschaftlichen Artikel ab.
2. Zur Unterscheidung einer bestimmten Bewegung von möglichen anderen Bewegungen die Deskription in Worten und Zahlen.
3. Zur Beschreibung der Kinematik als Grundlage für die Gewinnung dynamischer Kenngrößen, zum Beispiel der mechanischen Wirkungsgrade, die Deskription in Worten und analytischen Gleichungen oder in Worten und grafischen Kurven (Abb. 2.3a).
4. Zum Vergleich der relevanten dynamischen Kenngrößen die Deskription durch die physikalische Formel, die auch eine weiterführende mathematische Bearbeitung ermöglicht.

Man finde also für jeden Zweck eine andere „adäquate" Deskriptionsform. Zum Zweck 1 wäre die Deskription 3 unnötig kompliziert, das heißt nicht angemessen. Zum Zweck 3 wiederum wäre die Deskription 1 ungenügend, das heißt ebenfalls nicht angemessen.

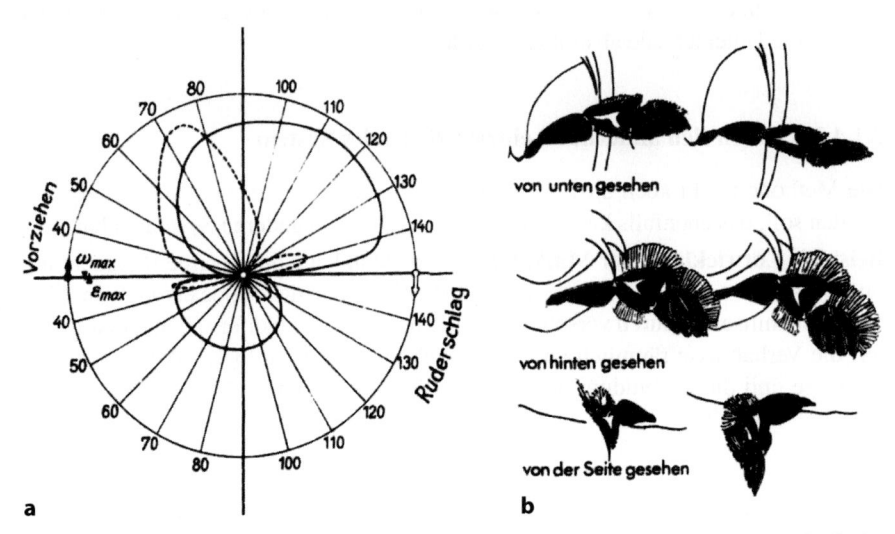

Abb. 2.3 Bewegung eines Hinterbeins beim Taumelkäfer *Gyrinus* beim Ruderschlag. **a** Grafische Analyse: Winkelgeschwindigkeits-Weg-Diagramm (*durchgezogen*) und Winkelbeschleunigungs-Weg-Diagramm (*gestrichelt*). **b** Zwei Ruderschlagsphasen, aus drei unterschiedlichen Raumrichtungen gesehen

2.1.4 In welchen Fällen reicht die Methode „Beobachtung und Beschreibung" aus?

2.1.4.1 Unverändertes, einzeln stehendes System

Wenn Systeme analysiert werden sollen, die sich nicht verändern und die mit anderen Systemen nicht in Kontakt stehen, reicht die Methode „Beobachtung und Beschreibung" aus.

Beispiel: Elytren des Maikäfers Wenn man die Elytren (Flügeldecken) als solche beschreiben, das heißt die Kennzeichen ihrer Form und Ausbildung zu Papier bringen will (Nachtigall 1967), braucht man dazu nur ein Messmikroskop mit Kreuztisch und Höhenverstellung. Man kann damit die Geometrie Stück für Stück abtasten und fotografisch oder zeichnerisch aufs Papier übertragen. Das System „Elytrum" ändert sich nicht und tritt auch nicht mit anderen Systemen in Wechselwirkung. Das gilt auch dann, wenn man zur Abtastung ein modernes konfokales mikroskopisches Verfahren, für sehr kleine Objekte auch ein Raster-Kraft-Mikroskop, benutzt.

2.1.4.2 Unveränderte Systeme ähnlicher Art

Die Methode reicht auch aus, wenn die Unterschiede ähnlicher, aber nicht gleicher Systeme analysiert werden sollen, die mit anderen Systemen nicht in Kontakt stehen oder deren Kontakt für die Fragestellung nicht relevant ist.

Beispiel: Elytren unterschiedlicher Käfer Man kann mit der gleichen beschriebenen Methode die Geometrien der Flügeldecken eines Maikäfers, eines Rosenkäfers und eines Kurzflüglers vergleichend untersuchen. Aus den Beschreibungen können die Unterschiede abstrahiert werden.

2.1.4.3 Zeitlich sich änderndes, einzeln stehendes System

Die Methode reicht auch aus, wenn ein zeitlich sich änderndes System analysiert werden soll, das ebenfalls keinen relevanten Kontakt zu anderen Systemen hat.

Beispiel: Entwicklung der Maikäferelytren Man kann durch reine Beobachtung und Deskription die Frage klären, wie sich die Elytren in der Puppe entwickeln. Man fertigt Schnittserien durch verschieden alte Puppen des Maikäfers an und rekonstruiert die Verhältnisse räumlich nach den Methoden der Histologie. Man deskribiert die Lage und die Verbindung wesentlicher Teile des sich bildenden Elytrums als Funktion der Zeit.

2.1.4.4 Wenige Systeme in zeitlich sich änderndem durchschaubaren Kontakt

Die Methode reicht schließlich noch aus, wenn ein System analysiert werden soll, das mit einem bis wenigen anderen Systemen in relevantem, dabei aber leicht durchschaubarem Kontakt steht, und dessen Kausalbeziehung es zu ergründen gilt.

Beispiel: Räuber – Beute Ein Verhaltensforscher mag zusehen, was sich ereignet, wenn man einen Raubfisch mit zwei Beutefischen zusammensetzt. Der Kontakt heißt letztlich „gefressen werden". Das ist leicht zu beobachten und zu deskribieren; die Kausalbeziehungen sind eindeutig.

Die Methode „Beobachtung und Deskription" reicht also in all den Fällen aus, die durch die vier oben genannten Beispiele dargestellt worden sind. Dem Vorgehen nach handelt es sich im ersten Fall um reine Beobachtung und Beschreibung eines Objekts. Im zweiten Fall ist es die vergleichende Beobachtung und Beschreibung unterschiedlicher Objekte, im dritten eine Beobachtung und Beschreibung des „gleichen" Objekts zu unterschiedlichen Zeitpunkten. Im vierten Fall schließlich handelt es sich um eine vergleichende Beobachtung und Beschreibung verschiedener Objekte oder Vorgänge zu unterschiedlichen Zeitpunkten.

Man sieht ein, dass die letztgenannte Methode für komplexe Systeme, die mit vielen anderen Systemen in relevantem Kontakt stehen, zwar denkökonomisch passend, aber in der Praxis ungeeignet ist. Man kommt hier an eine quantitative, nicht an eine qualitative Grenze.

2.1.5 In welchen Fällen reicht die Methode „Beobachtung und Beschreibung" nicht aus?

2.1.5.1 Vielfältige Wechselbeziehungen des zu analysierenden Systems mit anderen Systemen

Wenn die wechselseitigen Beziehungen unterschiedlicher Systeme oder Faktoren undurchschaubar werden, sodass die Kausalzusammenhänge nicht mehr erfassbar sind, reicht die Methode nicht mehr aus.

Beispiel: Körpertemperatur einer Maus Die periodische Schwankung der Körpertemperatur einer Maus lässt sich gerätetechnisch registrieren. Derartige Verfahren ergeben zwar die Phänomene (Körpertemperatur als Funktion der Zeit), erhellen aber keine Kausalbeziehung. Der Grund dafür ist: Es sind die unterschiedlichsten Einflüsse möglich. Umgebungstemperatur, Tageszeit, atmosphärische Ladung, Stoffwechselaktivität, Bewegungsaktivität, Gesundheitszustand des Versuchstieres und viele anderen Faktoren beeinflussen die momentane Körpertemperatur.

Die adäquate Methode der Erkenntnisgewinnung kann hier nicht mehr Beobachtung und Beschreibung sein; sie ist im Experiment zu suchen. Man muss alle einflussnehmenden Faktoren bis auf einen ausschalten und dann den Gang der Messgröße „Temperatur" registrieren, wenn der eine übrig bleibende Faktor systematisch variiert wird.

2.1.5.2 Nicht spontane Ausführung zu analysierender Vorgänge

Wenn das betrachtete System die Vorgänge, die erforscht werden sollen, nicht von selbst, sondern zum Beispiel erst auf Reizung ausführt, hat man bereits einen Eingriff – eben die Reizung – vorgenommen. Man beobachtet das Objekt also nicht mehr unbeeinflusst und experimentiert bereits.

Beispiel: Speichelsekretion eines Hundes Die Speichelsekretion findet beim Hund insbesondere dann statt, wenn er entweder Nahrung bekommt oder einen bestimmten Reiz erhält (Klingelzeichen, Lichtblitz), von dem er gelernt hat, das daraufhin üblicherweise Nahrungsgabe folgt. Man spricht im letzteren Fall nach Pawlow von einem bedingten Reflex.

Auch wenn Teilvorgänge an Teilstrukturen eines Organismus analysiert werden sollen, wozu man die letzteren aus dem gesamten Verband nehmen (zum Beispiel den *Nervus ischiadicus* aus einem Frosch herauspräparieren) muss, so bedient man sich bereits experimenteller Methoden.

2.1.6 Allgemeine Bedeutung der Methode „Beobachtung und Beschreibung" in der Biologie

Bereits mit dieser wichtigen Methode kann man vielerlei erreichen:

- Sie registriert Vorhandenes als Grundlage für jede weitere Bearbeitung und vermehrt damit das Wissen.
- Sie klassifiziert, vergleicht und abstrahiert. Sie zieht Querverbindungen, arbeitet das Typische heraus, leistet also mehr als reine Faktensammlung.
- Sie kann zu Aufstellung und Stützung von Theorien führen: z. B. bei der Zelltheorie und der Evolution (dieser Punkt ist hier nicht behandelt).

Die Methode der Beobachtung und Beschreibung ist deshalb auch heute noch wichtig und unersetzlich; sie kennzeichnet die Elementarform jeder biologischen Forschung.

3
Das Experiment

Experimentieren heißt geeignete, also angemessene und eindeutige Fragen an die Natur stellen und die Antworten registrieren. Wenn die Fragen wirklich geeignet waren, so können die Antworten der Natur ebenso klar und eindeutig sein. Die große Kunst des Experimentierens besteht darin, die Fragen angemessen und eindeutig zu formulieren.

Beim Experimentieren steht der Untersucher in steter Wechselwirkung mit dem zu untersuchenden Objekt: Er wird vom Beobachter zum Experimentator. Diese Wechselwirkung unterscheidet das Experiment prinzipiell von der Beobachtung.

Das planvolle Experiment wurde in seiner Bedeutung von Galilei erkannt und eingeführt: „Metodo risolutivo". Der Grundgedanke ist, dass man die Natur befragt und dann antworten lässt, ihr keine philosophische Denkvorstellung überstülpt.

Die theoretische Diskussion des Experiments und seiner Aussagen soll im Zusammenhang mit den erkenntnistheoretischen Aspekten (Kap. 4) abgehandelt werden. Hier soll das Experiment zunächst lediglich als praktische Forschungsmethode angesprochen sein. Zur Philosophie des biologischen Experiments hat Weber (2005b) Ausführungen gemacht.

3.1 Typen von Experimenten

Es gibt zwei Grundtypen von Experimenten: das qualitative und das quantitative Experiment.

3.1.1 Das qualitative Experiment

Qualitative Fragen lassen sich häufig relativ leicht stellen. Der messtechnische Aufwand ist gering; meist reichen zur Registrierung die Sinnesorgane. Historisch sind die ersten Experimente deshalb qualitativer Art gewesen. Zu Beginn einer Untersuchung werden auch heute noch meist qualitative Experimente gemacht. Der Grund dafür liegt darin, dass man zunächst wissen will und muss, *was* die Natur macht (qualitativer Aspekt), bevor man weiter fragen kann, *wie genau, wie oft* usw. sie einen Vorgang ausführt (quantitativer Aspekt).

Erkenntnistheoretisch sind die qualitativen Experimente oft die entscheidenden. Quantitative schließen sich an, sie sichern in Zahlenwerten und Absolutbeträgen, was das qualitative Experiment im großen Wurf gibt.

Die Antwort der Natur auf qualitative Frage ist prinzipiell nur „*ja*" oder „*nein*".

3.1.2 Das quantitative Experiment

Die Fragen sind oft sehr schwierig zu formulieren, der messtechnische Aufwand ist nicht selten extrem hoch. Oft werden Mess- und Registriergeräte von der Biologie gefordert, deren Genauigkeitsansprüche die Technik gerade noch (oder noch nicht!) erfüllen kann.

Im Laufe einer Untersuchung bleiben quantitative Experimente in der Regel unumgänglich. Die Phänomene qualitativer Art müssen quantifiziert werden.

Die Antwort der Natur auf eine quantitative Frage ist prinzipiell *graduell* und wird in Form von zahlenmäßig fassbaren Absolutgrößen gegeben.

Am Rande sei erwähnt, dass entsprechend den unterschiedlichen Fragestellungen und Anforderungen auch die Temperamente der Forscher, die qualitativ oder quantitativ arbeiten, oft verschieden sind. Der qualitative Analytiker ist oft der intuitive, der gefühlsmäßige, der scharfe Beobachter. Er ist der Sprühende, der Anregende, gibt aber auch bald auf und wendet sich anderen Fragen zu.

Der quantitative Analytiker ist häufig der typische Tüftler, der exakte, der Intuitionsarme. Er ist der mathematisch abstrakt Denkende, der Langweilige, aber auch der, der niemals aufgibt.

Beispiel: Kurvenflug einer Fliege Das Experiment soll die Beziehungen aufklären, die zwischen der Flügelbewegung und dem Kurvenflug bei einer Fliege auftreten. Man hängt dazu die Fliege an einer aeromechanischen Waage vor der Düse eines laminaren Windkanals auf (Nachtigall 1966; Nachtigall u. Wilson 1967), und zwar an einem Gerät, das die Wendetendenz anzeigt (Abb. 3.1). Zur gleichen Zeit filmt man das Tier mitsamt der Anzeigenskala des Geräts so, dass die Bahnen beider Flügel gleich gut sichtbar sind.

Qualitative Frage: Sind Unterschiede der Flügelbewegung beim Kurvenflug vorhanden (Nachtigall 1969)? Die Aufnahmen zeigen, dass beim Geradeausflug, wenn der Drehmomentengeber auf null steht, beide Flügel gleich schlagen, beim Kurvenflug, wenn der Geber von null abweicht, die beiden Flügel ungleich schlagen. Die Antwort der Natur auf die qualitative Frage heißt also „*ja*". Zur Auswertung reicht auch schon die Beobachtung mit dem Auge.

Quantitative Frage: Solche Fragen sind in kleine, lösbare Teilkomplexe aufzugliedern. Ein Teilkomplex könnte lauten: Wie groß ist die Schlagamplitude des rechten Flügels im Vergleich zum linken, wenn das Tier ein Drehmoment um die Hochachse mit 10^{-6} Nm nach links einstellt?

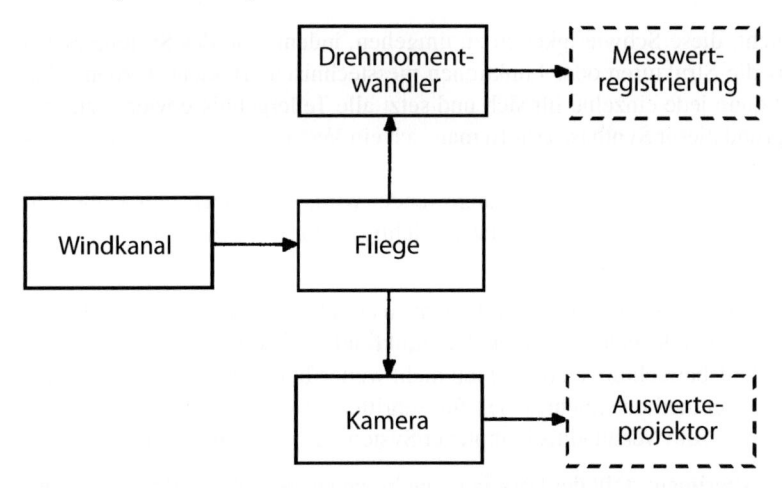

Abb. 3.1 Blockschema der Apparaturen für ein qualitatives Experiment (*durchgezogen*) und ein quantitatives darauf aufbauendes Experiment (*gestrichelt*). Kurvenflug einer Fliege

Man muss das Instrumentarium nun erweitern, und zwar sowohl um einen Messwertregistrierer, der an den Drehmomentengeber angeschlossen wird als auch um einen Auswerteprojektor, mit dem man die vom Film registrierten Flügelschlagamplituden messen kann. Die Antwort der Natur auf diese quantitative Frage könnte zum Beispiel lauten: *„Unter den gegebenen (definierten) Bedingungen hat der rechte Flügel eine um 17° größere Amplitude als der linke."*

Dieses Beispiel macht deutlich, dass alle Gesamtfragen, etwa die Frage „Wie steuert die Fliege?", bei der quantitativen Untersuchung in kleine, überschaubare Teilfragen aufgelöst werden müssen: das Prinzip der kleinen Schritte.

3.2 Prinzipien für das Experiment

3.2.1 Prinzip der kleinen Schritte

Biologische Substrate sind die komplexesten, die es gibt. Experimentelle Methoden erlauben meist – und oft genug gerade noch – nur die Analyse der einfachsten Kausalbeziehungen.

Für den forschenden Biologen liegt offensichtlich die Schwierigkeit darin, dass kein Experiment biologischen Substraten ohne weiteres angepasst ist, wenn man dieses als den Komplex all der Detailstrukturen und -funktionen nimmt, den auch ein scheinbar einfaches System bereits darstellt, etwa

- „das Virus",
- „die Muskelfaser" und
- „die Lichtsinneszelle".

Man versucht, diese Schwierigkeiten zu umgehen, indem man das System soweit auflöst, bis die Strukturen oder Funktionen messtechnisch erfassbar werden. Man untersucht dann jede einzelne für sich und setzt alle Teilergebnisse wieder zusammen. Aufgrund dieser Synthese erhofft man sich ein Verstehen des betrachteten Systems.

Diese Methode, so allgemein sie angewendet wird, ist in höchstem Maße fehlerbehaftet. Es sollte damit also äußerst vorsichtig und kritisch zu Werke gegangen werden:

- Absolute Eindeutigkeit ist prinzipiell nicht zu erzielen, da ein experimentell fassbares Teilsystem losgelöst sicher anders funktioniert als im Verband.
- Da Ganzheitsbetrachtungen prinzipiell nicht weiterführen, bleibt die experimentelle Analysenmethode „Schrittchen für Schrittchen" die einzige, die der Naturwissenschaft zum Verständnis komplexer Systeme zur Verfügung steht.

Mit jedem Experiment stellt der Forscher eine Frage an die Natur und holt ihre Antwort ein. Er muss die Frage den experimentellen Möglichkeiten anpassen, das heißt, er muss auch die Fragen „schrittchenweise" stellen. Sie dürfen nur auf dem vorhergehenden Schrittchen aufbauen, müssen also das letzte Ergebnis mit einkalkuliert haben. Eine Frage soll schließlich so überlegt sein, dass sie nicht in eine Sackgasse führt, sondern mit einiger Wahrscheinlichkeit als Grundlage für weitere derartige Fragen dienen kann.

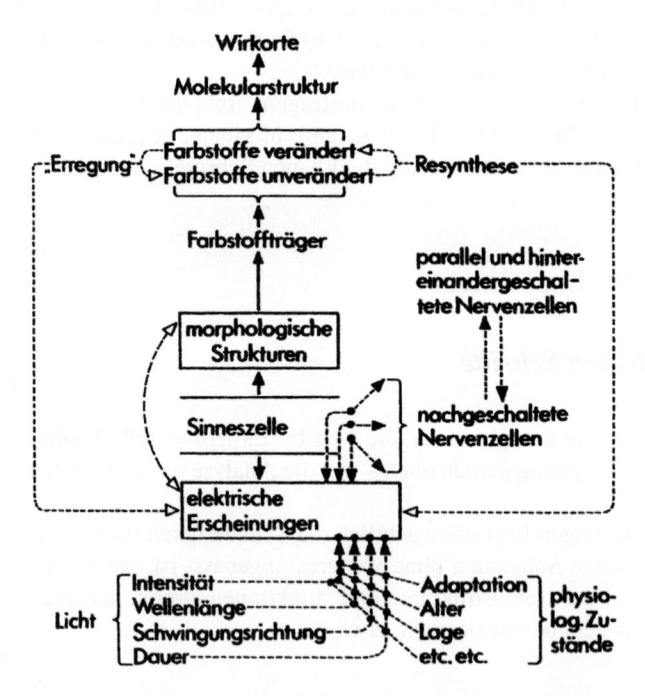

Abb. 3.2 Denkschema für die Verknüpfung von Strukturen und Funktionen bei der Frage „Wie wirkt Licht auf die Lichtsinneszellen im Auge einer Heuschrecke?"

Beispiel: Komplexauge eines Insekts Die Frage „Wie arbeiten die Lichtsinneszellen im Komplexauge der Insekten?" ist in dieser Fassung nicht beantwortbar, da sie:

- Keinen naturwissenschaftlich fassbaren Kausalzusammenhang formuliert („arbeiten" ist ebenso zu allgemein wie „die Lichtsinneszellen" und „die Insekten").
- Zur experimentellen Bearbeitung nicht geeignet ist, weil sie nicht von etwas Bekanntem zu etwas (damit in Kausalzusammenhang stehendem) Unbekanntem führt. Sie zielt auch nicht auf etwas Unbekanntes, das von dem Bekannten so wenig weit entfernt ist, dass es einer experimentellen Klärung zugänglich wäre.

Am Schema der Abb. 3.2 lassen sich die Schwierigkeiten erkennen, die sich der experimentellen Lösung dieser scheinbar einfachen Frage entgegenstellen. Zudem ist das Schema dieser Abbildung noch extrem grob. Allein der Komplex „elektrische Erscheinung" müsste messtechnisch wieder in mehrere Detailkomplexe aufgespaltet werden. Erst wenn alle Wechselbeziehungen zwischen allen Strukturen und Funktionen unter allen nur denkbaren experimentellen Bedingungen bekannt sind, hat man den Komplex „Lichtsinneszelle" verstanden. Annähern kann man das, indem man Stück für Stück Einzelbeziehungen analysiert. Die Fragen müssen bei jedem kleinen Schritt adäquat gestellt werden (Autrum 1984).

3.2.2 Prinzip der indirekten Messung

Aus biologischen oder technischen Gründen ist es oft gar nicht möglich, den interessierenden Vorgang 1 direkt zu messen. Man misst dafür einen leichter zugänglichen Vorgang 2, von dem man weiß, wie er mit dem interessierenden Vorgang korreliert ist, und schließt dann auf den Vorgang 1 zurück. Bisweilen muss man das Schlussschema um eine Stufe erweitern. Man schließt von einem Vorgang 3 auf einen Vorgang 2 und weiter auf einen Vorgang 1. Ein sehr ausführliches Beispiel zu diesem Punkt, betreffend den Stoffwechsel von Fischen und Mäusen, ist bei Nachtigall (1978, Beispiel 57) nachzulesen.

3.2.3 Prinzip der Lösung einer Struktur aus dem Verband

Strukturen sind in ihrer natürlichen Lage im Verband des Organismus oft nicht experimentell untersuchbar. Man muss sie vor der Untersuchung aus dem Verband lösen, und zwar aus zwei Gründen:
- Es lässt sich experimentell sonst nicht an die Strukturen herankommen.
- Die sich im Verband anschließenden Strukturen stören die Messung.

Beispiel: Dehnungskurve eines glatten Muskels Der Fuß der Weinbergschnecke setzt sich überwiegend aus glatten Muskeln zusammen. Zur Aufnahme einer Dehnungskurve (Länge des Fußes als Funktion der Zeit bei einer konstant wirkenden

Zugkraft) ist die Benutzung einer einfachen Apparatur möglich, die im Prinzip in Abb. 3.3a dargestellt ist (Nachtigall 1981). Die Auftragung ergibt die Zeitfunktion der Abb. 3.3b. Der Muskel dehnt sich bei Belastung und zieht sich bei Entlastung wieder zusammen, erreicht aber die ursprüngliche Länge nicht mehr; es bleibt ein „Dehnungsrückstand".

Der Schneckenfuß stellt einen Verband dar, in dem neben Muskeln noch andere Bestandteile, zum Beispiel Ganglien und die Axone ihrer Nervenzellen, sitzen. Durch Aktivität in den Ganglien kann der Fuß sich kontrahieren. Kontraktion nach Belastung kann eine zu geringe Dehnung, Kontraktion nach Entlastung einen zu geringen Dehnungsrückstand vortäuschen. Deshalb muss das Nervensystem ausgeschaltet werden. Man nimmt die „glatte Muskulatur" aus dem Verband „Fuß" heraus. Das ist in diesem Fall einfach: Was nicht Muskel ist, wird weggeschnitten und abgekratzt.

3.2.4 Prinzip der Reproduzierbarkeit

Versuche müssen so ausgelegt sein, dass sie reproduzierbar sind. Die Ergebnisse müssen – im Rahmen der biologischen Streubreite – immer wieder gleich sein, so oft man den Versuch auch wiederholt:

- Nachprüfung durch denselben Experimentator und
- Nachprüfung durch andere Experimentatoren.

Reproduzierbar sind Versuche prinzipiell nur dann, wenn die gleichen Bedingungen eingehalten worden sind. Diese müssen also bekannt, das heißt veröffentlicht sein, sonst kann man das Experiment nicht nachprüfen. Damit ist es wissenschaftlich wertlos. Gegen die Publikation genauer Versuchsbedingungen wird nicht selten einigermaßen leichtfertig verstoßen.

Irrtumsmöglichkeiten sind oft gegeben. Der Grund dafür liegt wiederum meistens darin, dass die Versuchsbedingungen ungenau publiziert worden sind. Ein gewisses Misstrauen den eigenen Versuchsergebnissen gegenüber ist auch anzuraten.

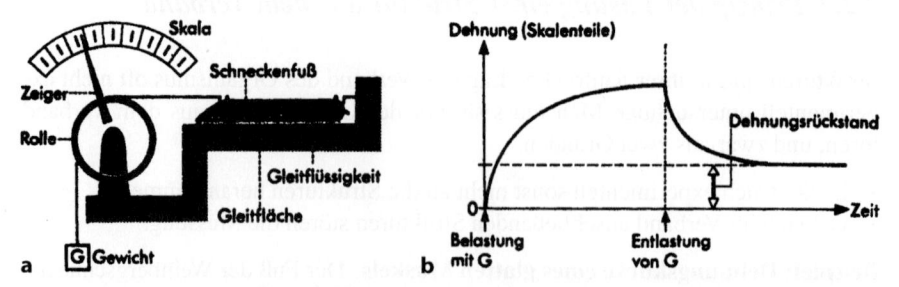

Abb. 3.3 Zur Dehnung der glatten Muskulatur eines Schneckenfußes. **a** Prinzipskizze zum Versuchsaufbau. **b** Prinzipskizze einer Dehnungskurve

Man tut gut daran, jeden Versuch selbst mehrmals zu reproduzieren, bevor man seinen Messergebnissen traut. Die sinnvolle Minimalzahl der Versuche festzulegen, dafür kann einfache Statistik sehr hilfreich sein. (In einem Festvortrag sagte ein bekannte Konstrukteur einmal scherzhaft: „Der vorsichtige Techniker misst nur einmal!" – Zur Unterscheidung, ob eine gewisse Pflanzensozietät auf Urgestein häufiger vorkommt als auf Kalkgestein, machte ein Diplomand einmal über 100 Messungen in fast drei Jahren. Zur Beantwortung dieser Frage mit statistisch ausreichender Sicherheit hätten aber 5–7 Messungen gereicht, auszuführen in 1–2 Wochen. In den Bergen ist's freilich schön.)

3.2.5 Prinzip der gezielten Ausschaltung

Wenn man ein Funktionsprinzip näher kennenlernen will, kann es nötig sein, eine bestimmte Struktur oder eine bestimmte Funktion im betrachteten System gezielt auszuschalten. Das System zeigt dann bestimmte Mangelerscheinungen, die es vorher nicht gezeigt hat. Aus dem Vergleich der Erscheinungen des gestörten mit denen des ungestörten Systems lassen sich Rückschlüsse zum Beispiel auf die Arbeitsweise der zerstörten Struktur selbst ziehen. Es handelt sich in diesem Fall um die Prüfung, welchen Einfluss eine Struktur in einem System hat. Auf ähnliche Weise kann man ein System selbst, losgelöst vom Einfluss einer Struktur, untersuchen. Schließlich kann man durch Ausschaltexperimente Rückschlüsse auf die Wirkung einer Funktion in einem System ziehen.

Ein sehr ausführliches Beispiel zu diesem Punkt – der Einfluss des Labyrinths eines Frosches auf die Reaktion des Tieres auf Drehbeschleunigungen – ist bei Nachtigall (1978, Beispiel 70) nachzulesen.

3.3 Korrelation und Kausalverknüpfung

In Schweden zählte man einige Jahre lang aus, wie groß die Zahl der neugeborenen Kinder in einer bestimmten Bevölkerungsgruppe und wie groß die Zahl der Störche ist, die in dem betreffenden Jahr in Schweden nisten. Die grafische Auftragung der Beziehung ergibt nach der idealisierten Abb. 3.4a eine positive, lineare Beziehung: Je größer die Zahl der Störche war, desto größer auch die Zahl der neugeborenen Kinder. Ganz klar: Die Störche bringen die Kinder.

Die Auftragung beweist lediglich, dass sich eine Größe y mit einer Größe x gleichgerichtet und linear ändert. Der Graph kann folgendermaßen zustande kommen:

- Aus irgendwelchen zufälligen Gründen, oder unter dem Einfluss von dritten Größen, ist y immer dann größer, wenn auch x größer ist (Korrelation).
- x ist die Ursache von y. Umgekehrt ausgedrückt: y ist Folge von x. Wenn sich x ändert, so muss sich logischerweise auch y ändern (Kausalbeziehung).

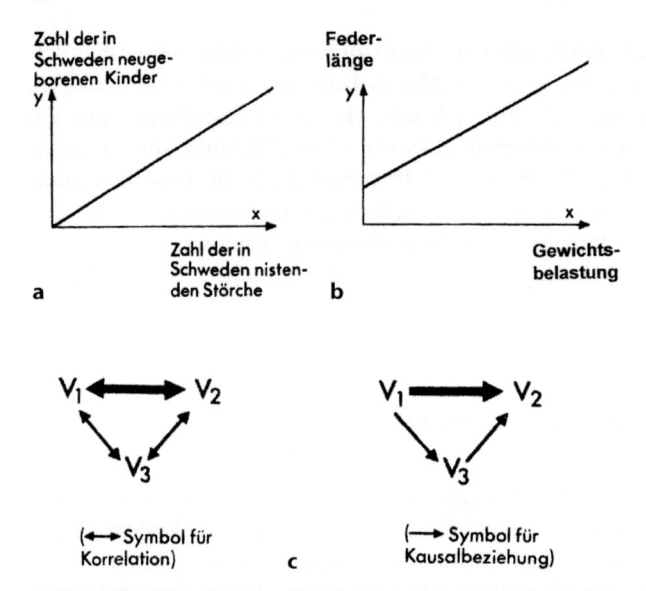

Abb. 3.4 Zur Korrelation und Kausalverknüpfung. **a** Scherzbeispiel für eine positive Korrelation, aber keine Kausalverknüpfung. **b** Positive Korrelation und Kausalverknüpfung. **c** Nachweis einer Korrelation/Kausalverknüpfung von V_1 mit V_2 durch Mehrfachverknüpfung

Im ersten Fall spricht man von einer Korrelation oder von einem Parallellaufen; den zweiten Fall bezeichnet man als Kausalbeziehung oder als einen ursächlichen Zusammenhang. Aus einer grafischen Auftragung lässt sich nicht entnehmen, ob die durch eine Kurve in Beziehung gesetzten Größen nur zufällig korreliert sind oder kausal voneinander abhängen. Man kann mit statistischen Methoden sichern, ob eine Korrelation besteht oder nicht. Mit der Sicherung einer Korrelation zwischen zwei Größen hat man aber nur nachgewiesen, *dass* ein Zusammenhang zwischen den beiden Größen besteht. Es lassen sich jedoch keine Aussagen darüber machen, *welcher Art* dieser Zusammenhang ist. Er kann, wie gesagt, ein reiner „Nebeneffekt" sein, er kann aber auch Ausdruck einer logischen Verknüpfung zwischen diesen beiden Größen sein.

Der in Abb. 3.4a formulierte Zusammenhang ist offensichtlich eine reine Korrelation. Einen gleichartigen Graphen (Abb. 3.4b) erhält man bei der Bestimmung der Länge einer Spiralfeder (y) als Funktion der Belastung (angehängte Gewichte, x); hier herrscht offensichtlich eine klare Kausalbeziehung. Die Längenzunahme ist eine notwendige und logische Folge der zunehmenden Belastung. Die Kausalbeziehung findet ihre einfache Formulierung im Hookeschen Gesetz: Länge = c × Belastung (c: Federkonstante).

Spricht man ganz allgemein von „Vorgängen V" und benutzt die Symbolik von Abb. 3.4c, so lässt sich sagen:

Wenn eine Korrelation zwischen V_1 und V_2 nicht messbar ist, so kann man das Vorhandensein einer Korrelation trotzdem beweisen. Man muss zeigen, das V_1 mit

3.3 Korrelation und Kausalverknüpfung

einem weiteren Vorgang V_3 und dass dieser wiederum mit dem interessierenden Vorgang V_2 korreliert ist.

Will man zeigen, dass V_1 mit V_2 kausal verknüpft ist, wobei aber diese direkte Verknüpfung messtechnisch nicht erfassbar ist, so kann man einen eindeutigen Beweis trotzdem über den Umweg „V_1 kausal verknüpft mit V_3", „V_3 kausal verknüpft mit V_2" führen.

Ist der Schluss $V_1 \rightarrow V_2$ bereits experimentell gesichert, so ist die experimentelle Sicherung des „Umwegs" $V_1 \rightarrow V_3; V_3 \rightarrow V_2$ und der sich daraus ergebende *logische Schluss* $V_1 \rightarrow V_2$ eine wichtige Bestätigung und Sicherung des *experimentellen Schlusses* $V_1 \rightarrow V_2$.

Ein sehr ausführliches Beispiel zu diesem Punkt – die Veränderung der Flügelschlagfrequenz bei einer Schmeißfliege – ist bei Nachtigall (1978, Beispiel 66) nachzulesen.

4
Schlussfolgern, Beurteilen und Erklären in der Biologie

Wissenschaftliche Erkenntnis lässt sich ganz allgemein durch zwei Arten von Urteilen erzielen:

- *Induktion*: Fortschreiten oder Schließen vom Einzelnen zum Gesamten, vom Speziellen zum Allgemeinen.
- *Deduktion*: Schließen vom Allgemeinen zum Speziellen; verglichen mit der Induktion das umgekehrte Verfahren.

Demgemäß gibt es zwei Denkmethoden, über die man Erkenntnisse gewinnen kann, eine induktive und eine deduktive.

4.1 Die induktive und die deduktive Methode

4.1.1 Induktive Methode

Ausgehend von der Beobachtung einzelner Tatsachen mit ihren gemeinsamen Merkmalen steigt man auf zur Erfassung von Gesetzmäßigkeiten:

Einzelfakten; Sammlung und Vergleich → $\xrightarrow{\text{Aufstieg}}$ → allgemeine dingliche Gesetzmäßigkeit.

Die wissenschaftliche Grundlagenforschung, die neu Entdecktes „einbauen", das heißt auch dessen allgemeine Gesetzlichkeiten herausarbeiten will, schreitet also prinzipiell vom Speziellen zum Allgemeinen fort: von den Einzelfakten zur allgemeineren Gesetzlichkeit, die die Einzelfakten verbindet.

Dieses fortschreitende Aufdecken von immer neuen, dem zugrunde liegenden Einzelmaterial stets wieder übergeordneten Zusammenhängen ist das Denkprinzip der Induktion.

Damit ist die Induktion die grundlegende Methode, mit der man zur naturwissenschaftlicher Erkenntnis gelangen kann.

4.1.2 Deduktive Methode

Ausgehend von Gesetzmäßigkeiten steigt man ab und versucht, das „Wesen der Einzeldinge" aus diesen Gesetzmäßigkeiten abzuleiten.

Allgemeine Gesetzmäßigkeit → $\xrightarrow{\text{Abstieg}}$ → Verständnis des Einzelfakts.

Was die erkenntnistheoretischen Grundlagen der Naturwissenschaft anbelangt, folge ich im Weiteren den Ausführungen Max Hartmanns (1959, 1965). Dazu im Folgenden vier Beispiele.

4.1.3 Beispiele

Beispiel 1: Induktives Schließen in der Biologie: Artbegriff 1000 Fliegen mögen vorliegen. Man schaut jede Einzelheit des Körperbaus bei jeder Fliege an und vergleicht dann jede Einzelheit mit der entsprechenden bei jeder anderen Fliege. Haben dann zum Beispiel 125 Fliegen gemeinsame Ähnlichkeiten, liegt der Schluss nahe, dass diese 125 Fliegen einer einzigen Art zuzuordnen sein könnten.

Alle äußeren Körpermerkmale → $\xrightarrow{\text{Aufstieg}}$ → Typus einer Art.

Einzelfakten → $\xrightarrow{\text{Schluss}}$ → allgemeine Gesetzmäßigkeiten.

(Man müsste dann eigentlich noch prüfen, ob diese 125 Fliegen untereinander fortpflanzungsfähig sind, bevor man von einer Art sprechen kann.)

Beispiel 2: Induktives Schließen in der Physik: Fallversuche Galileo Galilei (1564–1642) ließ Kugeln und andere Körper frei fallen oder auf schiefen Ebenen hinabrollen. Er wiederholte dieses Experiment mit immer anderen Kugelmassen, Materialien, Fallstrecken etc. und prüfte über die Versuchsprotokolle, welche allgemeinen Phänomene, ausgedrückt in Zahlenbeziehungen, allen Experimenten gemeinsam sind. Er fand, dass stets die Geschwindigkeit v in gleichen Zeiten t um gleiche Beträge $v_2 - v_1$ zunimmt, dass also die Beschleunigung $b = (v_2 - v_1)/t$ konstant blieb. Diese Formel ist die Kurzfassung der entdeckten Allgemeingesetzlichkeit.

Ergebnisse aller Versuche → $\xrightarrow{\text{Aufstieg}}$ → Formel, die für alle Ergebnisse gilt.

Einzelfakten → $\xrightarrow{\text{Schluss}}$ → allgemeine Gesetzmäßigkeit.

Beispiel 3: Deduktives Schließen in der Biologie: Typus einer Sekretzelle Die allgemeinen Gesetzlichkeiten der Sekretion sind bekannt. Ihre morphologische Basis, die Sekretzellen, lassen sich als solche durch ungefähr zehn mikroskopische und histochemische Details umschreiben. Sieht man im histologischen Präparat eine Zelle, die diese Merkmale kombiniert zeigt, so sagt man: „Das ist sicher eine Sekretzelle". Es handelt sich um einen deduktiven Schluss. Man hat das Vorstellungsbild (die Summe aller strukturellen und funktionellen Eigenschaften: die Idee), in dem nun ein auftretendes Faktum gemessen, geprüft und bewertet wird.

Gesamtbild → $\xrightarrow{\text{Abstieg}}$ → Einordnung einer bestimmten Einzelzelle als Sekretzelle.

Allgemeine Gesetzmäßigkeit → $\xrightarrow{\text{Schluss}}$ → Verständnis des Einzelfalls.

Beispiel 4: Deduktives Schließen in der Physik: Gleitflug eines Adlers Die gesamte Euklidische Geometrie ist eine rein deduktive Wissenschaft; ausgehend von einigen wenigen Axiomen lässt sich jede spezielle Fragestellung berechnen. Auch die klassische Mechanik ist heute eine nahezu rein deduktive Wissenschaft; ausgehend von einigen wenigen Grundgesetzen (z. B. dem Gesetz der Erhaltung des Drehmoments), lässt sich jeder nur denkbare Sonderfall eindeutig vorausberechnen, beispielsweise für den Gleitflug von Vögeln (Nachtigall 1985).

Ein Adler gleitet unter dem Gleitwinkel $\alpha = 5°$ gegen den horizontalen Boden. Welchen Winkel β schließt die im Flügel auftretende Kraftkomponente „Auftrieb A" mit der Luftkraftresultierenden R ein (Abb. 4.1)?

Das ist ein geometrisches Problem. Die Luftkraftresultierende R muss beim stationären Gleitflug entgegengesetzt gleichgroß sein dem Gewicht G. Dieses steht senkrecht auf der Horizontalen, und die Auftriebskraft A steht definitionsgemäß senkrecht auf der Gleitbahn. Es existiert ein geometrischer Lehrsatz: Geraden, die senkrecht auf den beiden Schenkeln eines Winkels (α) stehen, schließen den gleichen Winkel (β) ein. Daraus folgt in unserem Beispiel $\alpha = \beta = 5°$. Die Frage wurde durch einen rein deduktiven Schluss gelöst.

Vorgegebener Lehrsatz → $\xrightarrow{\text{Abstieg}}$ → Anwendung des Lehrsatzes auf ein Problem und damit Lösung des Problems.

Allgemeine Gesetzmäßigkeit → $\xrightarrow{\text{Schluss}}$ → Verständnis des Einzelfakts.

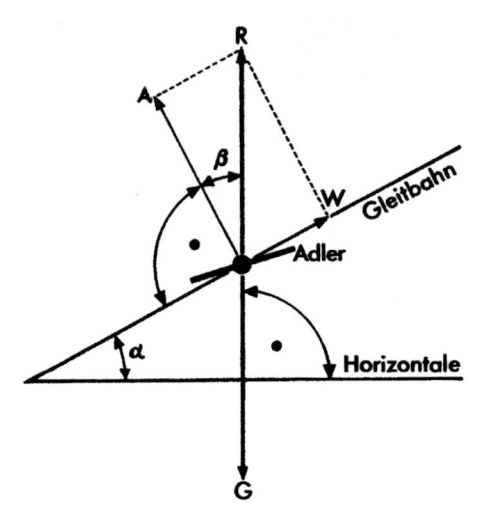

Abb. 4.1 Gleitschema für einen Adler. α Winkel der Gleitbahn zur Horizontalen, β Winkel zwischen den Richtungen des Auftriebs A und der Luftkraftresultierenden R, G Gewicht, W Widerstand

4.2 Die Induktion als Grundmethode des Schlussfolgerns in der naturwissenschaftlichen Forschung

Die Zusammenhänge, die durch Induktion gefunden worden sind, bilden stets ein System größerer Komplexität als das Einzelmaterial, das dem induktiven Schluss I_1 zugrunde gelegen hatte (Abb. 4.2). Diese Zusammenhänge sind ihrerseits wieder Ausgangsbasis, das heißt „Einzelmaterial" für den nächsten induktiven Schluss I_2, der das System auf die nächsthöhere Ebene hebt und so weiter.

Jeder Induktionsschritt hebt also die Problemstellung auf die nächsthöhere Ebene, das heißt, er verweist auf den *benachbarten allgemeineren Wissenschaftszweig*, der das spezielle Ausgangsmaterial *subsumiert*, der es also als Spezialfall einer für ihn charakteristischen allgemeineren Gesetzlichkeit einordnet. Wenn man so will, können die Ketten des Schließens in einer bestimmten Reihenfolge von der Biologie zur Atomphysik gehen, dem derzeitigen Ende induktiven Erkennens. Wenn man sich etwa die Vorgänge überlegt, die zusammenspielen, sobald man ein Stück Brot isst und verdaut, so findet man mehrere Ebenen.

Beispiel: Nahrungsverwertung Die Zusammenhänge sind in Abb. 4.3 dargestellt.

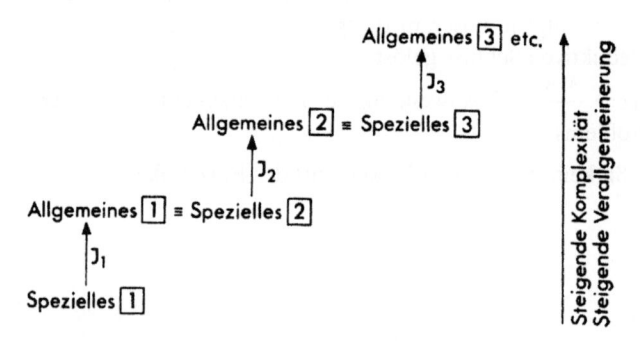

Abb. 4.2 Prinzipkette induktiven Schließens

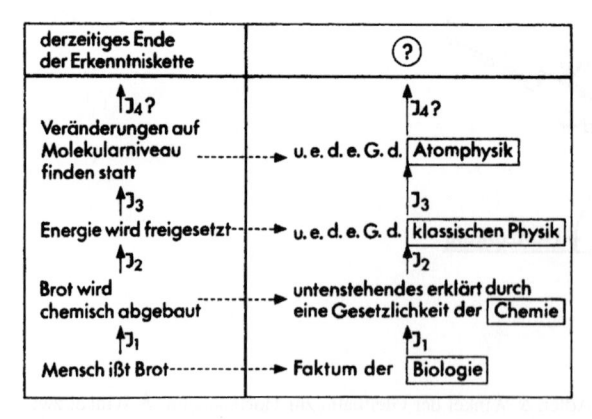

Abb. 4.3 Ketten des Schließens beim Phänomen „Nahrungsverwertung"; Problemverlagerung auf immer allgemeinere Wissenschaftszweige

4.3 Die „deduktive Komponente" induktiver Schlussfolgerung

In der Praxis ordnet man das *spezielle* Charakteristikum versuchsweise einer erfahrungsgemäß passenden allgemeineren Gesetzlichkeit der nächsthöheren Ebene unter. Man stellt sich dann auf das Niveau dieser nächsthöheren Ebene, Gesetzlichkeit oder Wissensdisziplin und sieht „herunter", ob diese das Spezielle wirklich subsumiert, das heißt mit ihren allgemeineren Eigengesetzlichkeiten erklärt:

Allgemeines → $\xrightarrow{\text{Abstieg}}$ → Spezielles.

Das ist die typische Schlussweise der Deduktion.

So sehr die Naturwissenschaften als *induktive Wissenschaften* gelten, so wenig kann die Praxis der Erkenntnisgewinnung auf zwischendurch angewandte Deduktionen verzichten.

Somit ergibt sich eine Vermischung von induktiven und deduktiven Schritten; es lässt sich tatsächlich von einer „*deduktiven Komponente induktiver Folgerungen*" sprechen (Abb. 4.4). Die deduktiven Zwischenschritte stellen „Prüfungen" dar; es können jeweils unterschiedliche Prüfungen D_{J1}, D_{J2}, D_{J3} etc. auf verschiedenen Zwischenniveaus Z_1, Z_2, Z_3 etc. vorgenommen werden.

Die Induktion könnte gar nicht vom Besonderen zum Allgemeinen „aufsteigen", wenn sie nicht schon eine allgemeinere, innere Gesetzmäßigkeit voraussetzen würde. Bauch (1926) nennt das ein „deduktives Moment der Induktion".

Diese Voraussetzung ist nicht beweisbar, sie ist axiomatisch. Sie ist jedoch eine logische Grundvoraussetzung jeder Naturerkenntnis und „Ordnungsvoraussetzung der Naturwirklichkeit". v. Helmholtz (Zusammenfassung 1921) spricht von der „Voraussetzung der Begreiflichkeit der Natur".

Es wurde oben ausgeführt, dass die deduktive Komponente in folgendem Forschungsverfahren steckt: Man ordnet den speziellen Fall versuchsweise einer erfah-

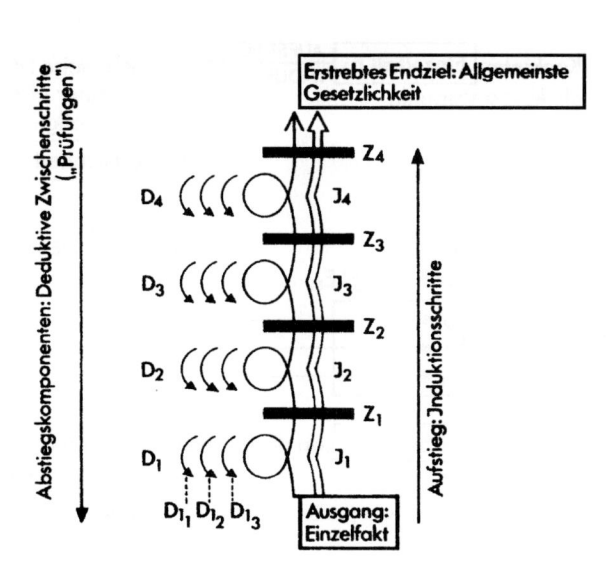

Abb. 4.4 Deduktive („absteigende") Komponenten bei einer induktiven („aufsteigenden") Kette des Schließens. I Induktionsschritte, D deduktive Teilschritte, Z Zwischenniveaus

rungsgemäß (oder rein intuitiv!) passenden allgemeineren Gesetzlichkeit unter und versucht dann – von der höheren Ebene dieser Gesetzlichkeit ausgehend – durch weitere Forschung zu zeigen, dass die letztere den speziellen Fall wirklich subsumiert.

Das bedeutet aber nur die Bestätigung einer Hypothese, die sich auf den *tatsächlich zugrunde gelegten speziellen Fall stützt*.

4.4 Hypothesenprüfung durch konstruierte Einzelfälle

Sobald eine allgemeine Gesetzlichkeit gefunden worden ist, muss sie nicht nur den einen, tatsächlich zugrunde gelegten speziellen Fall beinhalten, sondern auch viele spezielle Fälle vergleichbarer Art subsumieren und erklären können.

Man kann und muss also viele spezielle Fälle gedanklich formulieren, die unter die Gesetzlichkeit fallen, die zunächst als hypothetisch angenommen worden ist. Zeigt die experimentelle Prüfung, dass viele solche *konstruierten Einzelfälle* von der allgemeinen Gesetzlichkeit subsumiert werden, das heißt *durch sie erklärbar sind, so lässt sich rückwirkend das zunächst hypothetisch angenommene Allgemeine als verbindlich ansehen*. Es wird zur Gesetzlichkeit, die alle die denkbaren speziellen, ähnlichen Fälle zusammenfasst und erklärbar macht (Abb. 4.5). Wenn die übergeordnete Gesetzlichkeit richtig formuliert ist, muss sie bei vielen ähnlichen Einzelfällen richtige Vorhersagen erlauben.

Zeigt die Prüfung, dass die Vorhersagen falsch waren, so ist die zunächst hypothetisch formulierte Gesetzlichkeit wieder zu verwerfen. Zeigt die Prüfung, dass die Vorhersagen richtig waren, so wird die Gesetzlichkeit akzeptiert. Sie hört somit auf, hypothetisch zu sein. Das damit formulierte allgemeine Gesetz gilt als bewiesen, solange keine Einzelfälle bekannt werden, die es nicht überdeckt. Werden solche Fälle

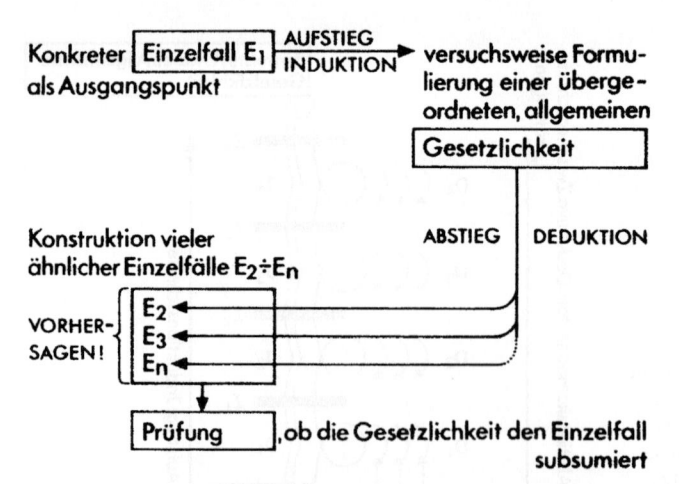

Abb. 4.5 Deduktion von prüfbaren Einzelfällen aus einer vorläufig formulierten allgemeinen Gesetzlichkeit

bekannt, so muss das Gesetz entweder modifiziert (erweitert) oder ganz aufgegeben werden.

Das bekannte Falsifizierungstheorem Karl Poppers (1969, 1975) widerspricht dieser Sichtweise Max Hartmanns, die nichtsdestoweniger außerordentlich praktikabel ist. In der alltäglichen Laborpraxis führt es nicht sehr weit, ausnahmslos und immer mit seinem Popper unter dem Arm herumzulaufen, wie die Vertreter der evolutionären Erkenntnistheorie (wenngleich nicht so drastisch ausgedrückt) meinen.

Das in Abb. 4.5 formulierte allgemeine Schema soll in Abb. 4.6 an einem speziellen Beispiel erläutert werden.

Beispiel: Chromosomentheorie der Vererbung Aufgrund einer Reihe von Einzelergebnissen aus der Zytologie und der Vererbungsforschung wurde induktiv die Chromosomentheorie der Vererbung als allgemeine Gesetzmäßigkeit vorläufig formuliert (Abb. 4.6). Ausgehend von dieser Gesetzlichkeit wurde deduktiv auf einen neuen Einzelfall geschlossen (Spaltungsverhältnis bei haploiden Organismen), und es wurden die Ergebnisse vorhergesagt, die zu erwarten sind, wenn die Chromosomentheorie zutrifft. Die experimentelle Prüfung an unterschiedlichen Objekten bestätigte die Vorhersage. Damit lies sich rückläufig der induktive Schluss bestätigen, die Chromosomentheorie der Vererbung als zutreffend zu erklären.

Als Theorie, die richtige Vorhersagen erlaubt, wird die Chromosomentheorie der Vererbung nun akzeptiert, solange sich keine Gegenbeispiele finden (die Theorie wurde durch zahlreiche weitere Analysen vergleichbarer Art gestützt). Bezogen auf dieses Beispiel ist die Chromosomentheorie also das Allgemeine, welches das Spezielle, Besondere des Ausgangspunkts der Forschung (die Spaltung diploider Organismen) erklärt, aber eben nicht nur das, sondern auch vergleichbares Besonderes (haploider Organismen).

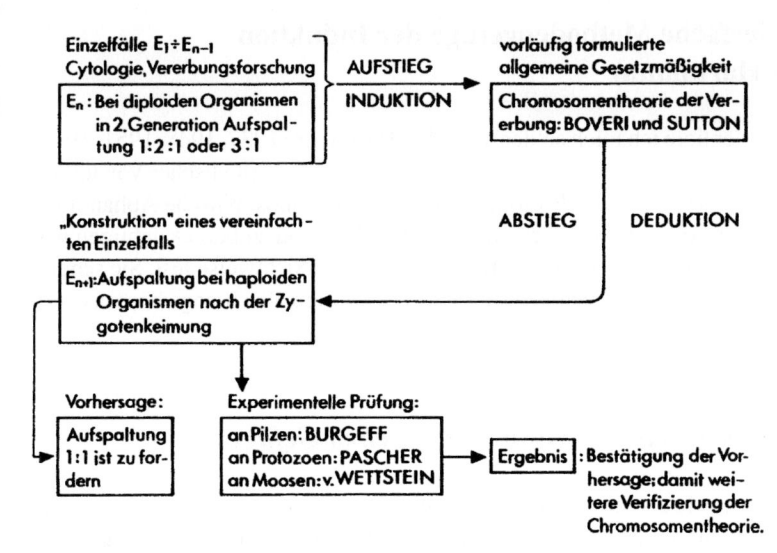

Abb. 4.6 Spezielles Beispiel zu der in Abb. 4.5 formulierten Verfahrensweise. Chromosomentheorie der Vererbung

4.5 Analyse und Synthese

Der naturwissenschaftlichen Forschung stehen zwei Verfahren zur Verfügung, die Analyse und die Synthese.

Die Analyse geht von einem Ganzen, gesetzlich Zusammengesetzten, Synthetischen aus. Sie zerlegt es und versucht die Einzelteile zu verstehen. Letztes Ziel der Analyse ist aber nicht das Verständnis der Einzelteile. Es stellt sich immer die spezielle Frage nach dem Zusammenwirken der Einzelteile, das heißt nach dem, was das Charakteristikum eines „Ganzen" ist. Man baut also aus den analysierten Teilen das Ganze wieder mit der erklärten Absicht auf, seine konstitutiven Aufbauprinzipien zu erkennen. Das aber ist eigentlich eine Synthese.

In jeder Analyse liegt also bereits ein synthetisches Moment. Das wurde bereits von Leibniz (Zusammenfassung 1960) für die reine mathematische Analysis klar ausgesprochen. Zumindest aber ist eine Synthese nicht denkbar ohne vorhergehende genaue Analyse. Eine noch so genaue analytische Untersuchung wiederum ist für sich betrachtet wertlos, „hinterlässt einen ungeordneten Trümmerhaufen", wenn nicht eine darauffolgende Synthese die analysierten Einzelfakten wieder zusammensetzt und dadurch zum Verständnis eines Ganzen zu kommen sucht. Das „Ganze" kann eine komplexere Struktur, ein Gewebe oder ein Organ, aber auch ein Organismus oder ein Ökosystem sein.

Analyse und Synthese ergänzen sich also erkenntnistheoretisch zwangsläufig. Sie sind gleichzeitig die handfeste Basis für die Anwendung der Induktion und Deduktion; *sie sind die den erkenntnistheoretischen Denkmethoden zugrunde liegenden praktischen Verfahren.*

4.6 Das vierfache Methodengefüge der Induktion (Max Hartmann)

In der Folge orientiere ich mich an den von Max Hartmann (1937, 1948, 1951, 1965) erarbeiteten Kriterien. Freilich gibt es eine Anzahl anderer methodischer Vorstellungen zur Vorgehensweise in der Biologie. Da hier keine philosophische Abhandlung vorgelegt werden soll, für die Lehrmeinungen vergleichend zu berücksichtigen wären, lege ich mich auf die hiermit referierte und ergänzte Sichtweise fest. Sie scheint mir, auch im Vergleich mit neueren Ansätzen, die pragmatisch angemessenste zu sein.

4.6.1 Teilschritte eines logisch einheitlichen Gefüges

Die Induktion wurde als die eigentliche Methode des Schließens, das heißt des Gewinnes von Erkenntnissen in der naturwissenschaftlichen Forschung, gekennzeichnet. Doch hat sich weiter ergeben, dass im Zuge des induktiven Erkennens deduktive Teilschritte unabdingbar sind, und dass Analyse und Synthese die handfeste Basis darstellen, die zuerst vorhanden sein muss, bevor die Denkmethoden mit den ihnen eigenen Schlussverfahren zu Erkenntnissen führen können.

Somit ergibt sich: Analyse und Synthese sowie Deduktion und Induktion bleiben nur Etappen eines logisch-einheitlichen Methodengefüges. Alle vier Aspekte sind aufs innigste miteinander zum *eigentlichen, praktisch anwendbaren Methodensystem naturwissenschaftlichen Forschens und Erkennens* verwoben.

4.6.2 Analytische Fehler

Die riskanteste, weil am ehesten mit Fehlern behaftete Seite dieses vierfachen Methodengefüges ist die Analyse, denn sie gibt das Rohmaterial, die Einzelfakten, für die anschließenden Schlussverfahren. Sind die grundlegenden Einzelfakten fehlerbehaftet, so nützen die besten logischen Schlüsse nichts: die Ergebnisse werden falsch.

Extrem wichtig ist also eine bis ins Einzelne gehende, in immer wieder neuen Anläufen immer weiter verfeinerte Analyse. Ist die Analyse nicht fein genug, erfolgt der induktive Schluss also verfrüht, so führt er im besten Fall zu äußeren Analogien, die keinen Erklärungswert besitzen.

Das ist der am häufigsten gemachte Fehler im naturwissenschaftlichen Forschungsverfahren.

Aufgrund einer sauberen Analyse können die im Einzelnen erkannten Bausteine wieder zu einem Ganzen synthetisiert werden. Das darf aber nicht summativ geschehen – so ergäbe sich aus dem „Trümmerhaufen" nur eine „Trümmermauer" –, sondern muss *systemhaft konstruktiv* geschehen. Man kann ja aus den einzelnen Bausteinen eines gotischen Doms summativ eine Gefängnismauer bauen, systemhaft konstruktiv aber wieder das gotische Gewölbe, vorausgesetzt, man hat seine Bauprinzipien verstanden. Erst die auf die Analyse folgende Synthese zeigt also, ob das konstitutive Aufbauprinzip eines Systems wirklich erkannt und verstanden worden ist.

Die induktive Methode ist also kein sicheres Verfahren. Ihren unbestreitbaren Wert gewinnt sie erst im Zusammenhang mit anderen Denk- und Forschungsmethoden. Induktive Schlüsse können je nach dem Grad der Eingliederung des „deduktiven Gliedes" von unterschiedlicher Sicherheit sein; sie haben damit auch unterschiedliche Aussagekraft. Die Leistungsfähigkeit der Methode ist also nicht einheitlich. Nach der Leistungsfähigkeit unterteilt kann man von zwei „Induktionen" sprechen (Bauch 1926): der reinen oder generalisierenden Induktion (Aristoteles; Bacon 1620) und der exakten Induktion (Galilei).

4.7 Die reine oder generalisierende Induktion

4.7.1 Definition

Die reine oder generalisierende Induktion ist eine vergleichende, Ordnung schaffende Methode. Durch Vergleich von Ähnlichkeiten und Verschiedenheiten von Strukturen und Prozessen gelingt es, diese in ein System von allgemeinen Begriffen und Aussagen zu bringen. Die systematischen Taxa der Art, der Gattung usw. (Biologie), das Periodensystem der Elemente (Chemie), die Kristallsysteme (Kristallografie) und die Balmer-Serien (Physik) sind durch dieses Verfahren erschlossen worden.

4.7.2 Prinzip der Methode

Einander ähnliche oder einander gleichende *Ganzheiten* werden *analytisch* – gedanklich oder praktisch – in eine große Zahl von *Teilen* zerlegt. Die als wesentlich betrachteten Teile oder Merkmale werden *synthetisch* zu einem *allgemeinen Begriff* formuliert, der alle gleichen und ähnlichen Ganzheiten subsumiert und sie von Gruppen anderer Ausprägung begrifflich unterscheidet. So kann man etwa in der Biologie zur Kennzeichnung einer Art kommen, die sich von einer anderen Art unterscheidet. Diese Kennzeichnung soll so sein, dass sie nicht nur zum nachfolgenden Wiedererkennen ausreicht, sondern tatsächlich das „Prinzip" einer Art erkennen lässt: Das systematische Feingefühl äußert sich in der Art und Weise, wie der Systematiker die Induktion vom Speziellen zum Allgemeinen ausführt.

Beispiel: Artbegriff; *Rana x*, *Rana y* Ein Systematiker, dem 20 artmäßig unbekannte Frösche der Gattung *Rana* vorliegen, würde bei der Systematisierung etwa so vorgehen, wie es in Abb. 4.7 dargestellt ist. Er analysiert die Ganzheiten zunächst,

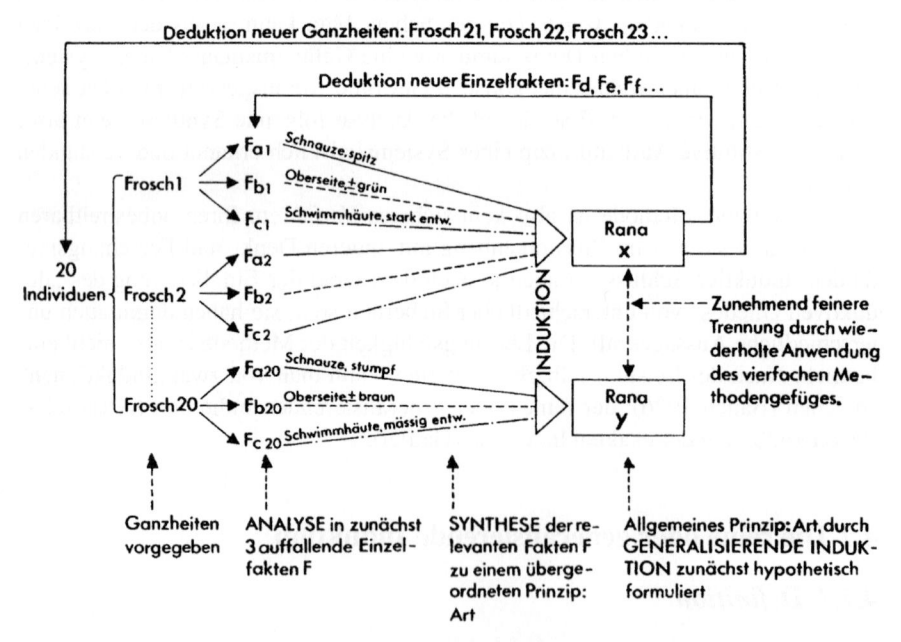

Abb. 4.7 Abstraktion einer biologischen Art durch generalisierende Induktion und Feintrennung zweier Arten durch wiederholte Anwendung des vierfachen Methodengefüges

das heißt er zerlegt sie in Einzelfakten. Daraus synthetisiert er einen abstrakten systematischen Begriff, in unserem Fall den Artbegriff. Aus den Unterschieden der im Beispiel zunächst aufgestellten drei Einzelfakten $F_a = $ Schnauzenform, $F_b = $ Farbe der Oberseite, $F_c = $ Entwicklung der Schwimmhäute, modifizieren sie zwei Arten heraus, den Frosch *Rana x* und den Frosch *Rana y*. Diese beiden Arten werden zunächst hypothetisch als solche formuliert. Davon ausgehend sucht der Systematiker nach immer neuen Einzelfakten, zum Beispiel der Form der Drüsenleisten F_d, der Form eines bestimmten Höckers am Hinterfuß (F_e) usw. Die neuen Fakten, die durch verfeinerte Analyse gewonnen worden sind, werden nun versuchsweise dem allgemeinen Prinzip wieder zugeordnet. Durch immer genauere Analyse und Synthese, durch immer neue Induktions- und Deduktionsschritte kommt man also zu einer immer feineren Trennung der beiden Arten *Rana x* und *Rana y*. Man kann schließlich auch noch eine größere Zahl von Fröschen, zum Beispiel Frosch 21 bis Frosch 200, einführen und die Aussagen damit sichern.

Es sei nochmals erwähnt, dass der biologische Artbegriff im Grunde anders definiert ist; es werden zwei Individuen dann zur gleichen Art gezählt, wenn sie unter natürlichen Bedingungen fertile Nachkommen zeugen können. Schließlich hat die Molekularbiologie den Artbegriff auf eine fundamental neue Basis gestellt. Dies sei nur am Rande vermerkt; das Beispiel ist ja nur als Demonstrationsbeispiel für vergleichend morphologisches Arbeiten gedacht.

4.7.3 Zur Leistungsfähigkeit der Methode

Die Methode erlaubt es, zu klassifizieren, Ordnung zu schaffen und „natürliche" Verwandtschaften zu erkennen: das natürliche System. Man kann damit auch Begriffe ermitteln, herausarbeiten und präzisieren, etwa die Begriffe „Fuß", „Herz" und „Schädel" aus der Vergleichenden Anatomie. Morphologische Zusammenhänge lassen sich abstrahieren. Dass Teile des Unterkieferskeletts der Fische und bestimmte Gehörknöchelchen der Säuger, dass ebenso die stechenden Mundwerkzeuge der Mücke und die kauenden der Schabe homologe Organe sind, lässt sich durch konsequente Anwendung dieser Methode herausarbeiten. Man kann aber auch funktionelle Zusammenhänge damit erarbeiten. Es ist zum Beispiel die Aussage der Vergleichenden Physiologie „Lungen und Kiemen sind beide Atemorgane" durch generalisierende Induktion zu erzielen. Die Methode ebnet weiter den Weg zur kausalen Erklärung. Man tastet sich damit an Theorien und Gesetze heran.

4.8 Die exakte Induktion

4.8.1 Definition

Die exakte Induktion ist die „eigentliche" naturwissenschaftliche Methode, Erkenntnisse zu gewinnen und zu sichern. Im Gegensatz zur generalisierenden Induktion ist sie *streng beweiskräftig*. Sie wurde von Galilei gefunden und genialistisch in vollkommener Erkenntnis ihrer Neuartigkeit, Eindeutigkeit und Beweiskraft bei der Untersuchung der Fallgesetze zum ersten Mal angewandt. *Ihr Grundprinzip ist das Experiment.*

4.8.2 Prinzip der Methode

Diese Methode führt dadurch mit logischer Notwendigkeit zu kausalen Erkenntnissen, dass sie die *experimentelle Analyse* eines *Einzelfalls* anstelle des *Vergleichs* vieler oder *sämtlicher Fälle* gleicher Beschaffenheit (siehe Abschn. 4.7) präzise ausführt. Die Ermittlung des Gesetzes in diesem *einen* Fall bringt das Verständnis *aller Fälle* gleicher Beschaffenheit mit sich.

Wie oben schon geschildert wurde, ohne dass der Ausdruck „exakte Induktion" eingeführt worden war, führt diese Methode – ausgehend von einem durch generalisierende Induktion gefundenen, zunächst hypothetischen „Gesetz" – deduktiv einen meist vereinfachten, experimentell prüfbaren Fall ein. Zeigt das *Experiment*, dass dieser Fall von dem zunächst hypothetisch eingeführten Gesetzt richtig vorhergesagt wurde, so ist dieses Gesetz mit zwingender Notwendigkeit bestätigt. Die allgemeine Art dieses Vorgehens ist in Abb. 4.8 dargestellt. Die gesamte logische Beweiskette ist vierstufig, wobei vor jedem Induktionsschritt Analysen und Synthesen durchzuführen sind.

Beispiel: Galileis Fallversuche In Abb. 4.9 ist das allgemeine Schema der Abb. 4.8 noch einmal am speziellen Beispiel der Fallversuche Galileis abgehandelt. Die generalisierende Induktion hat also nur eine vorbereitende Funktion; sie dient zur Formulierung der zunächst hypothetisch allgemeinen Gesetzlichkeit. Erst danach kann durch die Einführung eines exakten Induktionsschrittes die allgemeine Aussage „verifiziert" werden.

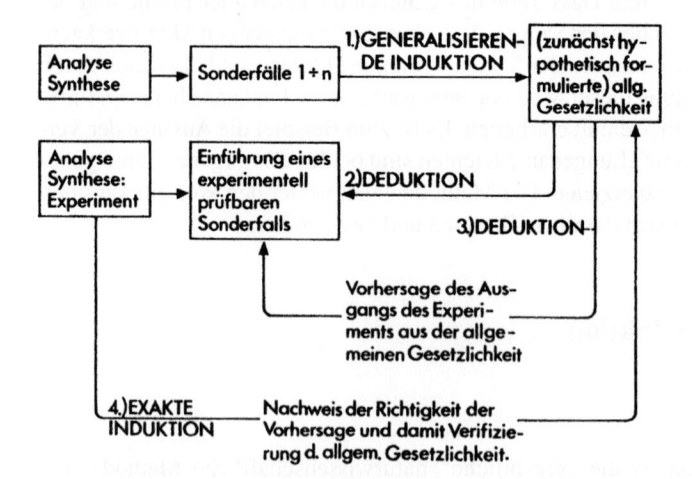

Abb. 4.8 Allgemeines Schema des Schließens, anwendbar auf Galileis Fallversuche

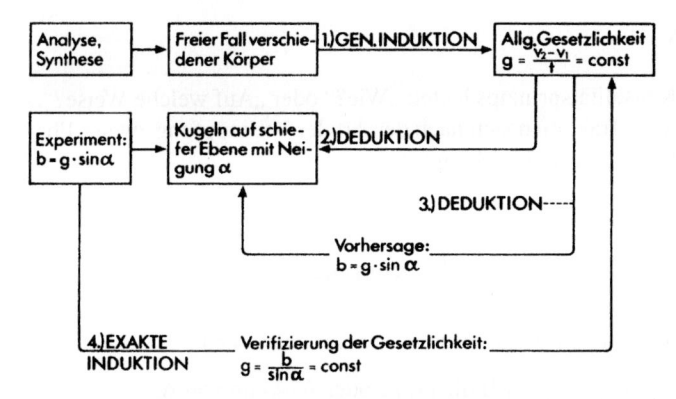

Abb. 4.9 Galileis Fallversuche. Spezielles Beispiel nach dem allgemeinen Schema der Abb. 4.8. g Erdbeschleunigung, b Beschleunigung, t Zeiteinheit, v_1 Anfangsgeschwindigkeit, v_2 Endgeschwindigkeit, α Neigungswinkel der schiefen Ebene

4.8.3 Zur Leistungsfähigkeit der Methode

Diese Methode ist das klassische Verfahren zur Ermittlung und zum Beweis von Theorien und Gesetzen. Die Wellentheorie des Lichtes und die Chromosomentheorie der Vererbung wurden damit aufgestellt und gesichert. Ein ganz wesentlicher Punkt des Verfahrens liegt darin, dass man mit dieser Methode neue Tatsachen und Zusammenhänge finden kann, an die man zu Beginn eines Verfahrensweges gar nicht gedacht hat. Das sich auf eine Theorie stützende Experiment kann zu prinzipiellen neuartigen Erkenntnissen führen. Der interessierte Leser findet nähere Ausführungen in Hartmann (1948, S. 141 ff.).

4.9 Das Kausalitätsprinzip

Was man in der Naturwissenschaft durch das viergliedrige induktive Wirkungsgefüge aufdecken kann, sind stets

- stoffliche Strukturen (in der Biologie zum Beispiel Zellkerne) und
- stoffliche oder nicht stoffliche Beziehungen zwischen den Strukturen (in der Biologie zum Beispiel „Ladungstransport" oder „Informationsübertragung").

4.9.1 Ordnungsprinzip

All diese stofflichen und nicht stofflichen Phänomene lassen sich in eine gewisse Ordnung, in eine gegenseitige Beziehung bringen, sie lassen sich miteinander verknüpfen.

4.9.2 Grundfrage

Die Grundfrage des Kausalitätsprinzips lautet: „Wie?" oder „Auf welche Weise?".
Mit dieser Grundfrage fragt man sich nach der Art der Verknüpfung zweier Phänomene A und B: „Wie ist A mit B verknüpft?"

4.9.3 Kausalverknüpfung zweier Phänomenen

Es gibt zwei Möglichkeiten von Verknüpfungen zweier Phänomene:

1. A ist die Ursache von B, dann ist B die Folge oder Wirkung von A.
2. B ist die Ursache von A, dann ist A die Folge oder Wirkung von B.

Die dritte Möglichkeit: A(B) ist weder Folge noch Ursache von B(A), und man stellt fest, dass keine Verknüpfung vorhanden ist. Sie bleibt also bei der Betrachtung von Verknüpfungen aus dem Spiel.

Das Kausalitätsprinzip ist ein Prinzip der Ordnung nach Ursache und Wirkung. Es ist ein wertungs- und zweckfreies Ordnungsprinzip und fragt nur „Wie ist die Verknüpfung?". „Hängt A von B, oder B von A ab?". Es begnügt sich damit, festzustellen, dass und wie zum Beispiel A von B abhängt.

Nach Kant setzt das Kausalitätsprinzip für jedes Geschehen etwas voraus, aufgrund dessen dieses gesetzmäßig folgt. Die Gesetzmäßigkeit der Beziehungen zwischen Phänomenen ist also die der Verknüpfung von Ursache und Wirkung.

Die Kenntnis der Ursache eines Phänomens beinhaltet im Wesentlichen die Erklärung des Phänomens.

Das Kausalitätsprinzip fragt nicht: „*Warum*" gibt es diese und jene Struktur und diese und jene Verknüpfung? (Im naturwissenschaftlichen Sinn wird die Frage „Warum" höchstens im Sinn von „Inwiefern?" akzeptiert.) Es fragt auch nicht im eigentlichen Sinn: „*Wozu, zu welchem Zweck* ist dieses oder jenes Phänomen mit diesem oder jenem Phänomen verknüpft?" Das wäre eine zweckbehaftete, wertende Fragestellung.

Beispiel: Flügelbewegung des Stars. Flügelbewegung und Kontraktion des *Musculus pectoralis major* beim Star sind kausal verknüpfte Phänomene (Abb. 4.10a):

- Die Flügelbewegung ist die Wirkung der Muskelkontraktion.
- Die Muskelkontraktion ist die Ursache der Flügelbewegung.

4.9.4 Kausalverknüpfung mehrerer Phänomene

Da Phänomene Ph_n, die die Ursache anderer Phänomene (Ph_{n+1}) sind, stets selbst wieder Wirkungen dritter Phänomene Ph_{n-1} darstellen, ist das *Kausalitätsgefüge* einer komplexen Struktur oder eines komplexen Vorganges stets ein verschachteltes System von Ursachen und Wirkungen (Abb. 4.10b).

4.9 Das Kausalitätsprinzip

```
┌─ Muskelkontraktion  ⇌ᵁ_F  Flügelbewegung
│        (A)                    (B)
│            kausale Verknüpfung
│
a └─ A ⇌ᵁ_F B; B ⇌ᵁ_F A; B = f(A); A ≠ f(B)

┌─ Ph_{n-1} ⇌ᵁ_F Ph_n ⇌ᵁ_F Ph_{n+1}; bzw. von Ph_n betrachtet:
│
b └─ Ph_{n-1} ←_F (Ph_n) →ᵁ Ph_{n+1}
```

Abb. 4.10 Kausale Verknüpfung zweier oder mehrerer Phänomene. **a** Spezieller Fall. **b** Allgemeiner Fall. U: „Ist Ursache von"; F: „Ist Folge von"; B Abhängige Variable, A Unabhängige Variable, Ph Phänomen

Die unterschiedlichen Phänomene, nämlich Strukturen und Funktionen, sind schon bei außerordentlich einfachen biologischen Systemen auf denkbar komplexe Weise verknüpft. Selbst die einfachsten Systeme lassen sich in der Biologie experimentell kaum vollständig durchschauen. *Sie sind in den Kausalitätsbeziehungen ihrer Strukturen und Funktionen (was hängt von wem ab, und was ist selbst Ursache wovon?) nicht ohne weiteres erklärbar.*

Wenn es gelingt, Kausalbeziehungen zu analysieren, so müssen diese in sich widerspruchsfrei sein und dies, obwohl Spezielles unter Allgemeinerem, Allgemeines unter noch Allgemeinerem, noch Allgemeineres... unter dem allgemeinsten Naturgesetz einzuordnen ist. Da die unterschiedlichen Kausalbeziehungen ineinandergeschachtelt sind und trotzdem in sich widerspruchsfrei sein müssen, spricht man von einem *widerspruchsfreien Schachtelsystem*.

```
┌─────────────────────────────────────┐
│              U │ F                  │
│   ┌─────────────────────────────┐   │
│   │          U │ F              │   │
│   │   ┌─────────────────────┐   │   │
│   │   │      U │ F          │   │   │
│   │   │ ┌─────────────────┐ │   │   │
│   │   │ │  Grabbewegungen │ │   │   │
│   │   │ │       des       │ │   │   │
│   │   │ │    Maulwurfs    │ │   │   │
│   │   │ └─────────────────┘ │   │   │
│   │   │ Kontraktion der Grabmuskeln │
│   │   └─────────────────────┘   │   │
│   │  Verschiebung von Molekülgruppen│
│   └─────────────────────────────┘   │
│         Energiefreisetzung          │
└─────────────────────────────────────┘
  └─ Kausalbeziehungen ineinandergeschachtelter Phänome
```

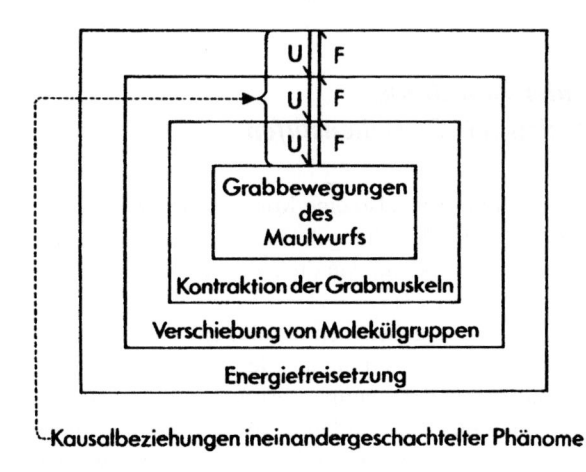

Abb. 4.11 Widerspruchsfreies Schachtelsystem, Grobschema: Grabbewegungen des Maulwurfs

4.9.5 Das „widerspruchsfreie Schachtelsystem"

Beispiel: Graben des Maulwurfs In Abb. 4.11 ist ein solches Schachtelsystems anhand einer denkbar einfachen Fragestellung dargestellt.

4.10 Kausalität und Statistik

4.10.1 Verbindlichkeit eines einzigen Experiments

Ein Experiment muss so geplant sein, dass es eine eindeutige Aussage liefert, nämlich entweder

- die Aussage „ja" oder „nein" (qualitatives Experiment) oder
- die Aussage „so und so viel" (quantitatives Experiment).

Auf jeden Fall muss das Experiment einen qualitativen oder quantitativen Kausalzusammenhang von Ursache und Wirkung zwischen zwei Phänomenen herstellen. Hat es das sauber, das heißt denktheoretisch und methodisch unangreifbar, getan, so sind seine Ergebnisse verbindlich (Galilei). Zum Gewinn der Erkenntnis, die aus einer bestimmten Kausalverbindung gezogen wird, reicht es im Prinzip, ein einziges Experiment sauber auszuführen. Voraussetzung dafür ist, dass Kausalbeziehungen

- tatsächlich da sind,
- durch adäquate Methodik fassbar werden und
- ohne Zwischenstufen aufeinander folgen.

Zum vorgegebenen A muss als nächstes B gewählt werden und nicht, sagen wir, E, das möglicherweise über die Zwischenstufen B → C → D mit A verbunden ist.

4.10.2 Unsicherheit kausaler Zuordnung durch nicht berücksichtigte Zwischenstufen

Da Zwischenstufen selten unverändert bleiben, also eine Konstanz der Messbedingungen selten wirklich gegeben ist, wird die Beziehung A → E bei unterschiedlichen Experimenten verschieden ausfallen, je nachdem, wie die momentanen Beziehungen A → B, B → C und D → E sind (Abb. 4.12).

Bleiben alle Beziehungen konstant, so ergeben sich absolut eindeutige Aussagen. Sind die Beziehungen nicht konstant, so bekommt man je nach der Variabilität der Zwischenbeziehungen mehr oder minder eindeutige Aussagen. Man kann dann nur noch sagen, dass eine Größe von einer anderen Größe im Durchschnitt in einer bestimmten Weise abhängt. Aus den absolut eindeutigen Beziehungen werden statistische Beziehungen.

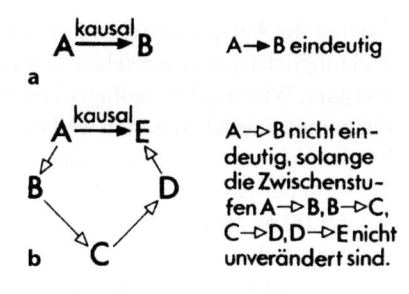

4.10 Kausalität und Statistik

Abb. 4.12 Kausalverbindungen.
a Direkte Art. **b** Verknüpfungen über Zwischenstufen

a: A —kausal→ B   A→B eindeutig

b: A —kausal→ E, mit Zwischenstufen A→B, B→D, D→C   A-▷B nicht eindeutig, solange die Zwischenstufen A-▷B, B-▷C, C-▷D, D-▷E nicht unverändert sind.

In Abb. 4.13a ist eine eindeutige Kausalbeziehung nach Art der Abb. 4.12a dargestellt, bei der die Zwischenbeziehungen von A bis E absolut konstant sind: der Antrieb einer klassischen Dampflokomotive. Da die Zwischenbeziehungen A → B, B → C und D → E völlig unverändert sind, ist im Phänomen A (Stellung eines Schiebers im Zylinder) absolut eindeutig das Phänomen E zugeordnet (Stellung des angetriebenen Rades). Geht man von einer bestimmten Schieberstellung aus und analysiert in beispielsweise 200 Versuchen die jeweilige Stellung des angetriebenen Rades, so ergibt sich immer wieder die gleiche Stellung (Histogramm der Abb. 4.13a).

In Abb. 4.13b ist mit dem Springen eines Koboldmakis eine prinzipiell gleichartige vierstufige Kausalkette an einem biologischen Objekt dargestellt. Diese Tiere

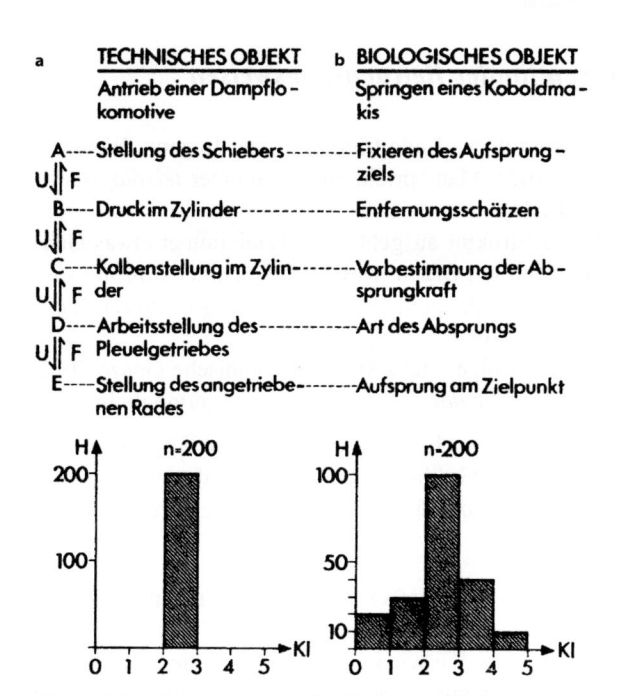

a **TECHNISCHES OBJEKT**
Antrieb einer Dampflokomotive

b **BIOLOGISCHES OBJEKT**
Springen eines Koboldmakis

A --- Stellung des Schiebers --------- Fixieren des Aufsprungziels
U↓↑F
B --- Druck im Zylinder ------------- Entfernungsschätzen
U↓↑F
C --- Kolbenstellung im Zylinder ------- Vorbestimmung der Absprungkraft
U↓↑F der
D --- Arbeitsstellung des ----------- Art des Absprungs
U↓↑F Pleuelgetriebes
E --- Stellung des angetriebe------- Aufsprung am Zielpunkt
nen Rades

[Histogramm a: H, n=200, Balken bei Kl 2–3, Höhe 200]
[Histogramm b: H, n=200, Balken bei Kl 0–5, Verteilung um 2–3]

Abb. 4.13 Abhängigkeiten. **a** Eindeutige Abhängigkeit; technisches Beispiel. **b** Statistische Abhängigkeit; biologisches Beispiel. U Ursache, F Folge

fixieren ihr Aufsprungziel und richten dann die Aufsprungkraft so ein, dass sie das Ziel möglichst genau erreichen. Die Zwischenbeziehungen sind aber nicht eindeutig konstant. Wie in jedem biologischen System variiert die Art der Verknüpfung zweier Phänomene merklich, schon weil eine Vielzahl anderer Parameter (vgl. Abb. 4.12b) hereinspielt als die gerade betrachteten. Man erhält vielleicht ein Histogramm ähnlich dem der Abb. 4.13b. Damit ergibt sich eine statistische Abhängigkeit. Sie folgt aus der Inkonstanz der Verknüpfungen in den Zwischenstufen (Nachtigall 1983).

Wenn sich also ein Histogramm nach Art der Abb. 4.13b ergibt, so weist das darauf hin, dass wahrscheinlich nicht berücksichtigte Zwischenstufen zwischen den verglichenen Phänomen A und, sagen wir, E vorhanden sind. *Es weist aber keineswegs darauf hin, dass A und E nicht kausal verbunden sind. Jede Verknüpfung zwischen zwei Phänomenen innerhalb der Zwischenstufen kann rein kausal sein, wenngleich die Verknüpfung der betrachteten Endglieder nicht eindeutig ist.* Die Nichteindeutigkeit ergibt sich nur daraus, dass die in einem biologischen System sehr vielfältigen Kausalbeziehungen nach Größe und Richtung unterschiedlich sind.

Fazit: Das Auftreten statistischer Beziehungen spricht *nicht* notwendigerweise gegen die Gültigkeit des Kausalitätsprinzips im Einzelfall.

4.11 Finalität und Heuristik

4.11.1 Grundvorstellungen finaler Betrachtungsweisen

Finale Betrachtungsweisen zielen auf das Ende (*finis*) hin und fragen: „Wofür?", „Zu welchem Zweck?" und „Wozu?". Man spricht auch von einer *teleologischen* Betrachtungsweise (τέλοσ, das Ende).

Da – sofern man von der Detailstruktur ausgeht – das Ende immer etwas Ganzes ist, ein Individuum oder auch nur ein Organ, wird auch von einer *Ganzheitsbetrachtung* gesprochen. Alle diese drei Prinzipien, Finalität, Teleologie und Ganzheit, drücken die gleiche Grundvorstellung aus:

Das Wesentliche ist das zweckmäßige, zielstrebige, harmonische Ganze. Teilstrukturen sind zweckmäßig; sie sind da, *damit etwas Bestimmtes ermöglicht wird*.

Beispiel: Hand des Menschen Der Mensch muss greifen können. Folglich läuft er auf zwei Beinen, *damit* die Hände zum Greifen frei werden. Aus der finalistischen Betrachtungsweise wäre also zu folgern: *die Zweckmäßigkeit ist die Ursache für das Vorhandensein eines Phänomens*.

Beispiel: Ausweichmechanismus des Pantoffeltierchens Unter dem Deckglas schwimmen Pantoffeltierchen beim Anstoß an ein Hindernis ein Stück zurück und unter einem anderen Winkel wieder vor. Sie wiederholen dies, bis sie an dem Hindernis nicht mehr anstoßen, das heißt daran vorbeischwimmen. Sie tun dies, *damit* sie das Hindernis umgehen.

4.11.2 Teleologie und Zweckhaftigkeit

In der bildhaften Umgangssprache erscheint die Formulierung, ein Lebewesen oder ein Organ sei „auf ein Ziel, einen Zweck ausgerichtet" unproblematisch. Die Niere filtriert das Blut zum Zwecke der Entgiftung. Erkenntnistheoretische Sichtweise impliziert damit letztendlich freilich einen Zweckgeber: Wer hat die Niere so geschaffen, dass sie sich zum Zweck der Blutentgiftung eignet? Wer hat darüber hinaus belebte Systeme so geschaffen, dass es darin Organe gibt, die entgiftet werden müssen und solche, die entgiften? An Zielen ausgerichteten Fragestellungen werden mit dem Begriff „Teleologie" gekennzeichnet (wie erwähnt: τέλοσ, Ende, Ziel). In der am Beispiel angedeuteten umfassenden Sichtweise, die letztendlich von einer „Ausrichtung des Universums auf ein Ziel" (vertreten zum Beispiel von den anthropozentrischen Naturlehren der „Physikotheologie" des 18. Jahrhunderts, siehe Toepfer [2005]) ausgeht, spricht man auch von einer universalen Teleologie.

Bei näherem Hinsehen ergeben sich nach der Darstellung Toepfers (2005) mehrere Formen der Teleologie, aus denen sich möglicherweise eine etwas differenzierende Betrachtung ergeben könnte:

- *universale Teleologie* (oben angesprochen),
- *spezielle Teleologie* (schreibt nur einzelnen, biologischen Naturkörpern eine Zweckmäßigkeit zu),
- *innere Teleologie* (schreibt Bauteilen eines Organismus eine Zweckmäßigkeit für den letzteren zu) und
- *äußere Teleologie* (schreibt einem Gegenstand als Ganzem eine Zweckmäßigkeit oder Nützlichkeit für etwas anderes zu).

Des Weiteren werden nach den Ausführungen des genannten Autors unterschieden:

- *Zwecksetzung* (Zwecktätigkeit): Die Zielgerichtetheit eines Gegenstands impliziert die mentale Antizipation eines zukünftigen Zustands (der mittelalterliche Schmied stellt sich vor, wie sein waffentaugliches Schwert aussehen wird, wenn es dereinst fertig geworden sein wird).
- *Zweckmäßigkeit*: die Zielgerichtetheit benötigt keinen Zielsetzer; auch der Versuchs-Irrtums-Ablauf der Evolution mit ihren selektiven Ausscheidungsverfahren kann zu Entitäten führen, die für bestimmte Fragestellungen als zweckmäßig erscheinen. Das muss aber nicht ausschließlich entwicklungsinterpretativ betrachtet werden: „Physiologische Verwendung des Zweckbegriffs: die Funktion eines Teils wird physiologisch an seinen (gegenwärtigen) Beitrag für das System gebunden". Das lebende Herz wird als etwas betrachtet, das pumpt, nicht als etwas, dessen Pumpfunktion in der Vergangenheit evolutiv ausgeformt worden ist und das sich in der Zukunft weiter evolutiv ausformen wird.

„Für die Biologie ist insbesondere die ‚*spezielle innere Teleologie im Sinne einer Zweckmäßigkeit*' von Bedeutung." In diesem Sinne betrachtet, kann Teleologie am ehesten noch als „die Analyse der Wirkung von Teilen eines [funktionierenden] Systems auf das Systemganze" bezeichnet werden. Ergibt sich nun wenigstens in diesem stark eingeschränkten Sinn eine biologische Erklärungsgrundlage für den

Teleologiebegriff? Wohl nur in der Art der in Abschn. 4.11.4 angeführten heuristischen Funktion.

Kant (1787) benutzt zwar den Begriff „Zweck", wenn er sagt „Ein organisiertes Produkt der Natur ist das, in welchem alles Zweck und gleichzeitig auch Mittel ist". Toepfer (2005) macht aber deutlich klar, „dass er [Kant] den Begriff des Zwecks nicht als realen Naturfaktor einführt, der in die kausalen Naturprozesse eingreift, sondern als eine Idee, die in der Reflexion gewonnen wird und der Beurteilung ... dient. ... Die teleologische Beurteilung kann also eine Art Anleitung zur Schematisierung von kausalen Prozessen ... gesehen werden. Trotz seines bloß *reflexiven Status* [Hervorhebungen: Nachtigall] macht der Zweckbegriff damit die Erkenntnis eines Organismus als besonderen Gegenstand möglich. ... Die Teleologie lässt sich damit ... als eine Methode denken, als eine Denkform, die einem Gegenstand gilt, der dann mittels kausaler Bestimmung erklärt werden kann" (Toepfer 2005).

Mit anderen Worten: der Weg zur kausalen Bestimmung beispielsweise eines Organismus kann nicht beschritten werden, wenn man nicht schon eine zweckhafte Vorstellung davon hat. Diese „*reflexiv*" vorzunehmen, dazu kann teleologisches Überlegen sehr hilfreich sein, denn – um Toepfer (2005) ein abschließendes Mal zu zitieren – „der Exponierung von Zwecken kommt eine besondere methodische Funktion für die Bestimmung eines Organismus zu".

Zwecke können aber nicht Teil naturwissenschaftlichen Fragens sein, da Begriffe wie Zielausrichtung, Zielgebung und Zielgeber nicht zu dem klar umschriebenen Bereich des naturwissenschaftlichen Forschungskanons gehören. Hierüber sind sich Naturwissenschaftler und Philosophen nach jahrhundertelangen Auseinandersetzungen einig geworden: Nicht das „Wozu", sondern das „Wie" steht im kausal orientierten Mittelpunkt naturwissenschaftlichen Vorgehens, in dem keine immateriellen zielgebenden Faktoren festgestellt werden können (vgl. Mayr 1961).

4.11.3 Erklärungswert finaler und kausaler Beziehungen

Die Aussage des Pantoffeltierchenbeispiels in Abschn. 4.11.1 ist eine finale Aussage. Sie ist wertend, denn sie misst das Verhalten des Pantoffeltierchens an einem vorgegebenen Begriff: dem der Zweckmäßigkeit; dieser ist anthropomorph. Die *Wertung* eines biologischen Phänomens anhand eines solchen Begriffs birgt aber keine Chance für eine *Erklärung* des Phänomens.

Das wird klar, wenn man statt des scheinbar naturwissenschaftlich erklärenden Begriffs „Zweckmäßigkeit" einen denktheoretisch vergleichbaren, ebenfalls anthropomorphen aber naturwissenschaftlich offensichtlich nichts erklärenden Begriff einführt, zum Beispiel den der „Schönheit":

Eine Rose hat in bestimmter Weise gefärbte und in bestimmter Weise angeordnete Blütenblätter, *damit* sie schön ist.

„Schönheit", „Liebe", „Furcht", „Begeisterung", „Vorteilhaftigkeit", „Zweckmäßigkeit" usw. sind im Menschen entstehende, rein persönliche Begriffe. Man kann an diesen Begriffen alles spiegeln, was uns die Sinnesorgane über die Natur mitteilen. Der Effekt wird ein Gefühlserlebnis sein. *Diese Begriffe sind aber nicht geeig-*

4.11 Finalität und Heuristik

net, logische Ordnung in das Naturgefüge zu bringen und haben keinen erklärenden Charakter.

Was hat dann aber überhaupt Erklärungscharakter? Nur das Prinzip von Ursache und Wirkung, die Kausalität. Damit lassen sich Phänomene in ein wertfreies logisches Gerüst einbringen; sie werden nicht mehr wertbehaftet an einem anthropomorphen Begriff gespiegelt.

Beispiel: Ausweichmechanismus des Pantoffeltierchens Rein kausal müsste man die im obigen Beispiel angesprochenen Ausweichbewegungen des Pantoffeltierchens anders beschreiben:

Paramecien schwimmen nach dem Anstoßen zurück und unter anderem Winkel wieder vor. Stoßen sie an, so wiederholen sie den Vorgang. Stoßen sie nicht an, so schwimmen sie geradeaus weiter. Es zeigt sich, dass sie infolge der Wiederholung des Vorgangs das Hindernis schließlich umgehen.

Diese Beschreibung nach Ursache und – zeitlich folgender – Wirkung ist streng kausal. Die finale und die kausale Betrachtungsweise sind in Abb. 4.14 schematisch verdeutlicht.

Der Hauptunterschied liegt demnach in Folgendem:

- Es wird nicht behauptet, dass das Tier etwas macht, *damit* es etwas Günstiges erreicht: finale, wertende, naturwissenschaftlich nicht brauchbare Aussage.
- Es wird viel mehr gezeigt, dass im *ursächlichen Zusammenhang* mit einem bestimmten Verhalten (Schwimmvorgang: Ursache) ein bestimmter Vorgang steht (Vermeidung eines Hindernisses: Folge oder Wirkung). Damit ergibt sich eine kausale, wertfreie, naturwissenschaftlich brauchbare Aussage. Die Folge F erklärt sich logisch und zwingend aus der Ursache U.

Freilich wird durch die kausale Beschreibung nicht geleugnet, dass das Tier von seinem Verhalten etwas hat, dass es *zweckmäßig* ist, wenn es Drehbewegungen beim

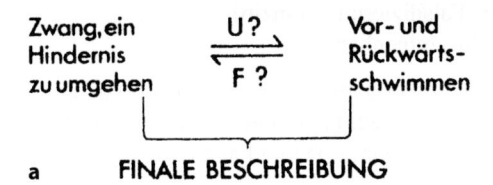

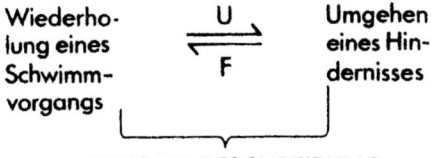

Zwang, ein   U?   Vor- und
Hindernis   ⇌   Rückwärts-
zu umgehen   F?   schwimmen

a   **FINALE BESCHREIBUNG**

Wiederho-   U   Umgehen
lung eines   ⇌   eines Hin-
Schwimm-   F   dernisses
vorgangs

b   **KAUSALE BESCHREIBUNG**

Abb. 4.14 Schwimmverhalten eines Pantoffeltierchens. **a** Finale Betrachtungsweise: U Ursache, F Folge „weil das zweckmäßig ist". **b** Kausale Betrachtungsweise: Die Folge F ergibt sich direkt aus der Ursache U

Ausweichen macht, weil es sonst dauernd an der gleichen Stelle anstoßen und nicht weiterkommen würde. Diese Überlegung kann man durchaus als heuristisches Prinzip in eine Analysekette mit einbauen.

4.11.4 Problemfindung durch finale Betrachtungsweisen

Die Kausalität leugnet also nicht, dass gewisse Vorgänge arterhaltend günstig, das heißt in gewisser Weise zweckmäßig sein können. Man sollte sich nur hüten, zu meinen, dass durch die Feststellung einer Zweckmäßigkeit etwas erklärt wäre. Es wird viel mehr ein zu erklärendes Problem erst aufgeworfen: *Zweckmäßigkeit erklärt nichts; sie bedarf vielmehr der Erklärung.*

Erklären heißt ja, das betrachtete Phänomen in ein kausal-logisches Ursachen-Wirkungs-System stellen. Das ist aber erst dann möglich, wenn man das Phänomen als Problem erkannt hat. Und darin liegt der große Vorteil des Zweckmäßigkeitsprinzips. Es „reißt Probleme auf", auf die man gar nicht gekommen wäre, hätte man nicht gefragt, wozu denn dieses und jenes gut sei. Im Erkennen eines Problems liegt oft schon der Ansatz zu seiner Lösung.

Probleme und Lösungen finden kann heißen: „Heuristik" betreiben (ευρίσκω, ich finde). Man kann also sagen: *Die Finalität ist ein heuristisches Prinzip.*

Sie ist eines der besten Prinzipien zum Aufwerfen von Problemstellungen, die es in der Biologie gibt. Man geht wie folgt vor:

1. Finale Frage: Wofür ist das Ding A wohl gut? Vielleicht zum Zweck B? Damit erkennt man mögliche Kausalpartner A und B.
2. Aufstellung einer Hypothese, die A und B verbindet (Deduktion; Betrachtung von A von der höheren Warte B aus).
3. Prüfen der Hypothese durch das Experiment (Analyse und Synthese).
4. Beim positiven Ausfall des Experiments „Verifizierung" der Hypothese durch exakte Induktion (vgl. auch Poppers Falsifizierungsprinzip).
5. Damit Feststellung eines kausalen Zusammenhangs.

Das vierfache Methodengefüge der Induktion erlaubt es also, ausgehend von einer *finalen Frage* eine *kausale Formulierung* zu finden. Fazit: Die Finalität ermöglicht eine Problemstellung. Sie vergleicht oft anthropomorph und kann reale Fakten antizipieren. Die Kausalität ermöglicht eine Problemlösung durch Experimente und logischen Schlusspunkt. Damit kann sie das final antizipierte Faktum „verifizieren" (hier nochmals der Hinweis auf Poppers Falsifizierungsprinzip).

Somit eignen sich teleologische Fragestellungen ausgezeichnet als heuristische Wegfinder. Die Frage, *wozu* ein System (Teil) wohl dienen könne – und, vielleicht ebenso wichtig, wozu sicher nicht – erlaubt sehr wohl die vorläufige, rasche Ein- und Abgrenzung eines Forschungsansatzes. Teleologisches Fragen erleichtert – etwas überspitzt gesagt: ermöglicht eigentlich erst – naturwissenschaftliches Vorgehen, es macht sozusagen dessen Forschungsgegenstand erst sichtbar.

Immer wenn logisch-kausale Analysen nicht mehr weiter führen, können finale Betrachtungen also einen neuen Weg weisen, das heißt, eine neue, angemessene

Hypothese oder Theorie aufzeigen. Sobald dieses Niveau erreicht ist, haben die Finalitätsbetrachtungen ihre heuristische Funktion erfüllt und werden aufgegeben.

4.12 Grenzüberschreitungen

Der Naturwissenschaftler macht eine Grenzüberschreitung, wenn er „nicht-adäquate", das heißt naturwissenschaftlich nicht fassbare oder irrelevante Begriffe, verwendet. Eine einzige Grenzüberschreitung macht eine gesamte Schlusskette wertlos. Grenzüberschreitungen sind daher nicht gestattet.

Beispiel: Finalität, Vitalisten Wollte man den eben behandelten Begriff der Finalität nicht nur als heuristisches, sondern als tatsächlich erklärendes Prinzip gelten lassen, so müsste man ihm einen *naturwissenschaftlich fassbaren, das heißt erkennbaren und messbaren, Inhalt* geben.

Man müsste dann annehmen, dass das Zweckmäßigkeitsprinzip ein wirkliches „Etwas" ist, das zum Beispiel tatsächlich in einem Insekt wohnt und auf seine Strukturen und Funktionen einwirken kann. Das wurde von einigen Naturphilosophen angenommen (Aristoteles, Driesch). Von ihnen wurde dieses Immanente, Prägende etwa mit den Ausdrücken „*vis vitalis*" oder „Entelechie" bezeichnet.

Als naturwissenschaftliches Phänomen, das Strukturen verändern (zum Beispiel bei einer Molchlarve Beine bilden) kann, müsste dieses „Etwas" eine Struktur besitzen. Das leugnen die Vitalisten. Sie machen damit eine Grenzüberschreitung von der Naturwissenschaft in die Philosophie.

Vom philosophischen Standpunkt lässt sich gegen die Überlegungen der Vitalisten nichts einwenden. Vom naturwissenschaftlichen Standpunkt können solche Behauptungen nicht widerlegt werden; wollte man das tun, würde man ebenfalls eine Grenzüberschreitung Naturwissenschaft → Philosophie machen. Das Einzige, was der Naturwissenschaftler dagegen vorbringen kann, ist das *Prinzip der einfachsten Möglichkeit* (Abschn. 2.1.3.1). Experimente zeigen, dass Vorgänge in lebenden Systemen mit rein naturwissenschaftlichen Kennzeichnungen ausreichend und eindeutig erklärbar sind, sofern und sobald sich ein messtechnischer Zugang ergibt. *Die Annahme eines übernatürlichen Phänomens ist dann nicht nötig, da die naturwissenschaftlichen Zusammenhänge auch ohne Annahme eines solchen Phänomens zu erklären und zu verstehen sind.*

Beispiel: Seele, Gott, Ganzheit und Selbstdarstellung Weitere Begriffe, die naturwissenschaftlich nicht fassbar sind und deshalb bei naturwissenschaftlichen Beschreibungen keinen Erklärungswert besitzen, können die oben genannten sein und zudem beispielsweise *lex continuae, horror vacui* (Scholastiker), Wesen der Natur oder Sinn des Seins. Den Begriff „Selbstdarstellung" hat insbesondere Portmann (1956) verwendet.

Fragen, bei denen die genannten Begriffe eine Rolle spielen, kann der Naturwissenschaftler nicht bearbeiten, weil ihm die für ihre Lösung nötige Begrifflichkeit nicht zugänglich ist. Ebenso wenig kann der Naturwissenschaftler freilich gestatten, dass man seine Substrate mit rein geisteswissenschaftlichen, philosophischen Methoden angeht (Naturphilosophie im engeren Sinne), sofern man dieser Vorgehensweise eine fachliche Erklärung unterlegt.

Der Naturwissenschaftler, und damit der Biologe, ist in seiner Arbeitsweise nun einmal durchaus eng und einseitig. Er darf nur mit den seiner Wissenschaftsdisziplin eigenen und erklärenden Begriffen und Methoden arbeiten.

4.13 Wertung biologischer Ergebnisse

4.13.1 Erklären, Verstehen, Vorhersagen

Biologie als naturwissenschaftliche Disziplin ist eine Wissenschaft, die von vorgegebenen Fakten handelt. Es wird vorausgesetzt, dass diese vorhanden und einer Untersuchung mit naturwissenschaftlichen Methoden zugänglich sind. Hierbei können Fakten als „richtig" oder „falsch" erkannt werden.

Ein Faktum gilt allgemein als erkannt oder verstanden, wenn es von einer Person erklärt worden ist und wenn andere Personen diese Erklärung nachvollziehen können. Erklären bedeutet, das Phänomen in ein kausales System von Ursachen und Wirkungen einzuordnen, sodass einerseits seine Ursachen bekannt sind und andererseits seine Wirkungen auf andere, benachbarte Phänomene durchschaubar werden. Ein so eingeordnetes Faktum gilt als kausal erklärt. Die Kenntnis der relevanten Zusammenhänge erlaubt es dem Wissenschaftler, ausgehend von einem oder einer Reihe von kausal erklärten Fakten, Voraussagen zu machen, die in die Zukunft reichen.

Richtig erkannte Fakten können als solche beschrieben oder – weiterführend – in einem *erklärenden Schema* veranschaulicht werden, wie es etwa das Zeichenschema der Entwicklung einer Seeigellarve darstellt. Eine solche Darstellung macht das Zusammenspiel vieler Faktoren durch gleichzeitige Darbietung einleuchtend. Diese Evidenz eines Zusammenhangs ist für jeden Forschenden als Grundlage für weiter fortschreitendes Erkennen von wesentlicher Bedeutung. „Dadurch wird eine besondere Stufe des Verstehens erreicht, eine aus dem bloßen Richtigfinden herausgehobene, intellektuelle Besitzergreifung des dargebrachten Wissensgutes" (Hassenstein 1967a, dort Abb. 4).

Fakten erkennen heißt immer auch, sich Gedanken über einen allgemeineren Zusammenhang zu machen, in dem die Fakten ihren Platz haben und durch den mehrere Fakten logisch verbunden werden.

Solche verknüpfenden Zusammenhänge sind zunächst:

- Denkvorstellungen: Hypothesen.

Lassen sie sich durch das vierfach Methodengefüge – letztlich meist durch die exakte Induktion – „verifizieren" (nach Popper: nicht falsifizieren), spricht man von

- Theorien.

Sind diese imstande, viele vergleichbare Fälle widerspruchsfrei und ohne eine einzige Ausnahme zusammenzufassen, zu subsumieren, spricht man von

- Gesetzen.

Über die genannten Begriffe, insbesondere über den Begriff des „Gesetzes" in den Naturwissenschaften liegt eine reichhaltige Literatur vor, zum Beispiel von Popper (1969, 1975) und Mohr (1964/65). Die Abgrenzung ist erkenntnistheoretisch problematisch. Sie kann hier nicht näher diskutiert werden.

4.13.2 Verwerfen überholter Ergebnisse

Es interessieren nur die neuen, derzeit akzeptierten Fakten. Überholtes wird verworfen, sobald es als solches erkannt worden ist, es sei denn, man arbeitet wissenschaftshistorisch. Für den Laborforscher freilich gilt: *Biologie ist keine Biologiegeschichte.*

4.13.3 Von der Person unabhängige Wertung

Biologie ist nicht die Lehre von den Meinungen der Biologen.
Philosophie zum Beispiel kann nicht ohne Philosophiegeschichte auskommen. Man befasst sich damit, was welcher Philosoph zu welchem Problem zu welcher Zeit gesagt hatte und vergleicht diese Aussagen. Erkenntnisse der Naturwissenschaften dagegen stehen für sich. Gewertet werden sie nicht nach den Meinungen ihrer Entdecker, sondern nach ihrem Erklärungswert im Kontext der Gegenwart. (Die Kenntnis der Lehrmeinungen großer Biologen vergangener Epochen ist freilich sehr aufschlussreich für ein tieferes Verständnis der Biologie in der damaligen Zeit.)

4.13.4 Zwang, vorhandenes Wissen zu benutzen

Vorhandenes und als derzeitig „richtig" akzeptiertes Wissen **muss** *man verwerten.*
Man darf und kann nicht nur, sondern muss unbedingt vorhandenes Wissen benutzen. Besonders gilt das für das Wissen der Nachbarwissenschaften.
Bewusster Wissensverzicht ist für den Forschenden eine Todsünde.

Beispiel: Wissen der Nachbarwissenschaften

1. Wer über Nahrungsverwertung bei Fischen arbeitet, *muss* die Erkenntnisse der Biochemie verwenden.
2. Wer die Strömung des Bluts in den Koronararterien des Menschen untersucht, *muss* die Erkenntnisse der Hydraulik verwerten.

3. Wer über soziobiologische Strukturen arbeitet, wird die Erkenntnisse, welche die Verhaltensforschung an anderen Tiersozietäten gewonnen hat, zumindest vergleichen *müssen*.
4. Wer über die Maulmechanik des Karpfenschädels arbeitet, *muss* die hier entsprechenden Erkenntnisse der technischen Kinematik anwenden.

Dieses Muss ist ein Unbedingtes. Werden Erkenntnisse der Nachbarwissenschaften bewusst missachtet, so wird dadurch Information verschenkt. Jede neue Verknüpfung bedeutet dagegen einen Informationsgewinn.

Dieser unbedingte Zwang, das Wissen der Nachbarwissenschaften und des Gesamtgebiets zu benutzen, macht die Biologie als Wissenschaft nicht gerade einfach.

B
Abstraktion biologischer Befunde: Herausarbeitung allgemeiner Prinzipien

Im ersten Großabschnitt (A) wurde die Vorgehensweise in der biologischen Forschung als Grundlage jeder Weiterbearbeitung diskutiert, zusammen mit der Charakterisierung von Beobachtung und Experiment sowie den Elementen des Schlussfolgerns und Beurteilens. Das mit diesen Methoden erarbeitete Material kann noch nicht und nicht direkt technisch umgesetzt werden. Es bildet vielmehr erst einmal die Basis für einen unbedingt nötigen Zwischenschritt, die Abstraktion dieser Befunde und die Herausarbeitung des dem Einzelfall zugrundeliegenden allgemeinen Prinzips. Erst mit diesem Schritt (B) sind die Ergebnisse so aufbereitet, dass sie die Basis bilden können für eine technische Umsetzung (Schritt (C)). Alles andere wäre Direktkopie, die niemals funktionell weiterführen kann, denn „die Natur bietet keine Blaupausen".

Wie stellt sich nun der Schritt (B) dar, was ist dabei für ein Verständnis der zugrundeliegenden Vorgehensweise wichtig?

Zwei Begriffe spielen dabei eine Schlüsselrolle, nämlich „Funktion" und „Modell". In Funktionsbetrachtungen kann auch der Designbegriff eingebracht werden, der in seinen vielfältigen Ausprägungen auch in die Biologie hineinspielt. Die modellmäßige Abstraktion des biologischen Grund-Materials kann auf vielfältige Weise geschehen, Ansätze, die an Hand unterschiedlicher Modelltypen zu besprechen sind. Einen zentralen Punkt stellt auch die angemessene Einschätzung einer Modellabstraktion dar; hält diese erkenntnistheoretischer Kritik stand, kann man mehr von „Abbild" oder „Vorbild" sprechen? Welche Rolle spielen Analogiebetrachtungen?

Aspekte dieser Art bilden den Inhalt von Abschnitt (B).

5
Funktion und Design

Wenn von „Design" die Rede ist und damit nicht unverbindliche Formspielerei gemeint ist, kommt der Funktionsbegriff ins Spiel: „funktionelle Formgestaltung". Dieser bedeutet aber bereits die Abstraktion, dass die Erkenntnis des „Plans" über die Form mit der Funktion verkoppelt ist.

Beispiel Kaffeemaschine: Form: Das die Funktionselemente umgebende Gehäuse, aber auch schon die Gestaltung eines einzelnen Funktionselements, etwa des Filtersiebs.

Beispiel Kaffeemaschine: Funktion: Kaffeebereiten, aber auch schon der Einzelprozess des Filtrierens durch das Sieb.

Biologische Beispiele: Form: Morphologie und anatomische Elemente.

Biologische Beispiele: Funktion: Abläufe von physiologischen und anderen Vorgängen.

Bei bionischen Übertragungen wird, wie angeführt, nicht die Morphe kopiert, sondern es wird nach einer funktionellen Abstraktion der Morphe als Basis für eine für die Technik angemessene Übertragung gesucht. Letztlich bedeutet das aber nichts anderes, als den „Designprozess" eines zu betrachtenden Systems aufzudecken, unbeschadet der Überlegung, dass man es in der Technik mit personifizierbaren Designern zu tun hat, in der Biologie hingegen nicht.

Der Designprozess einer Entität ist schon so etwas wie ein Modell, oder es führt seine Aufdeckung an der Schnittstelle von „Erkennen" und „Übertragen" doch rasch in eine Modellkonzeption hinein. Somit sei dieser Zentralabschnitt mit einer Kurzdiskussion des Funktionsbegriffs begonnen, die nahtlos in die Aspekte technisch-biologischen Designs hineinführt. Daran anschließend werden Probleme der modellmäßigen Abstraktion behandelt.

5.1 Funktion

Wie weiter unten näher ausgeführt wird, kann im biologischen Bereich eine Struktur ohne Funktionsbezug höchstens im Sinne einer „Lage im Verband" beschrieben werden. „Die Leber liegt zwischen Bauchdecke und Darmsystem." Bereits bei der Betrachtung von Verbindungen aber wird ein Funktionsbezug unerlässlich.

Beispiel: Im Pfortadersystem eines Säugers sind Leber (2) und Darmwand (1) hintereinander geschaltet, und zwar über ein Leitungssystem, das venöses Blut aus einem Kapillarnetz in (1) einem Kapillarnetz in (2) zuführt. Damit gelangen Blutinhaltsstoffe mit bekannter Funktion von (1) nach (2), nicht umgekehrt. Es handelt sich also um eine gerichtete funktionale Verbindung.

5.1.1 Kennzeichnung und Anschluss an den Designbegriff

Wie aber lässt sich der Terminus „Funktion" begrifflich formulieren? „Wenn wir Dinge als Mittel zu einem Zweck betrachten, schreiben wir ihnen *Funktionen* zu" bemerkt McLaughlin (2005). Somit könnte auch jeder Teil oder jedes Merkmal eines komplexen Systems als Mittel zu einer (zweckbehafteten) Leistung betrachtet werden. Im Vergleich mit dem oben genannten Beispiel wäre

- das *Ding* → die venöse Verbindung (1) → (2),
- das *Mittel* → die röhrenartige Transportmöglichkeit für Stoffe von (1) nach (2),
- der *Zweck*, die Leistung des Systems → die Möglichkeit eines Umbaus von Nährstoffen aus (1) in (2) und
- die *Funktion* des Dings → Nährstoffe von (1) nach (2) gelangen zu lassen.

In der Überlegungskette, ob man denn einem Ding eine Funktion zuschreiben könne, auch ohne es als Mittel zu einem Zweck zu betrachten, kommt der Autor auf den technischen Bereich zu sprechen. „Ein Schraubendreher ist ein Mittel zum Schraubendrehen; dies ist sein Zweck beziehungsweise seine Funktion." Die Funktion des Schraubendrehens wird aber erst ausgeübt, wenn man tatsächlich eine Schraube eindreht; trotzdem wird der Schraubendreher auch im unbenutzten Zustand als Schraubendreher bezeichnet. Diese sprachliche Bezeichnung kennzeichnet aber eine *intendierte Wirkung*, was wiederum besagt, dass es jemanden gegeben haben muss, der den Schraubendreher so „designed" hat, dass er sich zum Schraubendrehen eignet, sofern und sobald ihn jemand zu diesem Zweck benutzt.

Wo aber ist im biologischen Bereich derjenige, der einem biologischen (Teil-)System eine „beabsichtigte" Funktion unterlegt (hat)? Kommt etwa die Evolution als absichtslose Alternative infrage?

Mit diesen Fragen mündet der Funktionsbegriff in den Designbegriff. Dabei kann von intendiertem Design und von evolutionsbedingtem Design gesprochen und als Überbegriff die von Krohs (2005a,b) geprägte Formulierung eines „generellen Designs" eingeführt werden. Die dort gegebenen ausführlichen Darstellungen subsumieren den Funktionsbegriff vollständig. Somit seien die angeführten Überlegungen im Abschnitt 5.2 unter dem neuen Topos „Design" weitergeführt.

5.1.2 Funktionsausprägung und Funktionsarten

Funktionszuschreibungen können sowohl in der Alltagssprache als auch im epistemologischen Zusammenhang von Randbedingungen abhängig sein:
- *Funktionelle Mehrfachausprägung*: Es ist eher die Regel, dass Dinge *mehr als eine Funktion* aufweisen. Bei der Diskussion muss man also den Kontext angeben, in dem die *jeweils betrachtete Funktion* zu sehen ist.
- *Funktionsarten*: Es kann nach Achinstein (1977) unterschieden werden zwischen verschiedenen Arten von Funktionen, etwa Entwurfsfunktionen (intendierte Funktionen), Gebrauchsfunktionen und Dienstfunktionen (design functions, news functions, service functions). McLaughlin (2005) nennt als Beispiel ein Stück eines Wasserleitungsrohrs aus Stahl. Es

– soll Wasser leiten (Entwurfsfunktion),
– kann als Kleiderstange gebraucht werden (Gebrauchsfunktion) und
– dient im letzteren Fall vielleicht sogar unbeabsichtigt zur Schrankversteifung (Dienstfunktion).

McLaughlin lässt eine ähnliche Differenzierung von Funktionszuschreibungen auch in der Biologie gelten. Einem Merkmal eines Organismus, beispielsweise dem Flügel-Schwanzfächer-System einer Hufeisennasenfledermaus, kann man:
- Eine *Entwurfsfunktion* zuschreiben, weil es durch einen evolutionsgeschichtlichen Prozess der Anpassung entstanden ist. (Das gilt für alle biologischen Systeme, so eben auch für das hier genannte.)
- Eine *Gebrauchsfunktion* zuschreiben, weil es jetzt zum reproduktiven Erfolg des Organismus beiträgt. (Das genannte System nutzt Luftkräfte energetisch günstig, sodass Energiereserven für den Aufbau von Fortpflanzungsprodukten bleiben.)
- Eine *Dienstfunktion* zuschreiben, wenn es gelegentlich zu einem andersartigen Lebenszweck dienlich ist. (Wenn Beute zu entkommen droht, wird das gesamte System gelegentlich als regenschirmartige Fangtasche eingesetzt. [Nennung der Beispiele durch Nachtigall.])

Biologen als Naturwissenschaftler und Philosophen als Geisteswissenschaftler sind sich darin einig, dass eine Auslegung des Funktionsbegriffs derart, dass er erklären soll, *was der Funktionsträger macht*, unproblematisch ist. Diskrepanzen können entstehen, wenn man den Funktionsbegriff so auslegen will, dass er erklären soll, *warum der Funktionsträger da ist*. Die Frage nach dem „Warum", die ja starke teleologische Elemente impliziert, kann der Biologe prinzipiell nicht beantworten. Zum „Funktionsbegriff des Biologen" hat Hassenstein (1949) eine wegweisende Studie vorgelegt. Insofern scheint mir im vorliegenden Kontext eine ausführliche wissenschaftstheoretische Diskussion zum letztgenanntem Aspekt (Zusammenfassung auch dieser Gesichtspunkte beispielsweise bei McLaughlin [2005]) für die Wertung des Funktionsbegriffs in der Biologie von eher akzessorischer Bedeutung zu sein.

5.1.3 Funktion und Komplexität

Zur Frage der Komplexität von Organismen hat Duncker (1994) Stellung genommen. Er fordert, dass sich heutige Modellvorstellungen nicht in einem – wenngleich handhabbaren – Reduktionismus erschöpfen dürfen, der sich an geradlinigen kausalen Handlungsabläufen orientiert (vgl. Abschn. 1.7). Vielmehr müssen sie die bekannten Kenngrößen von Strukturen und Funktionen des Netzwerks in gegenseitige Beziehungen bringen; ein solches Beziehungsschema macht letztlich den Organismus aus. Als Leitlinie kann die Vorstellung von Funktionsebenen im hierarchischen Aufbau des Organismus dienen.

5.1.3.1 Zur Hierarchie von Funktionsebenen

Funktionssysteme kann man in funktionell definierbaren Ebenen anordnen (Abb. 4.3, 5.1), die jeweils von der molekularen biophysikalischen Basis ausgehen und, je nach der Evolutionshöhe des betrachteten Organismus, in einer bestimmten Ebene enden. Das wäre bei niederen Würmern etwa die Ebene der Orientierung, bei sozialen Bienen die Ebene der Kommunikation, beim Menschen die Ebene kultureller Traditionsbildung.

Das Schema der Abb. 5.1 kennzeichnet die Entstehung jeweils übergeordneter Ebenen mit neuen Funktionen aus der Verknüpfung der „darunterliegenden", jeweils vorhanden Funktionssysteme. Wie aber lässt sich die dermaßen veranschaulichte Komplexität im Organismischen pragmatisch erkennen?

5.1.3.2 Funktionsvergleich als Zugang zur Komplexität

Ich stimme mit Duncker völlig darin überein, dass nur die Methode des Vergleichs – im Anatomischen und dem darauf basierenden Funktionellen – einen allgemein anwendbaren Zugang schafft, der die Komplexität im Organismischen überhaupt handhabbar macht. Freilich gilt dies in seiner apodiktischen Formulierung nur, wenn versucht wird, in Neuland vorzudringen, für das nicht oder in nicht ausreichendem Maße auf vorhandenes Vorwissen zurückgegriffen werden kann. Ansonsten steht diese Näherung nicht im Gegensatz zur experimentellen kausalanalytischen Vorgehensweise. Diese wird vielmehr eingeschlossen. Denn die „andere Form unseres Denkens in Ordnungs- und Wertsystemen" bedarf ja notwendigerweise der Einzelbausteine, welche im Bereich der exakten Naturwissenschaft eben das „Denken in funktionellen Abhängigkeiten" liefert.

5.1 Funktion

Die Methode des vergleichenden Zugangs beruht freilich häufig auf nicht quantifizierbaren Ansätzen, wie sie ja beispielsweise typisch sind für die vergleichende Anatomie, doch muss Kausalanalyse nicht ausschließlich auf Messungen beruhen, die in Zahlen- und Formelzusammenhängen darstellbar sind. Freilich geht in der Naturwissenschaft der Weg zu einer Erkenntnis in der Regel vom Qualitativen aus und führt über die Ochsentour aufeinander aufbauender kleiner Quantifizierungsschritte. Doch wird, um beim Beispiel der vergleichenden Anatomie zu bleiben, letztlich keine Zahlenbeziehung sondern eine Ja-Nein-Aussage oder auch eine Aussage über Lagebeziehungen, beispielsweise von Organen, angestrebt. Freilich ist dem Autor zu konzedieren, dass bei der Planung experimenteller Kausalanalysen immer Vorkenntnisse über das bearbeitete Funktionssystem vorausgesetzt werden, was den erkenntnistheoretischen Zugang nur verschiebt, „da sich die meisten experimentellen Analysen auf bereits bekannte Funktionssysteme beziehen und dabei nicht gefragt wird, wie diese Kenntnisse erworben wurden". „Unbekannte Funktionssysteme, unbekannte Verknüpfungen von Systemen sind nur dadurch herauszuarbeiten,

Funktionssysteme kultureller
Traditionsbildung

Funktionsyteme der komplexen
Symbolbildungen (Sprache)

Funktionssysteme der Tradierung

Funktionssysteme der Kommunikation

Funktionssysteme komplexen Verhaltens: Sozialsysteme

Funktionssysteme des Verhaltens

Funktionssysteme der Orientierung, Umweltbeziehung
(Sinnesorgane, Nervensystem)

Funktionssysteme der Organsteuerung u. - verknüpfung
(Hormone, Nervensysteme)

Funktionssysteme der Organe
(aus verschiedenen Geweben)

Funktionssysteme aus spezifischen
Zusammenschlüssen unterschiedlicher Zelltypen

Funktionssysteme differenzierter Zellen
(verschiedene Zell - u. Gewebetypen)

Funktionssysteme der Zellorganellen

Biochemisch - Biophysikalische
Funktionssysteme

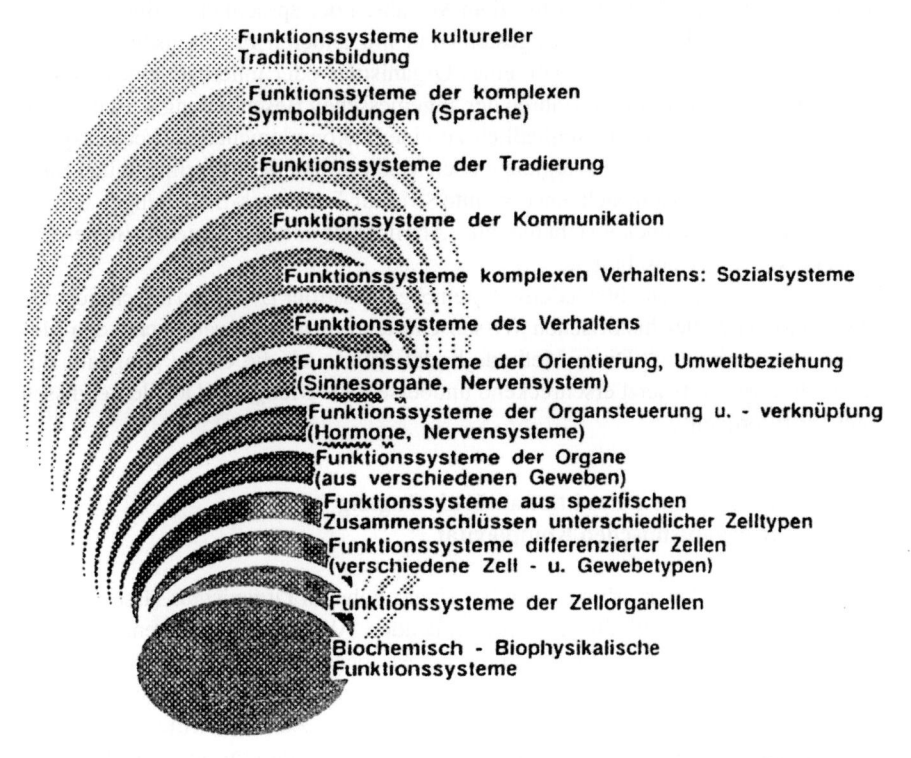

Abb. 5.1 Schema der Hierarchie der Funktionsebenen in tierischen Organismen. Die einzelnen Ebenen sind durch ihre bestimmenden Funktionssysteme mit ihren jeweils spezifischen funktionellen Qualitäten charakterisiert. Das Schema stellt zugleich die in der Evolution schrittweise entstandene innere Organisation von Lebewesen dar, wobei die jeweils übergeordnete Ebene mit neuen Funktionen durch Verknüpfung der vorhandenen Funktionssysteme entstand. (Bild und Legende [gekürzt] nach Duncker 1994)

dass von einzelnen Beobachtungen ausgehend das vermutete Funktionsziel und die ihm zugrunde liegenden, zu einem Funktionssystem zusammengefassten Elemente in einer ersten Beschreibung erfasst werden. Diese erste Beschreibung geschieht in der Regel durch eine Analogiebildung [vgl. Abschn. 6.2.3.1] zu bereits bekannten ähnlichen Systemen ...".

Wenn der Autor als Beispiel für diese Vorgehensweise die vielfältigen Regulations- und Steuersysteme in Organismen anführt, deren Untersuchung möglich geworden ist, nachdem die Prinzipien der Rückkopplung in technischen Regelungssystemen entwickelt worden waren, so wählt er damit ein typisches Beispiel für die Vorgehensweise der *Technischen Biologie*. Diese projiziert ja Denkgewohnheiten und Kenngrößen der technischen Physik und verwandter Gebiete auf die Verfahren zur Erforschung und Beschreibung biologischer Systeme.

Das analoge Sich-Vortasten in Richtung auf eine neue Funktionsebene nutzt eben Verfahren aus beliebigen, bereits erarbeiteten Analysenkomplexen, so auch aus der technischen Physik.

Was sich nicht in kennzeichnende messtechnische Verfahren (Zahlenreihen, Graphen etc.) zwingen lässt, muss mit dem Verfahren der sprachlichen Beschreibung (Abschn. 2.1.4) eingegrenzt, festgestellt und mit anderen Funktionsdetails abgeglichen werden und das innerhalb eines Organismus oder innerhalb eines Kreises von Organismen. Das alte Verfahren der angemessenen Beschreibung wird dadurch soweit aufgewertet, dass es schließlich zu einem „komplementären Wechselspiel" kommen kann zwischen der vergleichenden Methode und der experimentellen Kausalanalyse. Damit lassen sich neu erkannte Struktur-Funktions-Beziehungen schrittweise präzisieren. Duncker sieht hier eine Ähnlichkeit mit der *hermeneutischen Spirale* der Kulturwissenschaften:

„Die historischen, nicht wiederholbaren Ergebnisse der Evolution lassen sich wie die Phänomene aller historischen Wissenschaften nur mit der vergleichenden Methode herausarbeiten." Diese Methode bildet denn auch die einzig gangbare Basis dafür, die bereits jetzt erschreckend unübersehbare Menge an Detailergebnissen „geistig zu ordnen".

5.1.3.3 Kausalität und Funktionalität als Zugang zur organismischen Komplexität

Die Vielzahl der Querverbindungen bei einem höheren Organismus lässt es kaum möglich erscheinen, all die im vorhergehenden Abschnitt skizzierten Probleme gleichzeitig zu übersehen. Stattdessen kann es aber gelingen, die eine oder andere Hierarchieebene einzugrenzen und mit einer benachbarten abzustimmen. Jede dieser Ebenen hat nun aber ihre eigene Terminologie. Zur Bearbeitung der vorliegenden Komplexität sind deshalb mehrere bis viele Erklärungsweisen heranzuziehen. Zwar sollte sich letztlich alles auf biochemische/biophysikalische Mechanismen zurückführen lassen (vgl. Abb. 4.3). Das wäre zwar theoretisch so, doch vom pragmatischen Blickwinkel her gesehen wenig hilfreich. „Die biologische Bedeutung der zu übergeordneten Funktionszielen verknüpften Systeme liegt gerade nicht in ihren molekularen Mechanismen, sondern in den spezifischen funktionellen Effekten dieser qualitativ neuen Funktionen: ... Sexualität, Beutefang, Sozialverband, Warmblütigkeit, Kommunikation ... " Jeder dieser Begriffe aber bedarf zur Behandlung und zum Verstehen einer anderen Terminologie und einer darauf abgestimmten Erklärungsweise (Abb. 5.1).

In dieser Hinsicht unterscheidet Duncker strikter als andere Autoren Kausal- und Funktionserklärung.

Kausalerklärungen führen demnach nur auf den beiden untersten Funktionsniveaus weiter, auf den Niveaus der Moleküle und der Zellen. Hier kann es tatsächlich möglich sein, einen Vorgang durch die Aufdeckung seiner molekularen und/oder zellphysiologischen Ursachen „direkt" (als spezifische Wirkung einer spezifischen Ursache) zu „erklären".

Auf den höheren Niveaus dagegen ist diese Sichtweise im Allgemeinen kaum möglich und jedenfalls nicht sinnvoll. Der Beschreiber eines Beutefangverhaltens ist sich zwar darüber klar, dass auch eine solch komplexe Ablaufkette letztlich auf molekulare Mechanismen zurückgeht, doch ist deren Untersuchung nicht Teil seiner Fragestellungen; er ist an dem Verhalten als solchem interessiert, zu dessen Beschreibung er ein dafür speziell geeignetes Begriffssystem verwendet. Zum Beispiel „erklärt" sich das Sich-aus-dem-Wasser-werfen und Zuschnappen eines Everglade-Alligators dadurch, dass die visuelle Prüfung eines möglichen, am Ufer trinkenden Beutetiers ergeben hat, das dessen Silhouette die Größe eines großen Hundes nicht überschreitet; ein zu großes Beutetier würde der Alligator nicht angreifen. Erklärungen dieser Art stuft Duncker als *Funktionserklärungen* ein und setzt sie damit von *Kausalerklärungen* ab, die er, wie erläutert, letztlich nur für molekulare Elementarvorgänge gelten lassen will. Komplexere Ebenen, so der Autor, können nur von derartigen Funktionserklärungen beschrieben werden.

Ich teile diese pragmatische Sichtweise, sehe aber keinen vermeintlich „akausalen Hintergrund" für solche Funktionserklärungen. Auch diese verknüpfen ja Ursache und Wirkung. Die Funktion des Angriffs auf das Beutetier erklärt sich daraus, dass eine *Ursache* (Netzhautabbild des Beutetiers als Eingang in das Verrechnungssystem) vorliegt. Der Begriff „Funktionserklärung" im angegebenen Sinne scheint mir auch den Funktionsbegriff nicht vollständig angemessen zu implizieren. Ein neutralerer Begriff, dem man eine „statistische Kausalität" zuschreiben kann – viele, teils nicht oder noch nicht angemessen formulierbare Zwischenstufen, vgl. Abschn. 4.10.2 – scheint mir für die Beschreibung aller Ebenen, nicht nur der „höheren" angemessener (man müsste einen finden), und ich würde in diesem Zusammenhang Kausalität und Funktionalität nicht als Gegensatzpaar anführen. Doch ist, um zum Ausgangspunkt der Komplexitätsbetrachtung zurückzukehren, dem Autor Recht zu geben, wenn er den Zwang zur Reduktion auf molekularbiologische Mechanismen ebenso ablehnt wie die Forderung, Erklärungen müssten nolens volens quantifizierbar sein.

Akzeptiert man dies, so folgert freilich, dass qualitative Erklärungen, die zumeist ein fein gestricktes Muster aus Querbeziehungen („netzwerkartige Vermaschung") mit unserem Sprech- und Schreibduktus („lineares Hintereinander") implizieren, nur allzu oft nicht angemessen formulierbar sind. Besser eignen sich visuelle Darstellungen, die in synoptischer Art auch hochkomplexe, räumliche, zeitliche oder andersartige Muster darstellen und als simultan wahrnehmbares Beziehungsgeflecht einprägsam vermitteln können.

Duncker zeigt dies am Beispiel einer synoptischen Darstellung zur Entwicklung des Atemapparats von Vertebraten. Hierin wird auf grafische Weise das Muster derjenigen Struktur- und Funktionskomplexe anschaulich gemacht, deren spezifische Verknüpfung auf dem Weg von den Therapsiden zu den Mammalia die Entwicklung der Warmblütigkeit kennzeichnet (Abb. 5.2).

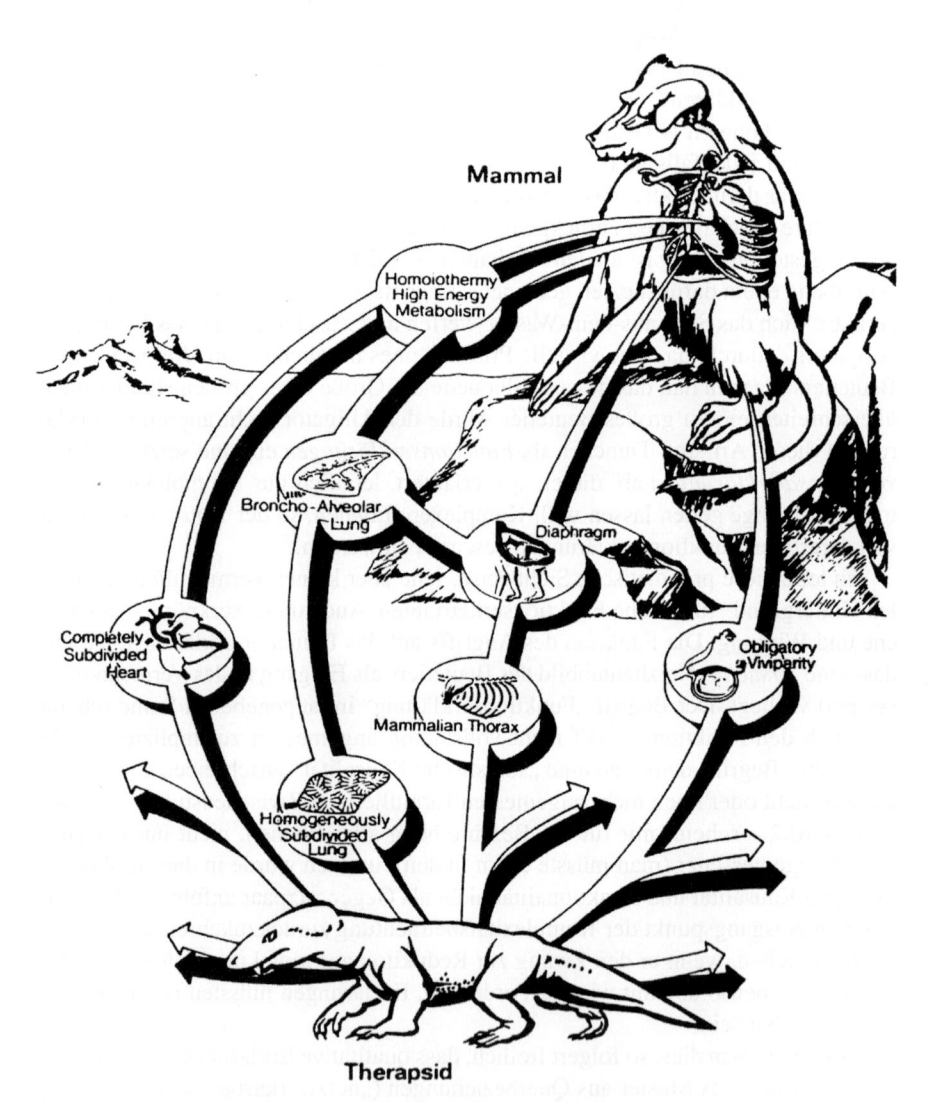

Abb. 5.2 Darstellung einiger der wichtigen Struktur- und Funktionskomplexe, die sich von den Therapsiden zu den Säugetieren entscheidend weiterentwickelt und differenziert haben. Auf ihrer spezifischen Verknüpfung beruht die Entwicklung der Warmblütigkeit. (Bild und Legende nach Duncker 1994)

5.2 Design

Die Formulierung „biologisches Design" und ähnliche Begrifflichkeiten finden sich in den Biowissenschaften (Nachtigall 1997, 2005a, 2006a) und in den entwerfenden Designdisziplinen (di Bartolo 1996: „Bionic approach"; Post 1996: „Bionic Design", „konstruktiver Funktionshorizont"). Er taucht aber auch in biophilosophischen Abhandlungen auf (Krohs 2005a: „Natural Design"; Kutschera 2002: „Biological Design").

Es soll nun zunächst gefragt werden, ob der biologisch und der technisch orientierte Designbegriff Gleichartiges bedeuten oder ob sie zumindest doch in eine sinnvolle Beziehung zueinander gesetzt werden können. Sodann wird versucht, sowohl von der biologischen als auch von der konstruktiv-technischen Seite stichwortartig aufzuzeigen, was denn typisch und vorbildhaft ist an einem „biologischen Design". Schließlich werden die philosophischen Sichtweisen referiert und diskutiert.

5.2.1 Versuch einer Kennzeichnung

5.2.1.1 Im Formgebungsbereich

In den entwerfenden Disziplinen, die Formgebung und Design als Gestaltungsgrundlagen nehmen, ist der Designbegriff nicht festgelegt. Das Duden-Schülerlexikon spricht von „Design" als Entwurf, Plan, Muster (designare: bezeichnen), Modell. Man könnte auch sagen „Konstruktion" oder „Gestaltung", oder mit Krohs (2005a) – vorsichtiger – fragen, ob nicht „Aufbau" passend wäre. Ein Herder-Lexikon (Herder 1994) spricht von der „Mitarbeit des Künstlers bei der Gestaltung einer Form"; beide Definitionsversuche greifen aber wohl zu kurz. Einem funktionellen Aspekt, der über die (äußere) Formgestaltung hinausführt, bringt die ehemalige Ulmer Hochschule für Gestaltung ins Spiel. Sie definiert Design als „Produktgestaltung im Rahmen einer praktischen Ästhetik". Fasst man diese Formulierungen zusammen, so könnte man sagen, dass „Design" impliziert:

- ein planerisches Vorgehen,
- ein entwerfendes Vorgehen, das auf modellhaften Grundmustern aufbaut (solche könnten zum Beispiel auch aus der Biologie abstrahiert werden),
- ein gestalterisches Vorgehen, das sich in nicht funktioneller, das heißt auch rein künstlerischer Weise, der (äußeren) Form widmet,
- ein gestalterisches Vorgehen, das sich einem (marktfähigen) Produkt widmet,
- ein gestalterisches Vorgehen, das sich – über die Form hinaus – der funktionellen Gestaltung verschreibt (dies folgt zwingend aus dem letztgenannten Punkt; nur funktionelle Produkte sind marktfähig) und
- ein Vorgehen, das der praktischen Handhabung des Produkts eine ästhetische Komponente zugesellt.

Was das letztere anbelangt, ist „praktische Ästhetik" wohl zu allererst im Originalsinn des Wortes $\alpha \H{\iota} \sigma \vartheta \eta \sigma \iota \varsigma$ als (im Alltagsgeschäft) „überhaupt erst einmal Aufmerksamkeit und ein gewisses Verständnis erregend" gemeint. Darüber hinaus aber auch als etwas, das in diesem Alltagsgeschäft (oder sollte man sagen: trotz dieses Geschäfts?) positive Empfindungen und Gefühle zu induzieren in der Lage ist.

5.2.1.2 Im biologischen Bereich

Unter Berücksichtigung der zentralen Rolle des Funktionsbegriffs im technisch gestaltenden Design könnte man nun durchaus eine Brücke zu einer analogen Bedeutung der Begrifflichkeit „Design" in der Biologie schlagen. Zweifellos sind die Vorgehensweisen konträr:

- Der Designer versucht, für die Technik Neues, Systemhaftes aus vorhandenen technischen Versatzstücken (beim Fahrrad: Felgen, Reifen, Lenker ...) *zu gestalten*, und zwar unter Berücksichtigung der „formverpackten" Funktionen des zu gestaltenden Produkts.
- Der Biologe versucht, in der Natur Vorgefundenes als etwas Systemhaftes, das sich aus biologischen Versatzstücken zusammensetzt (bei der Stubenfliege: Flügel, Flugmotor, Flugsteuerungseinrichtungen ...) *zu erkennen*, und zwar unter Berücksichtigung des funktionellen Zusammenhangs in der vorgefunden biologischen Form.

Die verbindende Begrifflichkeit, sozusagen die gemeinsame Schnittmenge in diesen beiden Ansätzen, ist aber doch die (formverpackte) Funktion.

In analoger Gegenüberstellung, zwar durchaus in Kenntnis dieser entgegengesetzten Vorgehensweise, aber unter Bezug auf diese gemeinsame Schnittmenge, könnte man „biologisches Design" wie folgt definieren (Nachtigall 2005b):

> *„Organismische Formgestaltung im Kräftefeld unterschiedlicher funktioneller Anforderungen".*

Hierbei wird folgendes impliziert:

- ein Bezug auf Organismen, also belebte Systeme,
- ein Bezug auf Vorgänge, die biologische Formen gestalten (Ontogenese, Phylogenese), die aber nicht frei stehen, sondern bedingt sind, nämlich Kräften unterworfen sind,
- ein impliziter Bezug auf evolutive Entwicklung, die ja so gesehen werden kann, *als ob* die Natur auf Anforderungen (die die Umwelt stellt) reagieren würde und
- eine bedingende Annahme, dass diese Anforderungen (mit anderen Worten die selektive Prüfung im Evolutionsfeld) funktionell sind, das heißt, dass sich *eine organismische Formgestaltung funktionell ausrichten muss.*

Eine solche Ausrichtung „im Kräftefeld funktioneller Anforderungen" kann als „innere" gesehen werden. Ein Beispiel wäre das Lastabfangen durch interne Knochenbälkchen geringster Eigenmasse (Abb. 5.3 links). Man kann sie aber auch als „äußere" sehen. Als Beispiel kann die Gestaltung eines Pinguinrumpfes als Körper geringsten Widerstands genommen werden (Abb. 5.3 rechts).

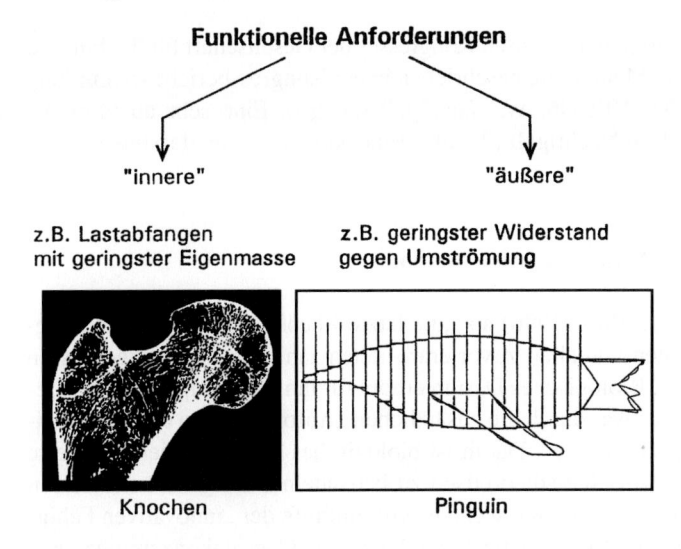

5.2 Design

Funktionelle Anforderungen

"innere" — z.B. Lastabfangen mit geringster Eigenmasse — Knochen

"äußere" — z.B. geringster Widerstand gegen Umströmung — Pinguin

Funktionelle Anforderungen prägen die Ausgestaltung

Abb. 5.3 Innere oder äußere funktionelle Anforderungen prägen die Ausgestaltung eines Lebewesens

In der Biologie war es bis dato unüblich, von einem „Design" zu sprechen; man hat den Begriff „Funktionsmorphologie" im „maschinenbaulichen Sinne" verwendet oder gleich den Begriff „Konstruktionsmorphologie" benutzt. Doch sehe ich keine pragmatische und auch nur auf Nebenschauplätzen eine epistemologisch/erkenntnistheoretische Differenz, wenn man statt dieser Begriffe den Begriff des „Designs" verwendet.

Der Vorteil ist ein unmittelbarer Anschluss des erkenntnisorientierten biologischen Form-Funktions-Prinzips an das produktorientierte technisch-gestaltend wirkende Form-Funktions-Prinzip.

Mit anderen Worten: Die Natur kann *auch* so gesehen werden, dass sie für technische Formgestaltung Designvorbilder liefert. Und es ist dabei unerheblich, dass technisches Design von – eventuell namentlich bekannten – Formgestaltern ausgearbeitet wird und für biologisches Design dagegen mangels Kenntnis des Designers auf eine evolutive Entwicklung rekurriert werden muss.

5.2.2 Biologisches Design, betrachtet aus dem Blickwinkel bionisch orientierter Formgestalter

Über die Art und Weise, wie Naturvorbilder in den Gestaltungsprozess des (Industrie-)Designs hineinwirken, gibt es wenige allgemein orientierte Dokumentationen aus dem Kreis der Produktdesigner. Berichtet haben beispielsweise Post (1996) und di Bartolo (1996), anlässlich des dritten Kongresses der Gesellschaft für Technische Biologie und Bionik in Mannheim, beschrieben in der Kongressberichts-Sammlung Biona-reports (hier Nr. 10/1996, W. Nachtigall (Hrsg.)). Eine sehr ausführliche Darstellung findet sich in Nachtigall (2005b). Eine Kurzzusammenfassung steht in Nachtigall (2006b).

5.2.2.1 Eine ökologisch ausgerichtete Methode

Designbearbeitung sieht Post (1996) als „die letzte Ebene, auf der die größtmöglichen Gemeinsamkeiten von allen zuvor erarbeiteten zahllosen Einzelergebnissen erreicht werden muss". Biologisches Design erhöht für ihn die Komplexität des Gestaltungsprozesses, und zwar durch die zusätzlichen „Anforderungen einer ökologischen Ausrichtung der Produkte". Damit ist biologisches Design beziehungsweise Bionikdesign kein wissenschaftstheoretisch zu behandelnder Begriff, sondern ein pragmatisch einsetzbares Werkzeug, wenn es gilt, mithilfe der „innovativen Fähigkeiten eines Unternehmens durch neue Technik und neue Designkonzeptionen Bekanntes tief greifend zu verändern", hier in Richtung auf ein Bionikkonzept. Ein solches ist für den Autor „ein Produktkonzept, das aus marktstrategischen Überlegungen hervorgegangen ist und auf die Lösung eines allgemein relevanten Umweltproblems zielt", wobei „Bionik zur Grundlage bei Neukonstruktionen wirken soll", so geschehen bei der Neuentwicklung von Kühlschrank- und Waschmaschinenkonzepten für die Firma Foron.

5.2.2.2 Eine pragmatische Übertragungsmethode

Auch der ehemalige Forschungsdirektor des innovativen Mailänder Istituto Europeo di Design, der italienische Industriedesigner di Bartolo, sieht den Zusammenhang „Bionics and Design" eher programmatisch als Methode, wobei auch aus seiner Sicht Naturkopie abzulehnen ist: „... that the bionic methodology does not help you to copy the natural forms and structures ...".

Ansatzmäßig folgt er der im Vorwort dieses Buchs angeführten Methodologie der drei Übertragungsschritte und fährt fort: „... but helps you to understand their reasoning (1), to remove them from their contexts and create similar models (2) which allow you to resolve the various ... steps in the project (3)" (Zahleneinfügungen durch Nachtigall).

Mit den Entitäten eines biologischen Designs im Hintergrund betrachtet der Industriedesigner für alle Phasen eines Designprojekts die bionische Näherungsweise als wertvolles Werkzeug: „In all these phases... the bionic methodology represents without a doubt a valid instrument to qualify the project."

So studierte er beispielsweise die Aufzweigungscharakteristik von Blutgefäßsystemen in Kapillaren als Basis für die Entwicklung eines „diffused air conditioning systems" von Autofahrgastzellen für die Turiner Fiat-Werke. Dabei entspricht die Vorgehensweise den drei oben angedeuteten Schritten Naturstruktur → Prinzipabstraktion → technische Umsetzung.

5.2.3 Biologisches Design in der Sichtweise der Philosophen

Krohs (2005a) sieht in seiner Erörterung „Biologisches Design" als eine Begrifflichkeit, die mit dem biologischen Funktionsbegriff verkoppelt ist („Die Funktion eines Merkmals ist diejenige Rolle, die auszuüben es „designed" wurde"). Kitcher (1993) formuliert in *Function and Design* mehrere Probleme:

- *Intentionalitätsproblem*: Ist Design etwas Intendierendes, also etwas von einem Designer Beabsichtigtes?
- *Mehrdeutigkeitsproblem*: Morphologie kommt teils mit dem strukturellen Aufbau alleine aus („deskriptive Morphologie"), teils nicht ohne dessen funktionelle Bedeutung (Funktionsmorphologie, Konstruktionsmorphologie).
- *Abgrenzungsproblem*: Ist mit „Design" der *„Designprozess"* gemeint oder das vorliegende *Ergebnis dieses Prozesses*?
- *Problem des alltagssprachlichen Verständnisses*: Kann der Begriff als Metapher gemeint sein, der lediglich beeindrucken soll?
- *Problem des teleologischen Gottesbeweises*: Lässt sich der Begriff im Sinne eines „argument from design" verwenden?

Zu diesen Punkten und zu den diesbezüglichen Argumenten des zitierten Autors ist ebenso Stellung zu nehmen wie zum Begriff des strukturellen Designs, den der Autor als Problemlöser vorstellt.

5.2.3.1 Zum Intentionalitätsproblem

Können „technisches Design", das vom Menschen als Designer ausgeht (Krohs [2005a] spricht denn auch von „intendiertem Design", wenn er den Typus des technischen Designs charakterisieren will) und „natürliches Design" oder eben „biologisches Design", dem in den Naturwissenschaften kein personifizierter Designer (Schöpfergott), sondern das Wirken der Evolution unterlegt wird, sinnvollerweise mit einem gemeinsamen Designbegriff charakterisiert werden?

Der Autor fragt denn auch, „weshalb die beiden unterschiedlichen Prozesse, die beide hochkomplexe Entitäten hervorbringen können, der intentionale Denkprozess und der Prozess der natürlichen Selektion, gleichermaßen als Designprozess klassifiziert werden sollten". Er sieht eine verbindende Möglichkeit in seinem Begriff des generellen Designs. Diese Überlegungen sind in Abschn. 5.2.4 referiert.

Es kann aber schon an dieser Stelle gesagt werden, dass eine strikte erkenntnistheoretische Differenzierung schwierig erscheint und vielleicht sogar in eine Art Iterationsproblem münden würde. Welchen Unterschied macht es für die „reale Existenz" der apostrophierten hochkomplexen Entitäten, wenn sie einmal durch die Denkprozesse im Gehirn eines realen Designers und einmal durch die Ablaufprozesse im Wirken eines virtuellen Designers, der natürlichen Evolution, entstanden sind? In beiden Fällen können sie „hoch evoluierte Struktur-Funktions-Beziehungen beinhalten – das ist eher die Regel – die gegeben sind oder gegeben werden und die zur Verfügung stehen".

Die Denkprozesse, die über einen Konstruktionsplan zum „technischen Design" führen, entstehen in und aus einer – zugegebenermaßen hochkomplexen – Struktur, welche die Evolution nach ihren Mutations-Rekombinations-Selektions-Prinzipien geschaffen hat, nämlich dem Gehirn des Menschen. So, wie jede Technik in und aus dieser Struktur entsteht. Evolutionsprodukte, die wir unter „biologisches Design" einordnen, entstehen aus – ebenfalls hochkomplexen – Bauanleitungen, welche die Evolution nach ihren Prinzipien geschaffen hat, nämlich unter Einbeziehung des Genoms ohne Vermittlung des Gehirns des Menschen.

Auch das Gehirn des Menschen entsteht aber aus Bauanleitungen, die genetisch kodiert worden sind. Somit könnte man Entitäten des „biologischen Designs" als solche bezeichnen, die sich *direkt* aus den evolutiv aufgestellten und evolutionär veränderten, weiterentwickelten genomischen Kodizes und Bauanleitungen ableiten und Entitäten des „technischen Designs" als solche, die sich *indirekt* aus diesen ableiten, nämlich unter Vermittlung unseres Gehirns. Damit wäre die obige Frage nach der Berechtigung für die Subsumierung der „beiden unterschiedlichen Prozesse, die beide unterschiedliche Entitäten hervorbringen können" unter einem gemeinsamen Begriff positiv zu beantworten. Dabei wäre die Art einer solchen begrifflichen Gemeinsamkeit (zum Beispiel Design als *Prozess* oder *Prozessergebnis*) noch zu diskutieren.

5.2.3.2 Zum Mehrdeutigkeitsproblem

Wenn es darum geht, zunächst einmal zu deskribieren, wie sich eine – als unerforscht angenommene – Morphe aus Teilmorphen zusammensetzt (und hier etwa aus Organen) kann das Deskriptionskriterium „Lage im Verband" ausreichen.

Beispiel: Beim Tetrapodenschädel ist das *Os nasale* (Nasenbein) dadurch gekennzeichnet, dass es im Verband zwischen *Os frontale* (Stirnbein) und *Os praemaxillare* (Zwischenkieferbein) liegt. Findet man bei einem neu entdeckten Vierfüßler einen solcherart gelegenen Knochen, so handelt es sich vergleichend anatomisch um ein *Os nasale*.

Bereits diese „deskriptive Morphologie" beziehungsweise „deskriptive Anatomie" kommt aber nicht ganz ohne funktionelle Ansätze aus.

Beispiel: Das Organ „Gallenblase" liegt mehr oder minder am Organ „Leber"; es kann aber auch etwas entfernt davon liegen; charakterisiert ist es funktionell als Sammelstelle für die Endstrecken der Gallengänge der Leber, und sofern diese funktionelle Verbindung nachgewiesen ist, handelt es sich bei einem blasenartigen Gebilde, in welcher Nachbarlage es auch anzutreffen wäre, um eine Gallenblase.

Häufig freilich bilden morphologische oder anatomische Strukturen und ihre funktionelle Bedeutung eine Verständniseinheit.

Beispiel: Das Ober-Unterarm-System als Hebelmechanismus ist nur funktionell zu verstehen, wobei man eben Muskulatur und Oberarmknochen als wechselseitig sich bedingende Funktionseinheiten sieht (Aktoren und Widerlager), ebenso den *Musculus biceps brachii* und den *Musculus triceps brachii* als funktionelle Gegenspieler (Antagonisten), die ineinandergefügten Knochenenden als Scharnier, ihre

5.2 Design

Knorpelbeläge sowie die Gelenkflüssigkeit als Stoß- und Reibungsdämpfer sowie als Schmiermittel und schließlich die Sehnenansätze als elastische Bandverbindungen.

Es hat sich eingebürgert, das Zusammenspiel von Einzelelementen oder Elementgruppen und ihren Funktionen zu Teilsystemen eher unter dem Sammelbegriff „Funktionsmorphologie" zusammenzufassen (Beispiel: das genannte Armsystem) und das Zusammenspiel von mehreren solchen Elementgruppen zu einem funktionsfähigen Ganzen als „Konstruktionsmorphologie" (Beispiel: der unter Wasser rasch schwimmende Pinguin als schlagflügelbetriebener, durch das Spezialgefieder strömungsgünstig umkleideter Körper geringen Widerstands).

„Biologisches Design" kann somit nicht als Parallelbegriff etwa zur Bezeichnung „deskriptive Anatomie" verstanden werden, da das Funktionelle integrierter Teil der Betrachtungsweise ist. Dagegen lässt sich der Begriff problemlos mit der biologischen Bezeichnung „Konstruktionsmorphologie" in Beziehung setzen. Er ist somit nicht mehrdeutig, sondern „funktionell eindeutig".

5.2.3.3 Zum Abgrenzungsproblem

Bionik ist in etwa ein Dutzend Teilgebiete zu untergliedern (Nachtigall 2002), von denen sich nur eines auf die evolutive Art und Weise bezieht, wie sich Tiere und Pflanzen entwickelt haben, nämlich die Evolutionsbionik (Evolutionsstrategie, Entwicklungsbionik). Dieses Teilgebiet sieht also sein biologisches Vorbild im Design*prozess*. Alle anderen Teilgebiete beziehen sich auf vorliegende Formen. Im Allgemeinen sind dies rezente, derzeit lebende Tiere und Pflanzen, also sozusagen die Endknospen einer Stammbaumverzweigung, die man in der Ebene der Jetztzeit schneidet. In Sonderfällen können auch Formen betrachtet werden, die sich in anderen Schnittebenen manifestieren. So hat man einmal die mutmaßliche Bewegung der seltsam paddelartigen Extremitäten von Plesiosauriern unter bionischem Gesichtspunkt betrachtet, von Tieren also, die sich in einer Schnittebene der Jurazeit (vor etwa 180 Mio. Jahren) finden.

Evolutionsstrategie interessiert sich aber kaum für zugrunde liegendes oder weiterentwickeltes „biologisches Design", sondern versucht vielmehr, unter Bezug auf die Methoden der biologischen Evolution zu Lösungen zu kommen, die in der technischen Welt noch nicht bekannt sind. Unbekannt vielleicht deshalb, weil es an Theorien fehlt, mit denen man etwas bereits Vorliegendes weiterentwickeln könnte. In solchen Fällen bewährt sich das evolutive Versuch-Irrtums-Prinzip. In praktisch allen anderen bionischen Ansätzen werden natürliche Vorbilder dagegen als Ergebnisse biologischer Designprozesse gesehen.

5.2.3.4 Zum Problem des alltagssprachlichen Verständnisses

Philosophen tun sich mit Schlagworten schwer, zu denen sie Stellung nehmen sollen (müssen), wenn hierbei kein behandelnswertes Problem vorliegt. Schlagworte können – wie die Werbung zeigt – auch nur mehr oder minder flotte Sprüche ohne sinnbezüglichen Inhalt sein, die gleichwohl ihren intendierten Zweck erfüllen, Aufmerksamkeit zu erregen. Krohs (2005a) siedelt beispielsweise Formulierungen von Dawkins (1988) – ausgesprochen/unausgesprochen – unter dieser Kategorie an, eines Autors, der „mit einem Vorverständnis von Design" arbeitet und „die Rede vom biologischen Design als rein metaphorisch" ansieht. Die biologischen Beispiele dieses Autors sollen den Leser jedoch mit der Kraft der „illusion of design" beeindrucken. Dawkins kommt einem Zirkelschluss gefährlich nahe, wenn er sein „design without a designer" als Nicht-Design ansieht, weil er keinen Designer ausmachen kann. Er übersieht dabei die oben aufgezeigte Alternative eines evolutiven Designs zum intentionellen Design auf dem Weg zu einer wohl funktionierenden Entität, der man nicht absprechen kann, dass sie „designed" ist.

5.2.3.5 Zum Problem des teleologischen Gottesbeweises im Sinne eines „argument from design"

Strömungen der in Amerika zu Zeit erstarkenden Kreationisten, die naturwissenschaftlich gesicherte Vorstellungen (Evolutionstheorie) bestimmten Glaubensvorstellungen (Schöpfungsvorstellung) gleichberechtigt gegenüberstellen, wenn nicht gar erstere durch letztere ersetzen wollen, arbeiten gerne mit dem Begriff „intelligent design". Sie wollen damit sagen, dass die hochgradig komplexen und vollkommen „designten" Entitäten der belebten Welt nur von einem unendlich wissenden und erfahrenen Designer geschaffen werden konnten, Gott eben. Diese Sichtweise ordnet sich in die bis ins ausgehende 19. Jahrhundert fleißig betriebenen Versuche von „Gottesbeweisen" ein, deren schlichtes Schema lautet:

1. Lebewesen sind unendlich komplex und vollkommen.
2. Man kann sich nicht vorstellen, dass diese durch Zufall entstanden sind; sie müssen deshalb zweckhaft-zielgerichtet geschaffen worden sein.
3. Somit können sie nur von einem Schöpfergott erschaffen worden sein.

Abgesehen von einem (bewussten?) Missverständnis des Zufallsprinzips und fern der Sichtweisen moderner Formulierungen des Evolutionsprinzips arbeiten Kreationisten mit Aussageketten wie dieser. Auch wenn sie komplexer formuliert oder eher der „Widerlegung der Evolutionstheorie" als dem „Beweis eines Schöpferdesigns" gewidmet werden, entsprechen sie nicht der Grundlagenerkenntnis theoretischen Schließens.

Da das Problem des „argument from design" im vorliegenden Zusammenhang nur ein akzessorisches ist, soll es bei dieser Aufrissdarstellung bleiben. Eine klare und erkenntnistheoretisch überzeugende Zurückweisung findet sich bei Kutschera (2002). Was wäre damit gezeigt, fragt Krohs (2005a), wenn „eine bestimmte Kombination naturwissenschaftlicher und mathematischer Theorien, und dies seien die gültigen ..., nicht hinreicht um eine legitimes Ziel biologischer Erklärung zu erreichen? ... Allenfalls, dass diese Theorien mit dem Erklärungsziel nicht kompatibel sind." Mit anderen Worten: dass man eben weiterforschen muss.

5.2.4 „Generelles Design" als Überbegriff

Wie in Abschn. 5.2.3.1 bereits andiskutiert, legt Krohs (2005a) mit seiner Formulierung eines allgemeinen (generellen) Designs einen Überbegriff vor, der sowohl technisches (intentioniertes) als auch natürliches (evolutionäres) Design aufnimmt, womit diese Begriffe ihre Gegensätzlichkeit weitgehend verlören und resultierende Entitäten im Wesentlichen nur durch die *Art* des Resultierenden gekennzeichnet werden müssten aber kaum mehr durch den *Weg*, auf dem sich diese Resultate ergeben haben.

Als Beispiel eines jedenfalls intendierten Designs nennt Krohs (2005a) den Konstruktionsplan einer technischen Entität, in dem ein Designer festgelegt hat, welchen Typs eine jede Komponente ist (Komponentenbeispiel: eine M 5 × 35 Schraube, Messing, Zylinderkopf) und wie diese zusammenzumontieren sind: „Im Design ist der Typ der Komponenten der Entität fixiert sowie die Anordnung der Komponenten. Eine komplexe Entität, deren Komponenten in einer solchen Weise typfixiert sind, ist „designed". Ein Design ist die (komponentenweise) Typfixierung einer komplexen Entität."

In der Folge bemerkt der Autor, dass in dieser Definition (anders als in diesem Beispiel, mit dem sie eingeführt worden ist) Intentionalität keine Rolle spielt. Deshalb eignet sich „der allgemeine Designbegriff als Oberbegriff, als *genus* sowohl *für intentioniertes als auch für biologisches Design* und stellt die Einheit für beides her."

Dabei könne zunächst offen bleiben, was denn das biologische Analogon zum technischen Konstruktionsplan sei, doch lässt der Autor letztlich keinen Zweifel, dass er damit das genetisch kodierte Genom meint: „... das Design eines Organismus ist in erster Näherung in seinem Genom". Zusätzlich werden ontogenetisch bestimmende endo- und exogene Parameter, also organismus- und umweltbedingte Einflüsse, programmatisch zugelassen, wie sie ja einer Entwicklungsbiologie eigen sind (Laubichler 2005a; Stotz 2005a,b). Eine Ontogenese als (modifizierbare) Realisation einer genetisch fixierten Bauanleitung ist demnach im biologisch/evolutiven Design das, was im technischen/intendierenden Design der Umsetzung eines Konstruktionsplans entspricht, wodurch man biologische und technische Entitäten in vergleichbarem Maß als „designed" verstehen kann.

Grundüberlegungen dieser Art wurden, wie erwähnt, bereits in Abschn. 5.2.3.1 formuliert. Diese und insbesondere die Präzisierung durch die Überlegungen Krohs' sowie der von ihm eingeführte Begriff des „generellen Designs" scheinen mir die kontroversen Sichtweisen bei der Diskussion des Intentionalitätsproblems zu überbrücken.

6
Modellmäßige Abstraktion des biologischen Originals und Modellübertragung

6.1 Modellbildung als Basis für die Abstraktion von Prinzipien

Es wurde bereits dargestellt, dass es in der Bionik nicht darum gehen kann, die Natur zu kopieren. Es geht vielmehr darum, ihre Prinzipien zu erforschen und auf adäquate Weise in die Technik zu übertragen. Abstrahierte Prinzipien stellen aber Modelle dar.

6.1.1 Die Natur als Abstraktionsbasis

„Die Natur" (bleiben wir bei der belebten Natur) – das ist die Summe aller Lebewesen und ihrer Querverbindungen. Die Prinzipien dieses höchst komplexen Systems lassen sich kaum analysieren, geschweige denn übertragen. Also wird man zu einem fassbaren Element greifen, das man studieren und auf seine Übertragbarkeit abklopfen kann, sagen wir, eine bestimmte Art eines Seeigels.

Solch ein Element an sich wird aber keine übertragbaren Anregungen geben können, solange es nicht in einen funktionellen Zusammenhang eingebunden ist. Im Fall des Seeigels können die entsprechenden Fragen einer technisch-biologischen Grundlagenforschung (A), ihrer Prinzipabstraktion (B) und deren bionisch-technischen Übertragung (C) beispielsweise heißen:

(A) Wie kann sich ein Seeigel oder Seestern der Art XX mit der Anheftungskraft seiner Füßchen an einer senkrechten Felswand hochziehen (Abb. 6.1a)?
(B) Nach welchen Prinzipien entwickeln die Füßchen Anheftungskräfte, die das Übergewicht der Tiere kompensieren können – und stellen sie möglicherweise ein System statistischen Haftens dar?
(C) Wie lassen sich diese Prinzipien auf adäquate Weise für die Konstruktion eines technischen Haft-Pads nutzen?

Oder:

(A) Welche Spannungen entstehen in der Schale des Seeigels unter einer definierten, dorsoventral gerichteten Flächenlast?
(B) Nach welchen Prinzipien verteilt sich die Spannung in der Schale – und stellt die Seeigelschale möglicherweise ein System konstanter Spannung dar?
(C) Wie lassen sich diese Prinzipien auf adäquate Weise für die Konstruktion der Spantentragestruktur einer Eissporthalle nutzen (Abb. 6.1b)?

Es wird erkennbar, dass der Übergang von (A) zu (B) im Grunde die Aufstellung eines Modells beinhaltet. Dies muss stattfinden, bevor der bionische Übergang von (B) auf (C) geschehen kann: Modellbildung stellt den adäquaten Rahmen für die Herausarbeitung von Prinzipien dar; damit verknüpft ein prinzipienabstrahierendes Modell (B) sozusagen als zentrale Überschneidung die peripheren Ansätze (A) und (C).

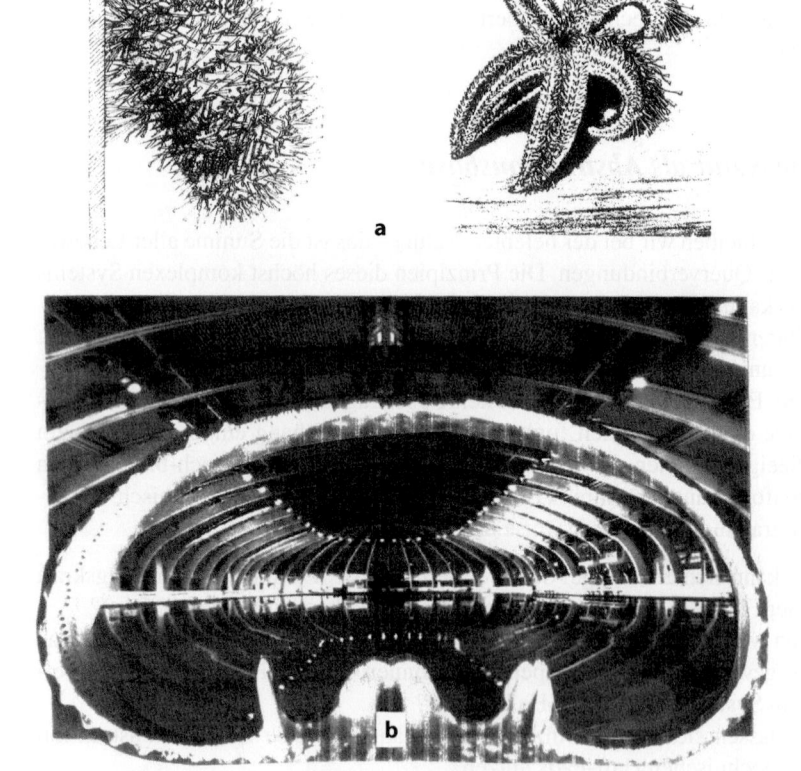

Abb. 6.1 Seeigel. **a** Seeigel und Seestern hangelt sich mit Füßchen. **b** Querschnitt eines Steinseeigels, kopiert in eine Aufnahme der Eissporthalle Erfurt. (Hallenfoto aus Pohl 2006)

Es ist somit nötig, auf die Problematik, Methodik und Systematik von Modellen einzugehen. Modelle kann man in günstigen Fällen als vereinfachte und damit auf günstige Weise „fassbar gemachte" Abstraktionen von Prinzipien ansehen. Zumindest aber müssen Modelle diese allgemeinen Prinzipien beinhalten oder doch enthalten, wenn sie funktionieren sollen. Obwohl die reale Ausgangssituation im Allgemeinen *ein biologisches System in einem biologischen Funktionszusammenhang* darstellt, sind die zugrunde liegenden Prinzipien selten biologischer Art. Damit löst eine entsprechende Modellbildung die biologische Basis auf und überschreitet und verallgemeinert sie, wenngleich sie die Komplexität des Originals in der Regel nicht erreicht und auch nicht erreichen muss.

Dies ist nun aber gerade für eine bionische Annäherung gefordert.

Es geht nicht darum, ein Lebewesen nachzubauen (hier: einen „technischen Seeigel" zu gestalten), sondern darum, einen bestimmten Struktur-Funktions-Zusammenhang, wie man ihn etwa an einem Seeigel studieren kann, erstens zu erkennen, zweitens in einer allgemeineren Sprache zu formulieren und drittens auf eine adäquate Weise in der Technik umzusetzen.

6.1.2 Das Modell als spezifizierte Relation zur Natur

Modelle sind also Hilfsmittel, die jedwede Wissenschaftsdisziplin aufstellt; einerseits um das Wesentliche komplexer Dinge zu formulieren und oft erst dadurch erforschbar zu machen, andererseits um über komplexe Forschungsgegenstände überhaupt reden zu können. Ein Modell ist niemals mit dem entsprechenden Forschungsgegenstand identisch, soll aber das Wesentliche davon, dass es zu erforschen gilt, enthalten.

Ein Modell (B) ist seinem Forschungsgegenstand (A) also ähnlich (*Relationskriterium*). Doch ist (B), wie erwähnt, von geringerer Komplexität als (A) (*Spezifikationskriterium*).

Für die Art und die „Vollständigkeit" der Ähnlichkeit gibt es keine festgelegten Richtlinien. Diese zu formulieren, hängt einerseits vom jeweiligen Vergleichsobjekt (A) ab und kann im Einzelfall pragmatisch so geschehen, dass (B) die Funktion(en) von (A) möglichst vollständig abbildet. Andererseits hängt es von der Fragestellung, dem Zweck des Vergleichs und/oder seiner Stellung in einem größeren Vergleichsrahmen ab. Es muss (B) die untersuchungsrelevanten Kenngrößen von (A) hinreichend komplett abbilden. Demnach gibt es eine Vielzahl von Typen und Einzelfällen modellmäßiger Abstraktion; einige sind in den Abschn. 6.3.1–6.3.9 angesprochen.

Zur Verdeutlichung dieser Überlegungen sei das Beispiel „ Nervenmembran" aus Abschn. 6.3.3 hier vorweggenommen und in einem allgemeinerem Kontext besprochen.

Beispiel: Eine Membranstruktur (Abb. 6.2a) aus einem unmyelinisierten Nerv sei im Rahmen des Untersuchungskomplexes „Nervenleitung" (*Vergleichsrahmen*) in Bezug auf seine Fähigkeit zu untersuchen, Ionen durchzuschleusen und dadurch ein Membranpotenzial aufzubauen (*Fragestellung*).

Ein Modell davon (Abb. 6.2b) muss also der Untersuchung von Strom-Spannungs-Verhältnissen an der Membran zweckdienlich sein (*Zweck*). Es muss folglich ein „elektrisches Modell" sein (*Modelltyp*). Als solches muss es die für die Fragestellung grundlegenden Eigenschaften möglichst vollständig enthalten (*Vollständigkeitskriterium*), also berücksichtigen, dass die Membran eine Außen- und eine Innenseite aufweist (sie stellt einen Zweipol dar), dass sich an ihr Ladungsträger anlagern können (sie besitzt die Eigenschaft eines Kondensators, nämlich eine Kapazität), dass an ihr mehrere Ionenarten wirksam sind (sie impliziert Ionenbatterien), dass sie Ionen unterschiedlich gut durchwandern lässt (sie impliziert ionenspezifische Widerstände) und dass sich ihre Eigenschaft, Ionen durchwandern zu lassen, zeitlich ändern kann (ihre ionenspezifischen Widerstände sind als Regelwiderstände einzusetzen). In Abb. 6.2c sind die Begriffe aufgeführt.

Das im vorliegenden Beispiel pragmatisch angegebene Modell stellt sich also als eine elektrische Schaltung dar, die für eine hinreichende Abstraktion zumindest einen Eingang, einen Ausgang, eine Kapazität (C) und *n* BR-Glieder enthalten muss (Abb. 6.2d).

Nun kann man experimentelle Ergebnisse simulieren, indem man die Absolutwerte dieser Kenngrößen und ihr zeitliches Zusammenspiel verändert (anpasst) und verfolgt, ob die modellmäßig abstrahierte Schaltung beispielsweise die Antwort der biologischen Membran auf einen definierten Reiz der Größe und Richtung und dem Zeitverhalten nach genügend genau widerspiegelt.

Das Modell ermöglicht darüber hinaus Vorhersagen, wie das Original auf einen bisher nicht angewandten Reiz reagieren sollte, würde es denn durch das Modell angemessen beschrieben. Sobald Übereinstimmung gefunden worden ist, das Modell (B) die Realität (A) also angenähert vollständig abbildet, kann man sagen, dass man

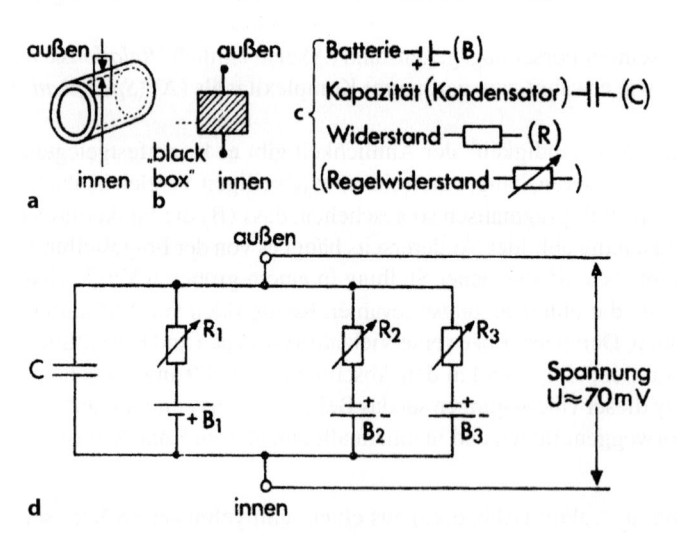

Abb. 6.2 Zur Nervenmembran. **a** Stück einer Nervenmembran. **b** „Zweipol"; Symbol für ein Flächenstück einer Nervenmembran. **c** Verwendete Schaltzeichen. **d** Ersatzschaltbild der Nervenmembran. (Basierend auf Hodgkin 1957)

das (minimale) Funktionsprinzip der Membran „erklärt", das heißt nachgebildet und auf einer allgemeineren Ebene eingeordnet hat.

6.1.3 Erkenntnistheoretische Kritik des Modellbegriffs

Schmidt (2000) sieht die hier skizzierte pragmatische Verständnisweise auch als „Kritik an traditionellen Modellbegriffen.... Sie richtet sich gegen stark-realistische und stark-konstruktivistische Verständnisweisen."

Die erstgenannte Perspektive sieht das Modell als Abbild des „unbezüglich gegebenen" (also nicht seinerseits in eine Umwelt, eine zweckbehaftete Kausalkette

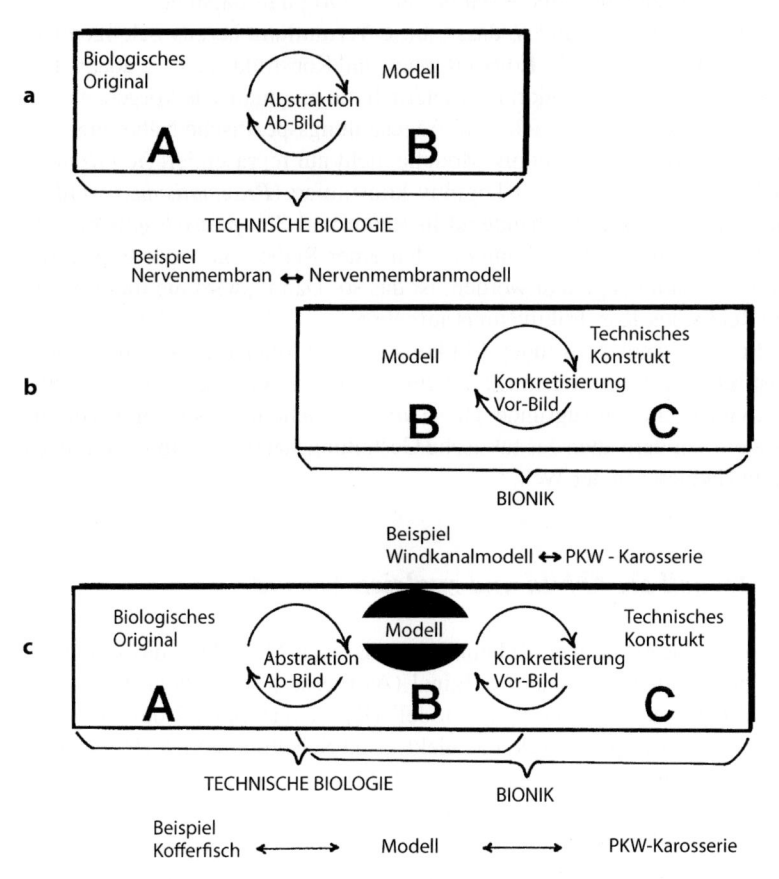

Abb. 6.3 Zum Modellbegriff und seine Charakterisierung als Schnittmenge zwischen Technischer Biologie und Bionik. **a** Übergang biologisches Original (A) → Modell (B) über „Technische Biologie". **b** Übergang Modell (B) → technisches Konstrukt (C) über Bionik. **c** Übergang biologisches Original (A) → Modell (B) → technisches Konstrukt (C) über das Modell als Schnittmenge zwischen Technischer Biologie und Bionik. (Beispiele: Nervenmembran und Mercedes-Benz bionic car.)

eingebundenen) Originals. Die letztere zielt hingegen auf eine immanente Deutung des Modells, relativiert also den Originalbezug.

Als vermittelnde Positionen wird die (neo-)pragmatische Modelltheorie von Stachowiak (1973) und der auf eine Sonderform des Pragmatismus bezogene „interne Realismus" von Putnam (1982) genannt. Danach ist „wissenschaftliche Wahrheit so etwas wie rationale Akzeptierbarkeit und Kohärenz im Rahmen empirisch erfolgreicher Begriffs-, Propositions- und Theoriensysteme". Mit anderen Worten: Die Vergleichskriterien werden aus der Praxis des empirischen Vorgehens eines wissenschaftlichen Falls heraus versuchsweise formuliert. Wenn sich zeigt, dass sie sich bewähren, und wenn die Nachprüfung zeigt, dass eine Modellabstraktion einigermaßen widerspruchsfrei in einen Satz dieser Kriterien passt, wird angenommen, dass das Original durch das Modell angemessen beschrieben wird beziehungsweise dass das Modell eine angemessene Abstraktion des Originals darstellt.

Putnam (1982) bezweifelt indes, dass „diese Vermittlung bereits gelungen ist" und dass diese „epistemologische Konstitutionen und Konstruktionen... adäquat zu berücksichtigen vermag", akzeptiert aber letztlich die pragmatische Vorgehensweise als der Praxis angemessene, fach- und fragestellungsspezifische Näherung. Dabei stellt er heraus, dass in der Bionik Modelle nicht nur repräsentiert (*Realismus*), konstruiert (*Konstruktivismus*) oder kognitiv konstituiert (*Pragmatismus*) werden, sondern auch als Gegenstände „handelnd in Raum und Zeit *faktisch geschaffen*", also tatsächlich gebaut werden. Zumindest bei einer Reihe von Modelltypen, die im Abschn. 6.3 zusammengefasst werden, ist das so. Damit „wird die traditionelle Dichotomie Realismus-Konstruktivismus aufgebrochen und eine Spielart eines (gestaltenden) Pragmatismus verwendet: Ein konstruktiver Realismus beziehungsweise ein realistischer Konstruktivismus... liegt der Bionik wie auch den Ingenieur- und Technikwissenschaften zugrunde. Diese umfasst nicht nur das theoretische Erkenntnishandeln, sondern auch das faktische Gestaltungshandeln, mithin die Praxen menschlichen Handelns in der Welt."

6.1.4 Das Modell als Abbild und zugleich Vorbild

Der bisher diskutierte Modellbegriff beinhaltete, dass das Modell (B) das zu modellierende (in der Natur vorliegende) Original (A) (besser) erforschbar, beschreibbar und erklärbar machen sollte: Das Modell (B) ist hier Abbild des Originals (A)(Abb. 6.3a). Als Beispiel wurde das elektrische Schaltbildmodell (B) der biologischen Nervenmembran (A) genannt (Abb. 6.2d).

Die im vorhergehenden Absatz referierten Überlegungen weisen auf eine andere, weiterführende Modellfunktion hin: Ein Modell (B) kann auch konstruktives Vorbild für die Konstruktion eines (noch nicht vorliegenden) Gegenstands (C) sein. Als Beispiel wird ein „computergestützt berechnetes und aerodynamisch erprobtes Modell (B) genannt, nach dem eine neuartige PKW-Karosserie (C) geformt wird (Abb. 6.4). Nach Schmidt (2002b) liegt die Funktion von Modellen also in ihrem *Bildcharakter*. Sie können sowohl *Abbild* (Beispiel Nervenmembran) als auch *Vorbild* (Beispiel PKW-Karosserie) sein.

6.1 Modellbildung als Basis für die Abstraktion von Prinzipien

Damit aber wird genau die *Schnittmenge zwischen Technischer Biologie und Bionik* (im eigentlichen Sinne) markiert. Diese Schnittmenge impliziert die Prinzipabstraktion (Modell) einerseits als Analysenergebnis einer biologischen Vorlage und andererseits als Basis für die Verwirklichung eines technischen Konstrukts. Hierbei wäre das zentral stehende Modell für den Weg Biologie → Modell ein „Ab-Bild", für den Weg Modell → Technik ein „Vor-Bild" im Sinne des zitierten Philosophen. Dies entspricht den Schritten (A) → (B) und (B) → (C) der Darstellung nach Abb. 6.3c mit dem zentralen Topos (B) der modellhaften Prinzipabstraktion. Verdeutlicht ist dies an Hand des Mercedes-Benz bionic car. Der von Daimler-Forschern unter Leitung von D. Gürtler beschrittene konstruktive Weg ging vom Vergleich mit strömungsmechanischen Eigenschaften von Pinguinen und Mehlschwalben aus. Er führte über die Erforschung der entsprechenden Eigenschaften von Kofferfischen (Abb. 6.4a) über die Abstraktion dieses Vorbildes als Formmodell für Windkanalmessungen (b–d) zum betriebfertigen Auto.

Somit zeigt sich eine durchaus befriedigende Übereinstimmung zwischen den vorliegenden technikphilosophischen und erkenntnistheoretischen Ansätzen und der pragmatischen Vorgehensweise im bionischen Alltag, der ja vielfach von tüfteligen Mess- und Analysenproblemen ausgefüllt wird. Es erscheint fast verblüffend, dass Schmidt in diesem Zusammenhang einen bereits jahrzehntealten Ausspruch seines

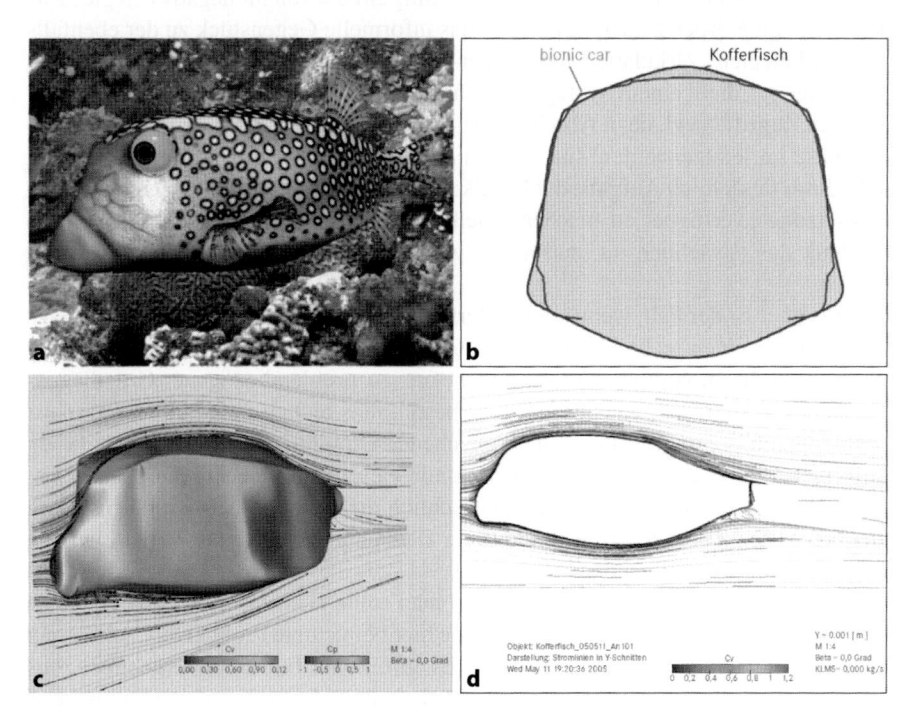

Abb. 6.4 Kofferfisch *Ostracion meleagris* und Mercedes-Benz bionic car. **a** Kofferfisch. **b** Großmodell des bionic car, eingefügt in Kofferfischkonturen. **c, d** Strömungssichtbarmachung um Modelle des bionic car. (Abdruckgenehmigung: Daimler AG)

Philosophenkollegen Feyerabend (1980) zitiert, mit dem dieser „vor allzu großer metatheoretischer Hoffnung" warnte:

> „Will man die Wissenschaften selbst fördern, dann hört das abstrakte Gerede auf: Man muss sich in die Praxis des Bereiches versenken, zu dem man einen Beitrag leisten will".

6.2 Zum Problem der Modellübertragung

6.2.1 Prinzipien und Kritik

Die technologische Durchgestaltung eines zu erarbeitenden, zukünftigen Marktprodukts (C) ist eine eigenständige Ingenieursaufgabe, die das biologische Vorbild (A) und auch seine Abstraktion beziehungsweise Hardwaremodellierung (B) letztlich nur als Anregung nimmt für das erstrebte Produkt C: „Lernen von der Natur als Anregung für eigenständiges technologisches Gestalten" (Nachtigall 2002).

Gehring (2005) sagt dazu: „Das klingt nach Respekt vor der Natur und nach Anerkennung ihres ‚Eigenwerts'", fährt dann aber fort: „Aber was wird gemacht? Er werden Daten gewonnen, und dieser ‚Datenkörper' hilft der Technik auf die Sprünge". Damit versucht die Autorin in Rückführung auf die von ihr negativ belegte „Zirkulation von Körper-Daten" sozusagen das informelle Gegenstück zu der ebenfalls negativ belegten „Zirkulation von Körper-Teilen" (Gehring 2005): „Die Vernetzung der Daten ... dient einem Verfügbarmachen ... für einen möglichst variablen technischen Zugriff" (vgl. dazu Abschn. 8.3).

Diese im letztgenannten Zitat formulierte Aussage ist nach meiner Auffassung allerdings tatsächlich Aufgabe der Bionik: Es gilt, Daten der Natur einer technischen Umsetzung „verfügbar zu machen". Selbstredend besteht die „Gefahr", dass die Technik das tatsächlich tut, und nichts wünscht sich der Bioniker mehr als eben dieses.

Was aber ist der Fall, wenn in einer ferneren Zeit tatsächlich (fast) alle Daten aus der Natur in einen technikbezogenen Informationspool eingeflossen sein werden? Wenn also die biologische Analyse nicht nur zu problembezogener Grundlagenforschung geführt hat, aus der ein ganz bestimmtes technisches Problem gespeist werden kann, sondern wenn auch vergleichende Grundlagenforschung eben diesen Informationspool gefüllt hat, aus dem sich nun viele technische Ansätze speisen lassen (Abb. 6.14)? Besteht dann nicht tatsächlich die Gefahr des Missbrauchs, etwa der bewussten Auswahl problemrelevanter Daten zum Zwecke der Verwirklichung eines menschenschädigenden Projekts?

Selbstredend besteht diese Gefahr, und man sollte Gehrings warnende Worte zu Ende denken. Dann allerdings reiht sich die hier betrachtete Problematik nahtlos ein in den allgemeinen Missbrauchsaspekt: Es gibt keine Forschungsergebnisse, aus welcher Disziplin sie immer stammen mögen, die nicht auch missbraucht werden könnten. Will man das verhindern, muss man Forschung einstellen. Dann allerdings fällt die Erkenntnis in sich zusammen, dass das Bekanntmachen des Unbekannten eine kulturelle Uraufgabe des Menschen ist. Der Mensch ist ambivalent. Gebrauch und Missbrauch werden feindliche Brüder bleiben, solange unsere Art existiert.

6.2.2 Versuch einer Zuordnung

Zur Verdeutlichung der Modellbedeutung in der Bionik greift Schmidt (2005) den Begriff der Modellübertragung (Zoglauer 1994) auf. In seiner Diktion beinhaltet eine Modellübertragung eine spezifische Art von Modellbildung, nämlich im Sinne eines Modells eines Modells, eine Modellbildung zweiter Stufe also: „Eine bionische Modellübertragung überführt zweckbezogene spezielle Merkmale vom Modell A_1 (Abkürzung geändert im Einklang mit obigem Verf.) zum Modell A_2, allerdings unter Zielmaßgabe des zu konstruierenden Artefakts oder Verfahrens B_2; A_2 ist ein Modell *durch* (!) und *von* Modell A_1 (und Abbild) *und* A_2 ist gleichzeitig Vorbild (und damit Abbild) von B_2. Damit ergeben sich an A_2 doppelte Anforderungen seitens A_1 *und* B_2, wobei B_2 zunächst nicht real, sondern nur potenziell, als mögliches Konstrukt, vorliegt. „In dieser Modellbildung zweiter Stufe gehören Erkenntnis- und Gestaltungsprozess zusammen. ... Natur wird ... aus technischer Perspektive wahrgenommen; technische Artefakte und Verfahren entstehen reflexiv und zirkulär über eine bereits technisch gedeutete ‚Natur'". Ein reichlich prinzipielles Statement also, das an einem Praxisfall gespiegelt werden sollte.

Beispiel: Ich versuche, das genannte Statement unter Verwendung der genannten Bezeichnungen a posteriori auf die Vorgehensweise zu beziehen, über die ich einen Patentantrag für ein Haft-Pad nach dem Vorbild der Hafttarsen männlicher Wasserkäfer entwickelt hatte.

1. Vorbild: Hafttarsus von *Dytiscus marginalis*. Gleichzeitig (biologisches) Modell A_1, das nur die vorliegende Realität beschreibt.
2. Biologische „Zwischenstufe": Serielle, statistisch haftende, kombiniert wirkende biologische Saugelemente auf dem Hafttarsus. Gleichzeitig biologisch abstrahiertes, noch biologisches Modell A_2.
3. Technische „Vorstufe" (in der obigen allgemeinen Erläuterung nicht erwähnt): Serielle, statistisch haftende, kombiniert wirkende technische Saugelemente auf einem technischen Vorversuchsplättchen. Gleichzeitig technisch abstrahiertes, schon technisches Modell B_1.
4. Zu konstruierendes Artefakt: Industriell zu fertigendes Haft-Pad. Gleichzeitig technisches Modell B_2, die technische Endumsetzung.

Die Vorgehensweise und die Querbeziehungen sind aus Abb. 6.5a abzulesen.

Ob die in der philosophisch/erkenntnistheoretischen Näherung vorgenommene Aufspaltung in der Modellbildung, also die Formulierung einer Modellkette, eine allgemeine praxisbezogene Bedeutung hat, muss sich in jedem Fall erweisen. Im vorliegenden Fall (Abb. 6.5b) kann man die Beziehungen vereinfachen. Hier habe ich zwischen dem „biologischen Original" (A) und dem technischen Artefakt (C) letztlich den Schritt der Prinzipabstraktion gesetzt (B), bin also genau nach dem in der

Einleitung angeführtem Schema (A) → (B) → (C) vorgegangen, wobei man im Einklang mit Obigem (B) als „Modell" bezeichnen und sowohl als Abbild von (A), wie als Vorbild für (C) nehmen kann.

Da im praktischen Vorgehen (B) eigentlich zweigeteilt war, nämlich in eine formale Abstraktion (B_1) von (A) und in eine real gefertigte, von den Vorstellungen zu (C) bereits beeinflusste Umsetzung (B_2) für einen Vorversuch, hat sich im praktischen Vorgehen aber (intuitiv?) auch schon etwas von dem ergeben, was die erkenntnistheoretische Näherung als „Modellübertragung" bezeichnet.

Eine vergleichende Prüfung solcher Ansätze im Interesse einer denktheoretisch sauberen Vorbereitung bionischen Vorgehens kann somit nur begrüßt werden; sie steht noch aus. Jedenfalls kann man in diesem Beispiel zwei bereits früher genannte Aspekte gut nachverfolgen: Zum einen die methodische Aufgliederung in Techni-

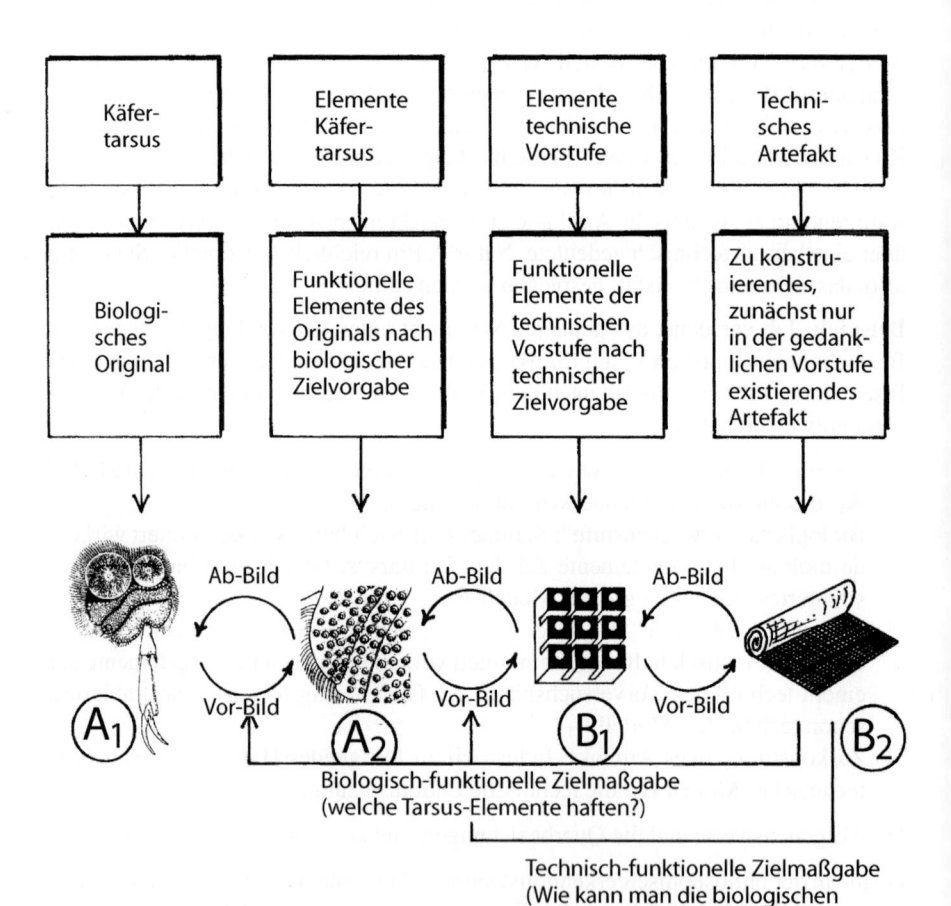

Abb. 6.5a Beispiel „Wasserkäfertarsus als Haft-Pad-Vorbild": Versuch, das Prinzip der Modellübertragung an der Entwicklung eines technischen Haft-Pads nach dem Vorbild von Wasserkäferhafttarsen nachzuempfinden

6.2 Zum Problem der Modellübertragung

sche Biologie und Bionik. Die Bezeichnung (A) → ($B_{1,2}$) entspricht der *Vorgehensweise der Technischen Biologie*. Es hat nämlich technisches Vokabular (Saugkraft, feuchte Adhäsion, Klebung, Saugnapf, Saugnapffeld, digitalisierte Haftung für die Formulierung von [B_1]) und technische Testweise (Zugversuch für den Test von [B_2]) das biologische Vorbild in seinem So-Sein und als Abstraktum verständlich gemacht. (Diese Ergebnisse könnten auch für sich stehen bleiben; der Hafttarsus wäre damit „verstanden".)

Die Bezeichnung (B) → (C) entspricht der *Vorgehensweise der Bionik*. Die adäquate technische Umsetzung der abstrahierten Prinzipien einerseits zur Vorprüfung ((B_1) → (B_2)) und andererseits bis zur Fertigung des Endprodukts (($B_{1,2}$) → (C)) gehört dazu. Man erkennt, dass das (zweigeteilte) „Modell" (2) die *Schnittmenge in der Vorgehensweise der Technischen Biologie wie der Bionik* darstellt, im Bereich

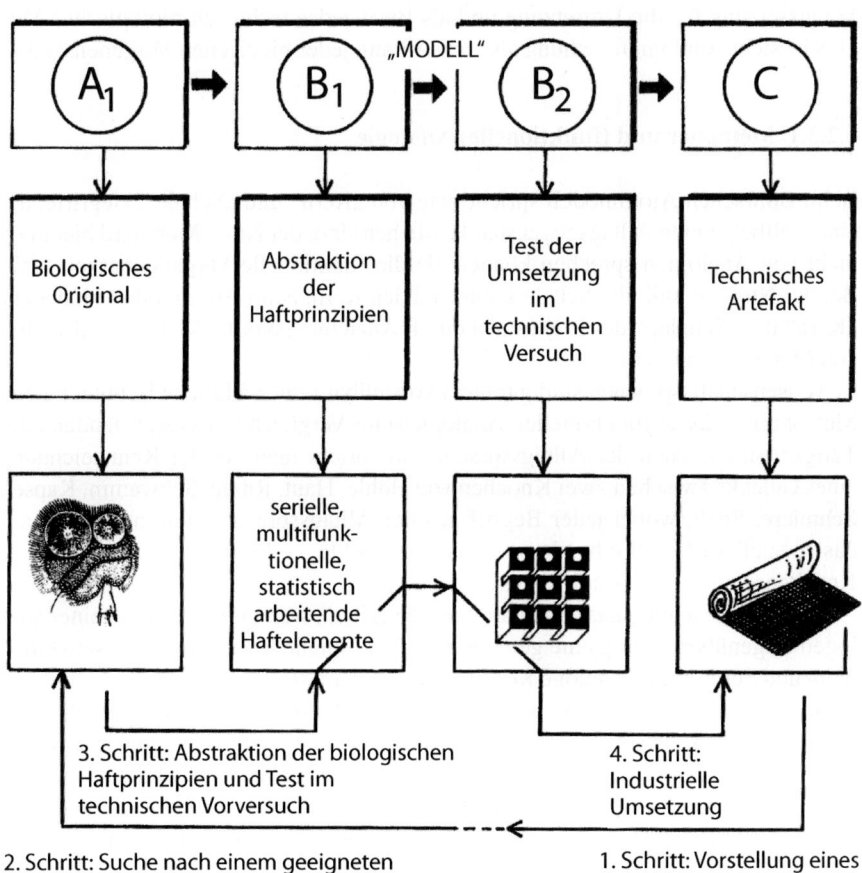

Abb. 6.5b Beispiel „Wasserkäfertarsus als Haft-Pad-Vorbild": Tatsächliche Vorgehensweise bei der Entwicklung des Haft-Pads

(B_1) ↔ (B_2) verschwimmen die Grenzen, und man muss Schmidt (2005) Recht geben, wenn er sagt:

„Der Ort um Interdisziplinarität greifbar zu machen, ist selbst die Ortlosigkeit eines fließenden Dazwischen."

6.2.3 Analogieforschung

An der Basis einer jeden Umsetzung von Naturvorgängen in die Technik steht der Vergleich. Man stellt Gebilde der Natur und der Technik einander gegenüber, sucht zunächst deskriptiv nach Vergleichbarem, das in die Aufdeckung von Kausalbeziehungen münden kann, aber nicht muss: *Analogieforschung* (Helmcke 1972). Als Voraussetzung für die Umsetzung und als Basis jedes technisch-biologischen Vergleichs steht Analogieforschung also am Anfang jeder bionischen Vorgehenskette.

6.2.3.1 Metapher und (funktionelle) Analogie

Beim Bohrschen Atommodell spricht man von „Kern" und „Schale", Begriffe, die einem altbekannten Alltagsgegenstand entliehen sind, der Nuss. Man wird hier noch nicht von Analogien sprechen können, da die funktionelle Vergleichbarkeit fehlt. Bei der Nuss umhüllt die Schale schützend den Kern, beim Atommodell bindet der „Kern" die „Schalen" der Elektronen durch Anziehungskräfte. Man wird also eher von Metaphern sprechen.

Wissenschaftssprachen sind gar nicht vorstellbar ohne weidliche Benutzung von Metaphern (oder unfunktionellen Analogien) im Vergleich mit Gegenständen oder Tätigkeitsmerkmalen der Alltagssprache. So spricht man bei der Kennzeichnung eines Gelenks zwischen zwei Knochen von Höhle, Haut, Rinde, Schwamm, Kapsel, Schmiere, Spalt, wobei jeder Begriff aus der Alltagssprache entnommen und auf das speziell zu Beschreibende angepasst ist: Höhle → Markhöhle; Schwamm → Knochenschwamm (Spongiosa) usw.

Analogieforschung kann man aber nur betreiben, wenn die Elemente einer analogen Gegenüberstellung eine gemeinsame funktionelle Basis haben. So sind Grashalm und Fernsehturm analoge Konstruktionen, denn sie sind langgestreckt und (bei Windstille) zentral achsenparallel belastet. Viele Begriffe kann man in funktionelle Analogie setzen, beispielsweise Wurzel und Fundament (Verankerung), Halm und Schaft (Tragestruktur) und so fort (Abb. 6.6a). Dass dabei unterschiedliche Materialeigenschaften (Elastizitätsmoduli) sowie nichtlineare baustatische Ähnlichkeitsgesetze (zum Beispiel Längen-Durchmesser-Beziehungen, abhängig von der Absolutlänge) einzubeziehen sind, ist freilich zu beachten.

Für das genannte Beispiel ergeben sich besonders eingängige funktionelle Analogien beim Vergleich von Querschnitten (Abb. 6.6b). Im Grashalm wird das zugfeste Sklerenchym von einer druckfesten Parenchymmatrix auf Abstand gehalten. Funktionell genau das Gleiche geschieht im Stahlbeton des Fernsehturms. Hier wird die

6.2 Zum Problem der Modellübertragung

zugfeste Bewehrung durch eine druckfeste Zementmatrix auf Abstand gehalten. Bereits in der Frühzeit des Stahlbetonbaus wurde von Ingenieuren auf diese Analogien hingewiesen, wie Nervi u. Bartoli (1950) bemerken.

Die beiden zu vergleichenden Systeme entstammen unterschiedlichen Reichen, dem Reich der belebten Welt der Grashalm, dem Reich der Technik der Fernsehturm. Die Sinnigkeit beziehungsweise Stimmigkeit des Vergleichs resultiert aus funktionell gleichartigen Aufgaben der Elemente dieser beiden Systeme. *Sklerenchym und Bewehrung* sorgen für Zugfestigkeit, *Parenchym und Zement* für Druckfestigkeit und Abstandshaltung der zugfesten Stränge.

Infolge der funktionellen Vergleichbarkeit kann man nun auch Kenndaten und Berechnungsweisen der Baustatik auf den Pflanzenhalm übertragen (→ *Technische Biologie*). Dies führte erst zum Verständnis des So-Seins der zu randständigen Ringen verschmolzenen Sklerenchymstränge in der Pflanze: Sie bilden ein System besonders hohen Flächenträgheitsmoments, das mit gegebenem Materialeinsatz die

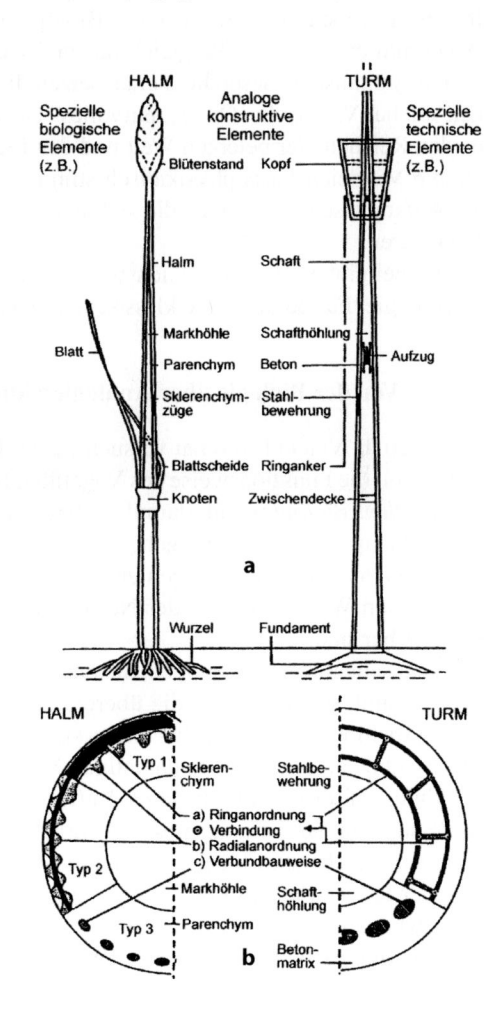

Abb. 6.6 Analoge Gebilde „Grashalm" und „Fernsehturm". **a** Längsschnitte, **b** Querschnitte

Biegesteifigkeit des Pflanzenhalms positiv beeinflusst. Entsprechend der Bewehrung in technischen Hochbauten legt die Pflanze ihre Sklerenchymstränge möglichst weit peripher. Eine gegebene Masse an Sklerenchym, zu einem peripheren Ring ausgestaltet, verdünnt sich aber umso stärker, je weiter außen sie liegt. Damit erhöht sich zwar (günstigerweise) das Flächenträgheitsmoment; es verringert sich aber (ungünstigerweise) die Beulungssteifigkeit. Wenn die Sklerenchymdicke geringer ist als etwa ein Siebtel des Halmdurchmessers, würde der Halm zu irreparabler Beulung neigen. Auch diese Erkenntnis, nach der man das So-Sein von sklerenchymatischer Bewehrung beschreiben und verstehen kann (es gibt beispielsweise drei Sklerenchymtypen, Abb. 6.6b) ist eine direkte Folge des analogen Vergleichs.

Auf der anderen Seite können bestimmte pflanzliche Entwicklungen versuchsweise auf die Technik übertragen werden. So hat sich gezeigt, dass zumindest rechnerisch die Wanddicke von Lampenmasten verringert werden könnte (was zu weniger Materialverbrauch und damit geringeren Kosten führte), wenn man sie auf der Innenseite so skulpturierte, wie die Biologie das mit bestimmten Grashalmen tut. Wiederum ein analoger Vergleich diesmal von der Biologie zur Technik (→ *Bionik*). Physikalische Gesetzlichkeiten setzen die Randbedingungen für die Stimmigkeit solcher Vergleiche. Ohne „mutvolles" Gegenüberstellen von Beispielen aus den beiden Reichen, der belebten Welt und der Technik, kommt man aber gar nicht dazu, die Vergleichsbasis physikalisch stimmig einzuengen. Analogieforschung gibt am Anfang also Grundideen, die sich bei der weiteren Betrachtung funktionell differenzieren.

Hierbei gibt es zwei Vergleichswege, nämlich Biologie → Technik und Technik → Biologie. Für beide einige klassische Beispiele.

6.2.3.2 Von der Biologie über Analogiebildung zur Technik

Leonardo da Vinci (1506) hat versucht, unter Einbringung des technischen Wissen seiner Zeit die Funktionsweise des Vogelflügels zu analysieren (Vorgehensweise der *Technischen Biologie*) und, darauf aufbauend, technische Flügel nach dem Vogelflügelprinzip zu fertigen (Vorgehensweise der *Bionik*; Abb. 6.7). Man kann ihn als den ersten technischen Biologen und Bioniker bezeichnen, besser vielleicht als den wohl ersten Wissenschaftler der Neuzeit, auf den diese beiden Begriffe zwanglos projizierbar sind.

Nach seinen Untersuchungen, die erst in den 1930er-Jahren funktionell bestätigt worden sind, schließen sich die übereinanderliegenden Handschwingen beim Abschlag spaltlos; beim Aufschlag bilden sie Schlitze, durch die die Luft strömen kann. Sie erlauben also – nach der damaligen Meinung – beim Abschlag eine Druckentwicklung auf die darunter liegende Luft, beim Aufschlag gehen sie unter geringem Widerstand in die Ausgangsposition zurück. Die analoge Umsetzung führte zu mit Klappen versehenen Flügeln aus einem System von Weidenruten als Trägern und öl- oder leimgetränkten Leinen als Füllmaterial, die sich beim Abschlag ebenfalls schließen, beim Aufschlag öffnen.

Dass diese Übertragung in der Praxis nicht funktioniert hat, ist bekannt, doch stand sie im Einklang mit dem technischen Vorstellungen der damaligen Zeit.

6.2 Zum Problem der Modellübertragung

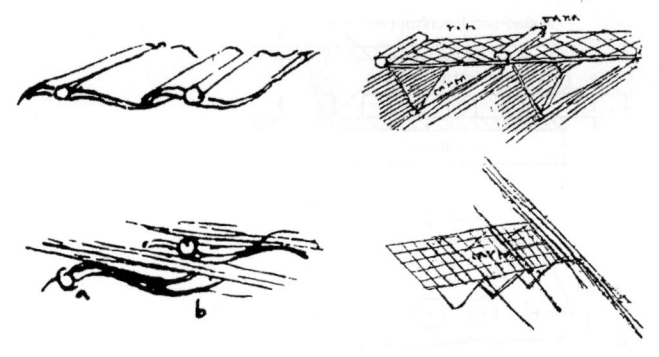

Abb. 6.7 Skizzen da Vincis zu Vogelschwungfedern und künstlichen Schlagflügeln. *Links* Vogel, *rechts* Kunstflügel, *oben* Abschlag, *unten* Aufschlag. (da Vinci 1507)

Der Architekt Nervi hat als einer der ersten im ersten Drittel des 20. Jahrhunderts isostatische Betonrippen (Nervi u. Bartoli 1950; Abb. 6.8b) zur Abstützung von Decken verwendet, wie sie sich aus den druck- und zugspannungstrajektoriellen Knochenbälkchenverläufen im Hals von Oberschenkelknochen abstrahieren lassen (Abb. 6.8a).

Die technisch relevanten funktionellen Analogien dieser beiden klassischen Beispielen lauten:

- da Vinci: Schlitzbildung zwischen Teilflächen und exzentrische Teilflächeneinlagerung.

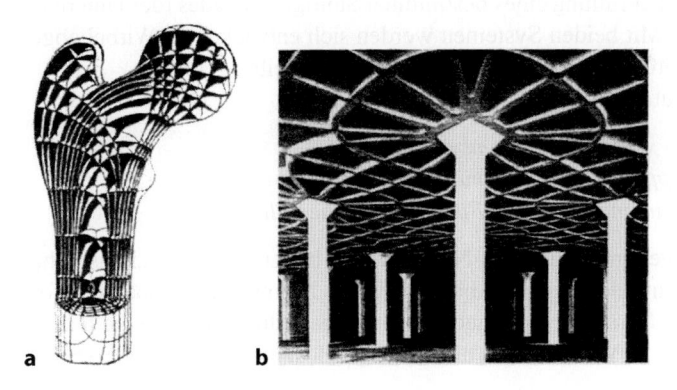

Aus der Patentschrift Nervis über vorgefertigte
Betonelemente mit isostatischen Rippen:

... " Beispiele dafür findet man häufig in der Natur,
und das der Knochenbälkchen, die Culmann als erster
beobachtete, ist klassisch"

Abb. 6.8 Druck- und Zugspannungstrajektorien. **a** Flächen gleicher Spannung in der Kopfregion des Oberschenkelknochens des Menschen. (Kummer 1962) **b** Nervis isostatische Rippen (Nervi und Bartoli 1950)

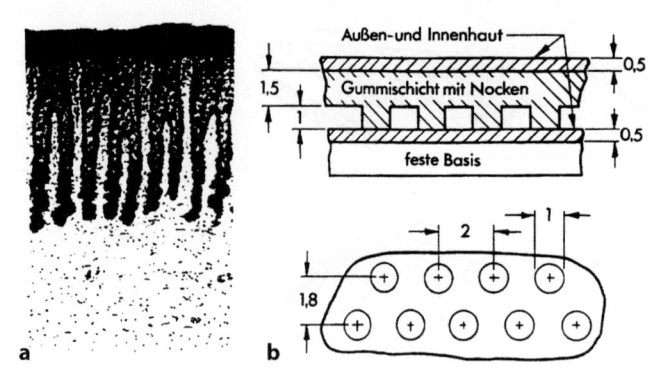

Abb. 6.9 Zur natürlichen und künstlichen Delfinhaut. **a** Schnitt durch die Delfinhaut, **b** Abstraktion. Maße in mm. (Kramer 1960)

- Nervi: Druckspannungstrajektorielle Rippung und zugspannungstrajektorielle Rippung.

Ein Beispiel aus der neueren Zeit befasst sich mit der Strömungsanpassung der Rümpfe von Delfinen und Tümmlern. Aus der Beobachtung Kramers (1960), dass Delfine ohne Probleme rasch schwimmende Schiffe überholen können, hat sich ein detaillierteres Studium der Delfinhaut ergeben. Diese besteht aus einer zapfentragenden Oberhaut, die in ein schwammiges, Flüssigkeitslagunen enthaltendes Unterhautgewebe eingreift (Abb. 6.9a). Kramer hat danach ein analoges System entwickelt, bestehend aus einer noppentragenden Gummischicht (der Oberhaut analog) und einer Fluidzwischenfüllung eines bestimmten Steifigkeitsgrades (der Unterhaut analog) (Abb. 6.9b). Mit beiden Systemen werden sich entwickelnde Wirbel abgedämpft, sodass die Grenzschicht eine Zeit lang laminar bleibt.

Die Analogien lauten:

- *steife Oberhaut* ~ *steife Gummimembran,*
- *zähe Oberhautnoppen* ~ *zähe Gumminoppen* und
- *elastische Unterhaut mit Zapfen* ~ *Füllung mit zäher Flüssigkeit.*

Die technisch analoge Umsetzung des Naturvorbilds hat zu einer Art „künstlicher Delfinhaut" geführt, mit der seinerzeit beispielsweise Atomunterseeboote und Torpedos umkleidet worden sind. Mit gegebener Antriebsleistung konnten die technischen Gebilde wegen der Verhinderung turbulenter Ablösungserscheinungen schneller vorwärts kommen.

6.2.3.3 Von der Technik über Analogiebildung zur Technischen Biologie

Wenn der technisch-biologisch arbeitende Biologe nicht das umfangreiche, in den technischen Disziplinen erarbeitete Reservoir an Kenntnissen verwendet, begeht er einen der unverzeihlichen Fehler in der naturwissenschaftlichen Forschung: bewussten Wissensverzicht (Abschn. 4.13.4). Demgemäß ist er gut beraten, das technische

6.2 Zum Problem der Modellübertragung

Know-how zumindest als heuristisches Prinzip, wenn nicht als angemessene Beschreibungsform zu übernehmen.

Bereits in der Frühzeit der Biostatik wurde versucht, das Säugerskelett als Brückenkonstruktion zu verstehen. Zunächst wurde beispielsweise die Skelettkonstruktion eines Löwen (Abb. 6.10a) mit einer Kastenbrücke verglichen (Abb. 6.10b). Diese gewinnt ihre Stabilität aber dadurch, dass ihre Stützstrukturen („Beine") unverrückbar im Boden befestigt sind. Stellt man sie im Gedankenversuch ähnlich auf die Erdoberfläche wie einen Löwen mit seinen Beinen (Abb. 6.10c), so knickt sie zentral in sich zusammen (Abb. 6.10d). Die richtige Brückenanalogie

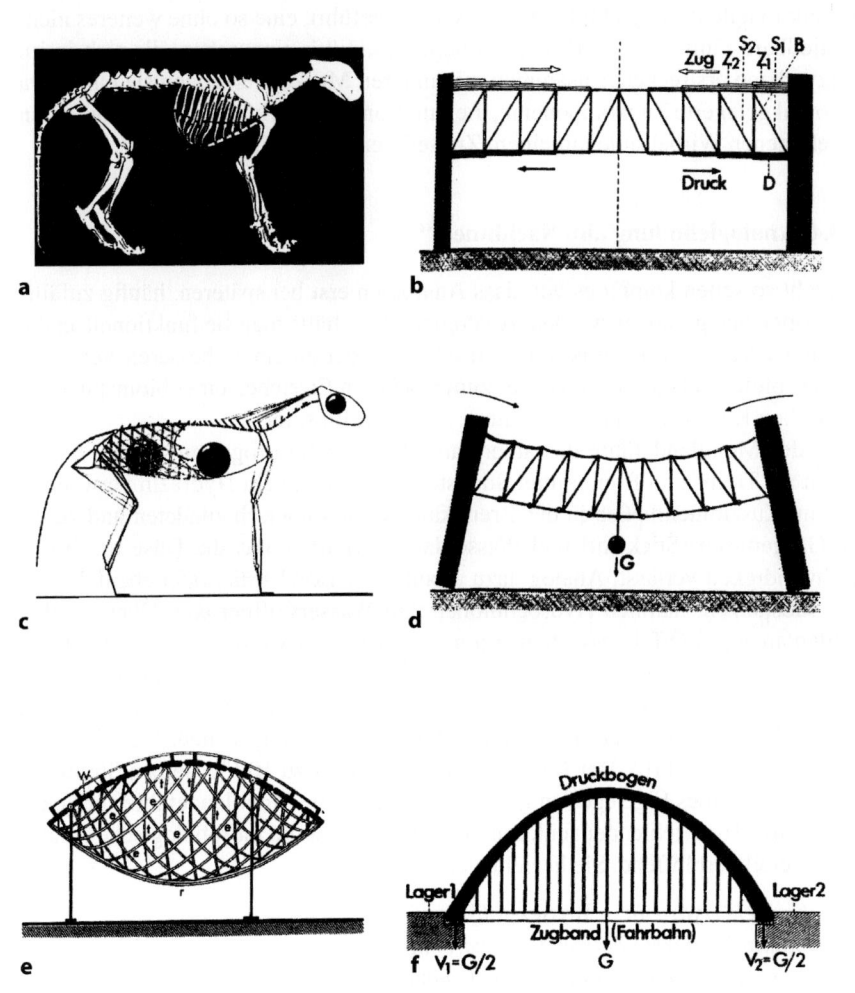

Abb. 6.10 Das Säugerskelett und nicht zutreffende sowie zutreffende Brückenanalogien. **a** Löwenskelett. **b** Nicht zutreffende Kastenbrückenanalogie. **c** Stabil stehendes Säugerskelett. **d** Wenn nicht einfundamentiert, nicht stabile Kastenbrücke. **e** Kippentlastung der Extremitäten durch sich selbst stabilisierendes Rumpfsystem eines Säugers. **f** Zutreffendes Analogon einer Bogen-Sehnen-Brücke. (Kummer 1965)

(Abb. 6.10e) folgt aus dem Vergleich mit einer Bogen-Sehnen-Brücke (Kummer 1965; Abb. 6.10f). Diese kann man im Gedankenversuch von ihren Lagern abheben; sie bleibt trotzdem stabil.

Die funktionellen Analogien zwischen dem Säugerrumpf und der Bogen-Sehnen-Brücke sind die folgenden:

- *Säugerrumpf* ~ *Bogen-Sehnen-Brücke*,
- *Wirbelsäule* ~ *druckbeanspruchter Bogen* und
- *Horizontalkomponenten der* Musculi obliqui abdominis ~ *zugbeanspruchte Fahrbahn*.

Die funktionelle Analogiebildung hat erst dazu geführt, eine so ohne weiteres nicht erschließbare Funktion der *Musculi obliqui abdominis* einzusehen, die sich ja im Kreuzverband erstrecken: Zusammen mit anderen Muskeln erzeugen sie eine etwa horizontal gelagerte Zugkomponente, die funktionell so wirkt, als ob man die Enden der gebogenen Wirbelsäule mit einem Zugseil verbinden würde.

6.2.3.4 Analogiefindung „im Nachhinein"

Gar nicht so selten kommt es vor, dass Analogien erst bei späteren, häufig zufälligen Vergleichen gefunden werden, Analogien, die – hätte man sie funktionell an die Basis einer Vergleichskette gestellt – rasch entweder zu einem besseren Verständnis eines biologischen Substrats oder zum rascheren Erreichen einer bioinspirierten technischen Konstruktion geführt hätten. Dazu ein Beispiel.

Bei der Mondlandefähre des amerikanischen Apollo-Programms (Abb. 6.11a) wurden als Treib- und Brennmittel Stickstofftetroxid und ein Hydrazin verwendet, die beim Zusammenfließen in der Brennkammer automatisch zündeten und zu einem Gasgemisch (Stickstoff und Wasserdampf) führten, das die Düse mit hoher Geschwindigkeit verlässt. Analog dazu arbeitet der Bombardierkäfer ebenfalls mit zwei Substanzen, nämlich Hydrochinonen und Wasserstoffperoxid. Über ein den Ventilen analoges Öffnungssystem von muskelbewegten Chitinklappen geraten die Substanzen in eine der Raketenbrennkammer analoge Explosionskammer, wo sie enzymatisch zerlegt werden, sodass ein Gemisch aus Chinonen, Wasserdampf und Sauerstoff aus der düsenartig geformten Abdominalöffnung schießt (Schildknecht et al. 1968, Abb. 6.11b). Der Käfer verwendet den bis zu 100 °C heißen Strahl zur Desinfektion seines Eigeleges und zur Verteidigung, die Mondlandefähre zur Schuberzeugung. Trotz fehlender funktioneller Analogie ist die morphologische Analogie im Detail verblüffend. Sie bezieht sich auf:

- *Treibmittel: Hydrazin* ~ *Wasserstoffperoxid*,
- *Brennmittel: Stickstofftetroxid* ~ *Hydrochinon*,
- *Raketenbrennkammer* ~ *Explosionskammer*,
- *Ventile* ~ *Chitinklappen* und
- *Düse* ~ *Abdominalöffnung*.

Unter Einbeziehung des Analogiebegriffs könnte man also die allgemeine Vorgehensweise in der Übertragungskette Natur → Technik auf den kurzen Nenner brin-

6.2 Zum Problem der Modellübertragung

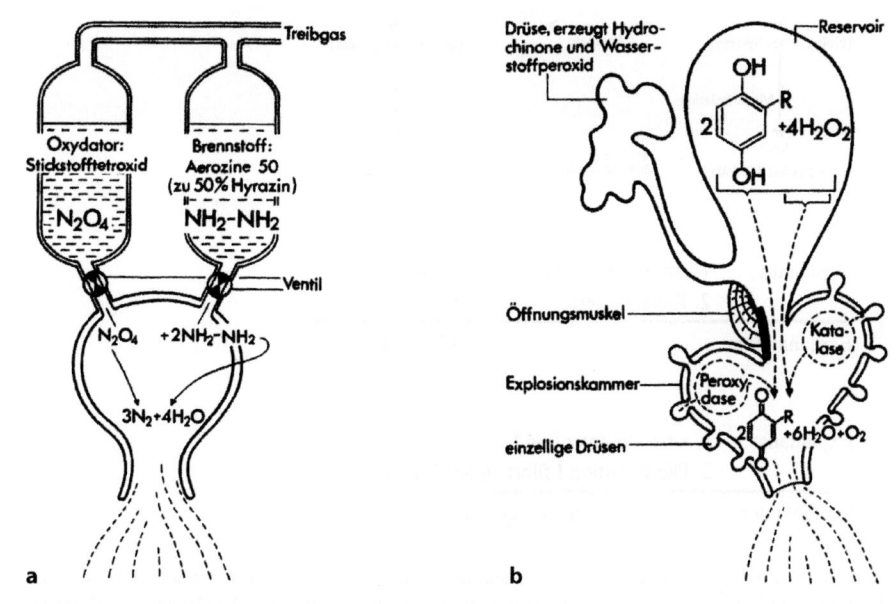

Abb. 6.11 Analoge Systeme und Teilsysteme bei der Apollo-Mondladefähre (**a**) und beim Schussapparat des Bombardierkäfers (**b**) (nach Schildknecht et al. 1968)

gen: a) *Naturvorbild erforschen* → b) *Naturvorbild nach Prinzipien abstrahieren, das heißt, die technisch relevanten Analogien finden* → c) *Die abstrahierten Prinzipien technisch-eigenständig umsetzen.*

Daraus ergibt sich wieder: *Analogieforschung muss an den Anfang!* Analogieforschung stellt das Bindeglied dar zwischen Erforschen und Abstrahieren. Und nicht nur das:

> Der eigentliche schöpferische Aspekt bei bionischem Arbeiten ist das Erkennen und Nutzen der dem Naturvorbild zugrunde liegenden, technikorientierten Analogien.

6.2.4 Analogie und neopragmatische Modelltheorie

Die Berührungslinien zwischen Analogien und Modellen verlaufen unscharf; deshalb zunächst der Versuch einer Abgrenzung.

6.2.4.1 Analogie und Modellbegriff

Den Vergleich von Systemen (Systemvergleich: Analogie) und ihren Modellen (Modellvergleich: Modellübertragung) kommentiert Zoglauer (1994) anhand der Abb. 6.12a wie folgt:

> „Jeder Modellübertragung liegt eine Analogie zugrunde. Diese rein äußerliche Analogie kann der Anlass oder die Motivation für eine Modellübertragung sein. Aber eine Modellübertragung ist mehr als bloße Analogie. Eine Analogie beruht auf einer Ähnlichkeit zwi-

a

```
    S₁                ←----→              S₂
(biologisches System)  Analogie    (technisches System)
        │                                  │
   Modellrelation                           │
        │                                  │
        ▼                                  ▼
    M₁                ←----→              M₂
(biologisches Modell) Modellübertragung (technisches Modell)
```

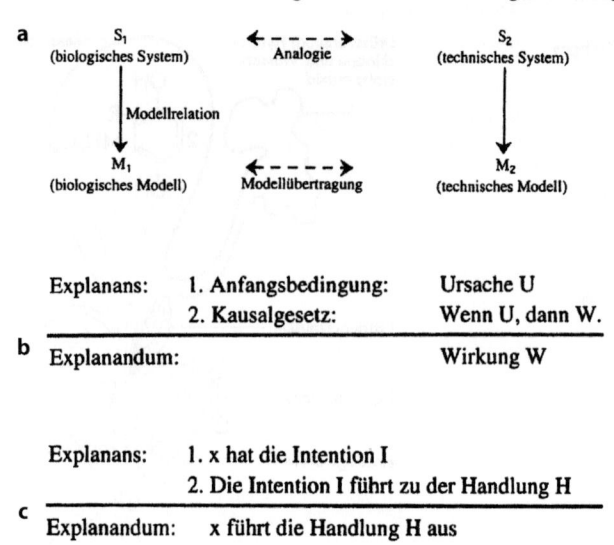

b

Explanans:	1. Anfangsbedingung:	Ursache U
	2. Kausalgesetz:	Wenn U, dann W.
Explanandum:		Wirkung W

c

Explanans:	1. x hat die Intention I
	2. Die Intention I führt zu der Handlung H
Explanandum:	x führt die Handlung H aus

Abb. 6.12 a Analoge Zuordnung und Modellübertragung zwischen biologischen und technischen Systemen und Modellen. **b, c** Ursache-Wirkungs-Beziehungen zwischen Explanans und Explanandum

schen Systemen. Bei einer Modellübertragung soll diese Ähnlichkeit aber nicht nur konstatiert, sondern auch erklärt werden können. Hierzu bedarf es gemeinsamer Gesetzmäßigkeiten und vor allem einer gemeinsamen Theorie. Als Kriterium für das Vorliegen einer Modellübertragung muss daher gefordert werden, dass die beiden Modelle M_1 und M_2 einen gemeinsamen Theoriekern besitzen.

Jede Modellübertragung beruht auf einer Analogie zwischen Systemen. Diese Analogie kann formal als eine *Isomorphie* zwischen den Modellen beschrieben werden. Bestimmte Parameter des einen Modells können mit Parametern des anderen Modells identifiziert werden, und die Beziehungen zwischen den Parametern, das heißt die Gesetze des Modells, bleiben bei der Modellübertragung invariant. Begriffe des einen Modells können in Begriffe des anderen Modells „übersetzt" werden. Da beide Modelle den gleichen Theoriekern und damit die gleichen Gesetzmäßigkeiten besitzen, sind beide Modelle *syntaktisch isomorph*."

6.2.4.2 Modelltypen und -theorien

Zoglauer (1994) sieht ein Modell als „Vereinfachung und Abstraktion eines Originals" und Modelle allgemein als „Abbilder, Rekonstruktionen oder Repräsentationen von Objekten und Systemen", wobei zwischen dem Original x und dessen Abbildung y eine Ähnlichkeitsbeziehung herrscht.

Eine derartige Ähnlichkeitsbeziehung oder Ähnlichkeitsrelation kann sich in drei Arten manifestieren; dem gemäß unterscheidet der Autor drei Arten von Modellen mit unterschiedlicher Zweckbestimmung:

1. „Bildhafte (*ikonische*) Ähnlichkeit: x und y haben die gleiche Form, Struktur oder Gestalt".
   Beispiel: Stadtplan ←→ Stadt: bildhaftes Modell, das der Darstellung dient.

2. „Formale (*nomologische*) Ähnlichkeit: Es gibt Gesetze, die für beide Objektbereiche gelten".
Beispiel: Auge ← (geometrische Optik) → Kamera. Theoretisches Modell, das Sachverhalte erklärt beziehungsweise voraussagt.
3. „*Funktionale* Ähnlichkeit: x und y verhalten sich ähnlich ... "
Beispiel: Flugzeugflügel ← (gleiches aerodynamisches Verhalten) → Vogelflügel: Simulationsmodell, das Vorgänge simuliert.

Da die Modelle also zweckgegeben sind und da der Zweck vom Modellbenutzer vorgegeben wird, erweitert der Autor im Einklang mit Stachowiaks (1973) neopragmatischer Modelltheorie den traditionellen Modellbegriff (Original ↔ Modell) zu einem pragmatischen. Demnach „ist die Modellrelation im Grunde genommen eine mehrstellige Relation: y ist ein Modell von x für einen Modellbenutzer z für einen bestimmten Zweck usw."

Modelle sind, wie der Autor weiter ausführt, theoriehaltig, aber nicht Theorien selbst:

„Obwohl Modelle theoriehaltig sind, sind Modelle und Theorien dennoch nicht dasselbe. Modelle sind objektbezogene Theorien, beschreiben einen eingegrenzten Gegenstandsbereich, während Theorien keinem bestimmten Gegenstandsbereich zugeordnet sind. Modelle sind daher notwendige Bestandteile einer Theorie, weil nur sie einen Gegenstandsbezug herstellen können. Theorien können nur vermittelst ihrer Modelle empirisch überprüft werden. Modellfreie Theorien sind empirisch nicht überprüfbar.

Theorien bestehen demnach aus einem Kern, der alle fundamentalen Aktionen der Theorie enthält und einer Peripherie, die phänomenologisch gesetzte Hilfshypothesen, Spezialgesetze und Modelle enthält. Der Kern stellt gleichsam das Fundament der Theorie dar, und die Peripherie den Überbau, der den Kontakt zur Empirie herstellt.

Selbstverständlich können biologische Systeme, z. B. Organismen, unter Zuhilfenahme verschiedener theoretischer Ansätze und Modelle beschrieben werden. Manchmal kommt aber auch der umgekehrte Fall vor, dass zwei völlig unterschiedliche Systeme mit dem gleichen Modellansatz beschrieben werden. Man spricht dann von einer *Modellübertragung*."

6.2.4.3 Modellübertragungen

Wenn ein Modell für eine bestimmte Disziplin (z. B. in der Technik) aufgestellt worden ist und sich dort bewährt hat, kann man es zur Beschreibung analoger Phänomene in einer anderen Disziplin auch auf diese (z. B. auf die Biologie) übertragen, vorausgesetzt, beiden ist ein gemeinsamer Theoriekern eigen.

Beispiel aus der Technischen Biologie: Die technische Theorie des Kräfteverlaufs im Biegebalken wurde mit Erfolg zur Erklärung der Funktionsanatomie des Unterkieferknochens von Hunden auf die Biologie übertragen (Kummer 1962).

Beispiel aus der Bionik: Die Theorie der biologischen Selbstreinigung der Lotusblattoberfläche (Barthlott u. Neinhuis 1997) wurde mit Erfolg zur Konzeption eines Fassadenlacks mit Selbstreinigungseigenschaften („Lotusan", ehem. Firma Ispo) auf die Technik übertragen.

Ein biologisches System S_1 (Abb. 6.12a), etwa eine Muschelschale, und ein technisches System S_2, etwa ein leichtes Flächentragwerk, können sich „funktionell ähnlich" sein, sodass das Analogiekriterium (Abschn. 6.2.3.1) greift. Das biologische Modell M_1 des biologischen Systems S_1 wäre beispielsweise eine mathematische Formulierung seiner Krümmungs- und statischen Eigenschaften. Gleiches gilt vom technischen Modell M_2 des technischen Systems S_2. Man könnte also die Zusatzbezeichnung „biologisches" und „technisches" Modell weglassen, denn diese beiden Modelle gehen im Grunde auf gleiches zurück; „sie benötigen die mathematische Theorie der Minimalflächen als gemeinsamen Theorienkern".

Was den Vergleich von Systemen (Systemvergleich: Analogie) und ihren Modellen (Modellvergleich: Modellübertragung) anbelangt, sei nochmals auf Zoglauer (1994) (Abb. 6.12a) verwiesen.

Zum Abschluss seiner Überlegungen zu Modellübertragungen weist Zoglauer darauf hin, dass bei Betrachtungen mit Modellen auch die Semantik zu berücksichtigen ist, worunter er die Bedeutung oder Interpretation ihrer Begriffe, Parameter und Variablen versteht. Diesbezüglich sind – im Gegensatz zu rein syntaktischen Übertragungen – leicht Fehlinterpretationen möglich, wie die *metaphysische Gleichsetzung* von Mensch und Maschine (Hobbes 1984) aufzeigt, die weit über eine *reine Maschinenanalogie* hinausgeht.

Des Weiteren sind stets auch die Grenzen (Idealisierungen, Abstraktionen) eines Modells zu beachten, denn sie begrenzen auch die Modellübertragung selbst. Die Gehirn-Computer-Analogie aus der Sichtweise der künstlichen Intelligenz beschränkt sich auf reine Daten- bzw. Symbolverarbeitung; das zugrunde liegende Gehirnmodell befasst sich nur mit dem, was innerhalb dieser engen Grenzen liegt und lässt (zurzeit noch) alles andere weg, was auch zum weit gespannten Begriff „Denken" gehört.

Somit ist „trotz ihrer vielfältigen Möglichkeiten und dem heuristischen Nutzen von Modellübertragungen" die kritische Einbeziehung ihrer Grenzen nicht zu vernachlässigen.

6.2.4.4 Modellerklärungen

Aspekte des „Erklärens" sind in diesem Buch an mehreren Stellen eingebaut, dort, wo sie in den Besprechungskontext passen. Hier seien nach Zoglauer (1994) einige Prinzipien zusammengestellt, auch deshalb, weil sie an den von dem genannten Autor herausgearbeiteten Begriff der Modellübertragung anschließen.

- *Kausalerklärung*: Der Autor folgt dem deduktiv-nomologischen Erklärungsmodell Hempels (1977) mit dem Schema der Abb. 6.12b. Hier bedeutet die Ursache U den erklärenden Sachverhalt (*das Explanans*) und die Wirkung W das zu erklärende Ereignis (*das Explanandum*). Eine Kausalerklärung schließt von einem beobachteten Ereignis (Wirkung) auf ein auslösendes (Ursache), wobei ein naturgesetzlicher Zusammenhang zwischen Ursache und Wirkung vorausgesetzt wird.
  Dies gilt für physikalische Ereignisse, nach Meinung Hempels aber nicht für den „Bereich menschlicher Handlungen". Es gilt aber auch nicht für verhaltensbiologische „Ursache-Wirkungs-Beziehungen" und ihre Übertragungen in die Bionik

beispielsweise. Es gilt überall dort nicht, wo Absichten, Motive oder Intentionen (menschliches Handeln) oder auch nur Ketten mit variierenden Zwischenstufen vorliegen (Beispiel: Koordinierungsmechanismen im Ameisenstaat). Auf menschliches Handeln bezogen spricht Hempel von *„intentionalen Handlungserklärungen"*.

- *Intentionale Handlungserklärung/finale Handlungserklärung*: Der Zusammenhang ist in Abb. 6.12c erläutert. „Mit der Intention I wird das Ergebnis der Handlung antizipiert. Man kann daher auch von einer finalen Handlungserklärung sprechen, da die Handlung vom zu erreichenden Ziel her erklärt wird. Die Beziehung zwischen Ziel und Handlung entspricht einer Zweck-Mittel-Relation: Man verwendet die Handlung H als Mittel, um damit das gewünschte Ziel zu erreichen. Jede technische Handlung steht unter dieser Zweck-Mittel-Relation: Werkzeuge und Maschinen dienen als technisches Mittel, um ein bestimmtes Produkt herzustellen."
- *Teleologische/finale Naturerklärung*: Hempel weist darauf hin, dass das Schema der Abb. 6.12c auch für eine teleologische (zielgerichtete) beziehungsweise finale (auf das Ende gerichtete) Naturerklärung gilt: „Man sagt, dass alles in der Natur zweckmäßig geschehe und jede organische Anlage der Tiere und Pflanzen einem bestimmten Zweck diene." Einer solchen teleologischen Naturerklärung liegt eine Modellübertragung (Abschn. 6.2.3.3) zugrunde: Aristoteles übertrug das Modell menschlichen Handelns auf die Natur. Ebenso wie der Mensch mit seinen Handlungen Absichten oder Ziele verwirklichen will, verfolgt auch die Natur mit ihren Vorgängen Ziele oder Zwecke. „Wenn im menschlichen Herstellen Finalität vorliegt, dann auch in (der Produktion) der Natur. Die Finalerklärung ist ein technisches Erklärungsmodell, das sich am Modell des Produktionsprozesses orientiert: Etwas wird produziert, um einen bestimmten Zweck oder eine Funktion zu erfüllen. Wendet man dieses Erklärungsschema auf die Biologie an, so wird die Natur als Handlungssubjekt interpretiert und allen Naturprozessen ein finaler Charakter unterstellt. Die finale Erklärung ist mit der Kausalerklärung daher nicht zu vereinbaren, weil das Ziel oder der Zweck kein physikalisches Ereignis ist, das kausal auf den Entstehungsprozess einwirken kann."
- *Teleonomische Naturerklärung*: Der Begriff wurde als Versuch einer quasi-kausalen Erklärung scheinbar zielgerichteter Prozesse von Pittendrigh (1958) geprägt. Rosenblueth et al. (1943) haben diese Überlegungen aber schon 1943 unter Benutzung kybernetischer Modelle (Regelkreisschemata) für Beschreibungen scheinbar zielgerichteten Verhaltens benutzt.

Beispiel: Grüne „Augentierchen" der Gattung *Euglena* schwimmen in einem Zuchtgefäß „zielgerichtet" der dem Licht zugewandten Seite entgegen, *„damit"* sie dort besser photosynthetisieren können. Diese Reaktion erfolgt ohne jede Zielintention, allein aufgrund des physikalischen und regeltechnischen (kybernetischen) Zusammenspiels von lichtrezeptiven Elementen und dem Geißelantrieb. Doch sieht es so aus, als schwämmen die Euglenen zielgerichtet dem Licht zu. Demnach beruhen teleonomische Prozesse „auf zyklischen Kausalketten, die als kybernetischer Regelkreis wirken". Eine „Finalursache" wird in diesem Modell als eine negative Rückkopplung („negative feed-back") interpretiert: "If a goal is to be attained, some signals from the goal are necessary at some time to direct the behaviour."

Zoglauer (1994) weist darauf hin, dass diese Erklärung zugleich „ein Beispiel für eine erfolgreiche Modellübertragung von der Technik auf die Biologie darstellt. Das Modell des kybernetischen Regelkreises wurde zuerst in der Technik entwickelt und später auf die Biologie übertragen. Hieraus entstand eine eigenständige Disziplin der Biologie, die Biokybernetik (Hassenstein 1967b; Hasselberg 1972)".

Das Wesentliche bei diesen Regelkreisbetrachtungen ist die Rückkopplung des zu regelnden Vorgangs auf den Regler. Wenn diese negativ ist, stabilisiert sie den Vorgang. Dadurch unterscheidet sich das „Regeln" vom „Steuern" (Abb. 6.13a). Kommen viele Regelkreise zusammen, kann das die Basis für einen Prozess abgeben, den wir als „Lernen" bezeichnen. „Denken" schließlich bedeutet, dass das lernende System nicht jeden Vorgang extern testen muss, sondern diese Test an internen Simulatoren als Erwägung verschiedener Möglichkeiten ausführen kann. Im Unterschied zum Steuermann muss dem Regler neben der eben genannten Rückkopplung auch ein Sollwert eingegeben werden. Damit ist der Regelkreis vollständig (Abb. 6.13b). Als Beispiel ist die Drehzahlregelung einer Dampfturbine aufskizziert (Abb. 6.13c).

- *Funktionserklärung*: Über den Funktionsbegriff informiert Abschn. 5.1.3. Funktionserklärungen stammen nach Zoglauer (1994) ebenfalls aus Modellübertragungen. „Ebenso, wie die Funktion eines Messers darin besteht, zu schneiden … spricht man in der Biologie davon, dass … die Funktion der Zähne darin besteht, Nahrung zu zerkleinern. Diese technische Betrachtungsweise ist sehr tief in unserer Sprache verankert. Der Begriff Organ stammt etymologisch vom griechischen Begriff „όργανον, Organon", was soviel heißt wie „Werkzeug". Organe werden als Werkzeuge betrachtet, die im Körper eine bestimmte Aufgabe zu erfüllen haben."

Eine Funktionalerklärung ist ein spezieller Fall einer teleologischen Zweckerklärung und hat nach Bieri (1987) die folgende Struktur: „Das System S hat die Eigenschaft F, damit es X tun kann." Vervollständigt wird diese Erklärung durch die biologische Tatsache, dass die Fähigkeit, X tun zu können, langfristig dazu beiträgt, dass S überlebt. Zoglauer: „Was ist bei dieser Erklärung das Explanandum? Soll damit etwa erklärt werden, warum das System F die Eigenschaft F hat? Die Kautätigkeit der Zähne kann auch nicht die Existenz der Zähne erklären. Genauso gut könne man ja auch fragen, weshalb der Mensch gerade zwei Beine hat und nicht vier. … Ein Blick auf die Technik zeigt uns, dass das Design einer Maschine nicht durch ihre Funktion determiniert ist. Eine Funktion kann durch verschiedene Formen des Designs gewährleistet werden. Die Form einer Maschine kann also nicht durch ihre Funktion erklärt werden."

Demnach ist der Erklärungswert biologischer Funktionalerklärungen eher gering (doch wird ihm ein wichtiger heuristischer Wert zugesprochen). Die Problematik im biologischen Bereich liegt in den äußerst komplexen Kausalketten, welche die Untersysteme (z. B. Organe) eines biologischen Systems (z. B. Körper) verbinden. Ein solches Untersystem erfüllt eben mehrere, oft sehr unterschiedliche

6.2 Zum Problem der Modellübertragung

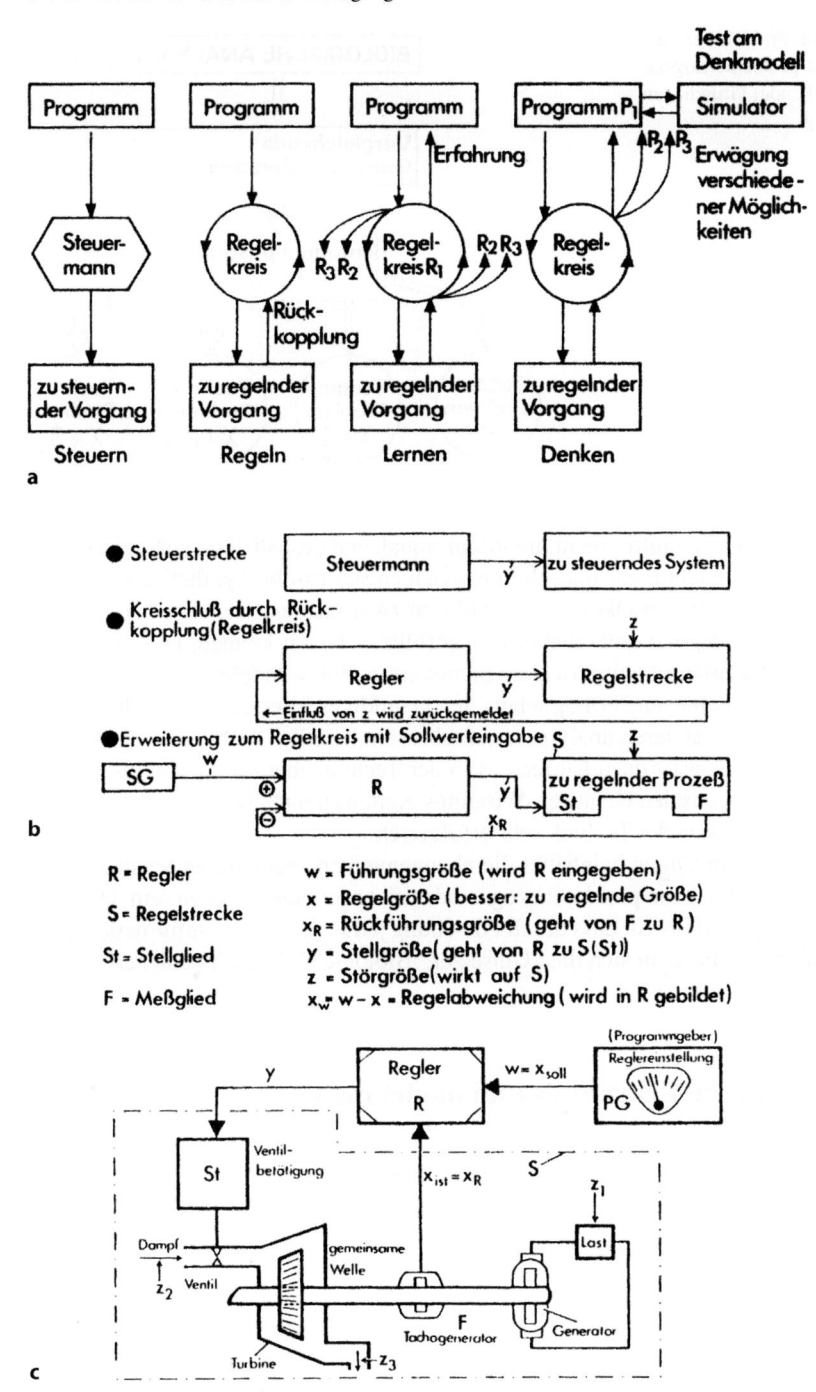

Abb. 6.13 Steuern, Regeln usw. **a** Kennzeichnung Steuern, Regeln, Lernen, Denken. **b** Entwicklung der Steuerstrecke zum Regler durch Rückmeldung und Sollwerteingabe. **c** Technisches Beispiel: Drehzahlregelung bei einer Dampfturbine (Nachtigall 1974)

Abb. 6.14 Problembezogene und nicht problembezogene (vergleichende) Grundlagenforschung

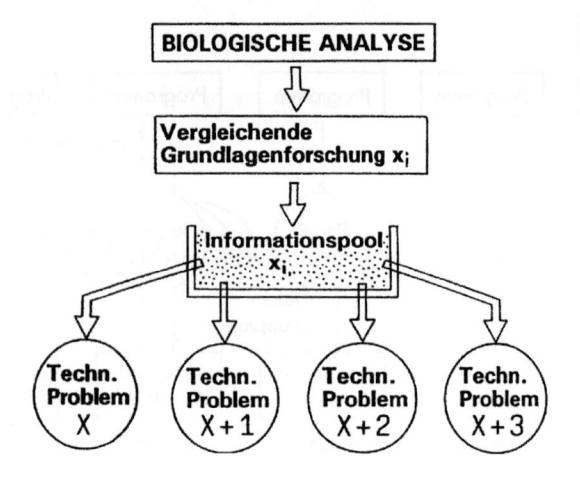

```
BIOLOGISCHE ANALYSE
        ⇩
Vergleichende
Grundlagenforschung xᵢ
        ⇩
   Informationspool
        xᵢ
   ↙   ↙   ↘   ↘
Techn.  Techn.  Techn.  Techn.
Problem Problem Problem Problem
  X     X+1     X+2     X+3
```

Aufgaben. Es ist multi-, nicht monofunktional, und deshalb lässt sich sein Beziehungsgefüge nicht mehr logisch-analytisch entschlüsseln. Synthetische Ansätze (vgl. Vester 1999 bei Ökosystemen) führen zwar insofern weiter, als sie das So-Sein solcher Systeme überhaupt erst aufblitzen lassen können, aber auch dies sind eher heuristisch ausgerichtete Sichtweisen, die, wenngleich sie eine gewisse Gesamtabschätzung ermöglichen, den geduldigen Versuchen, eine Querbeziehung nach der anderen analytisch aufzubröseln, letztlich nicht ersetzen können. Ganz im Gegensatz dazu hat man es in der Technik eher mit „leicht überschaubaren, monokausalen Ursachen-Wirkungs-Ketten zu tun". Deshalb sind Funktionalerklärungen in der Technik sehr erfolgreich.

Grundlagenforschung beinhaltet die ebengenannten „geduldigen Versuche" par excellence. Sie kann problembezogen oder nicht problembezogen sein. Das Wesentliche jedenfalls ist, dass durch Forschung jedweder Art der Informationspool gefüllt wird, aus dem sich die „Umsetzer" Biologie →Technik bedienen können (Abb. 6.14).

6.3 Biologische Erkenntnis und modellmäßige Abstraktion

In der Biologie sind die Substrate stets vorgegeben:

- *der* Oberschenkelknochen des Menschen,
- *die* Handschwingen der Taube und
- *das* Nervensystem der Fliege.

Diese Substrate muss man vorurteilsfrei nehmen wie sie sind, auch wenn sie – meist – außerordentlich kompliziert und daher schwer durchschaubar bleiben. Man darf sie nicht verändern, verfälschen oder vereinfachen. Man darf auch nicht unter vereinfachenden Annahmen Nachbildungen herstellen *und an diesen Nachbildungen Untersuchungen ausführen*. Wenn man das biologische Substrat verstehen will,

6.3 Biologische Erkenntnis und modellmäßige Abstraktion

muss man stets am Original selbst messen. Die Messergebnisse lassen sich dann aber modellmäßig abstrahieren und dadurch sozusagen auf ein allgemeineres Niveau heben, wie es für eine bionische Übertragung ja gefordert wird.

Unter dem Begriff „Modell" soll also folgendes verstanden werden:

> *Modelle sind vereinfachende Abstraktionen von biologischen Substraten, das heißt also von Strukturen oder Funktionen oder von den Verknüpfungen von Strukturen mit Funktionen.*

Da Modelle biologische Substrate nur widerspiegeln, also das dem Substrat Eigene oft mit völlig anderen Prinzipien rein *analog* nachbilden (Beispiel: ein System von Gleichungen anstelle wandernder Ionen: Ionentheorie der Erregung) nennt man sie in diesen Fällen auch *Analoga*.

Definition: *Ein Modell ist die analoge Abstraktion eines Originals.*

Die unterschiedlichen Modelltypen werden im Folgenden an einigen Stellen durch Beispiele näher erläutert. Zur Illustration des eben Gesagten ist die erste beschriebene Modellkategorie, das mechanische Modell eines mechanischen Originals, etwas ausführlicher geschildert.

6.3.1 Mechanische Modelle mechanischer Originale

Beispiel: Vorstreckmechanik des Karpfenmauls Als Grundler saugt der Karpfen Nahrungspartikel vom Boden der Teiche und Seen auf. Er vergrößert dazu den Mundraum unter anderem dadurch, dass er das Maul vorschiebt. Damit entsteht ein Unterdruck; die Nahrungsteilchen werden eingesaugt. Würde er daraufhin das Maul in gleicher Weise schließen, so entstünde im Mundraum ein Überdruck, und die Nahrung würde wieder ausgestrudelt. Beim Karpfen kann dies aber nicht eintreten, da er kurz vor der maximalen Öffnung des Mauls eine Art Visierklappe herabsenkt und den Hohlraum vorne abschließt (Alexander 1968). Das Maulvorstrecken, das heißt das Ausfahren einer Art „Tüte" und das anschließende Absenken der „Visierklappe" geschieht automatisch beim Öffnen des Mauls. Wie die Abb. 6.15 zeigt, sind

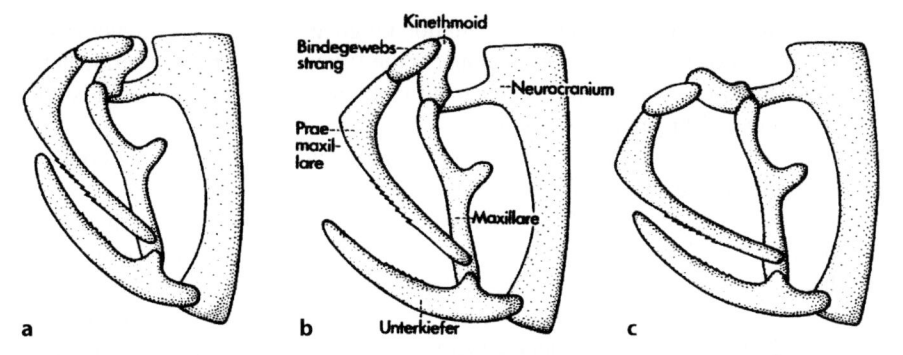

Abb. 6.15 Zur Mechanik des Karpfenmauls. **a** Geschlossen (Ruhestellung), **b** geöffnet, **c** nach vollständiger Öffnung wieder geschlossen

eine Reihe von beweglichen Knochen zu einer kinematische Kette verbunden. Die geschilderten Bewegungen entstehen zwangsläufig. Es handelt sich um „Zwangsführungen". Abbildung 6.15 gibt Auskunft über die beteiligten Knochen und ihre Lage in den verschiedenen Stadien des Maulöffnens. Sie ist nach einem Plexiglasmodell gezeichnet.

Die Bedeutung eines solchen Modells erkennt man durch folgende Überlegung: Das Konstruktionsprinzip der Vorstreckmechanik ist die „kinematische Kette". Dieser nicht von der Biologie, sondern von der Maschinentheorie entwickelte Begriff kennzeichnet systemhafte Verbindungen der einzelnen Teile eines Getriebemechanismus. Wenn man das Karpfenmaul verstanden haben will, muss man wissen, dass die beweglichen Knochen nach Art einer kinematischen Kette zusammengeschlossen sind. Weiterhin gilt es zu erkennen, welcher Art diese Koppelung ist.

Freilich ist das Konstruktionsprinzip der kinematischen Kette beim biologischen Objekt kaschiert. Es finden sich Strukturen, die für diese Untersuchung unwichtig sind (zum Beispiel die anschließenden Kiemenstrukturen). Weiterhin ist die Form der Einzelknochen zusätzlich noch von anderen Bedingungen bestimmt als nur von der Bedingung, dass das Maul vorstreckbar sein soll.

Zur Analyse wird die kinematische Kette, so gut es geht, am Original untersucht. Man baut sie dann mit angemessenen Bauteilen, zum Beispiel mit Plexiglasumrissteilen, in einer abstrahierten Form, zum Beispiel im Zweidimensionalen, nach.

Ist das kinematische Modell so gebaut, dass es „*im Prinzip*" (!) so funktioniert wie das Fischmaul selbst, so hat man sein am Original schwer zu erkennendes Konstruktionsprinzip richtig verstanden.

Sofern das kinematische Modell noch nicht so funktioniert wie das biologische Vorbild, lassen sich seine kinematischen Parameter (Lage der Drehachsen, Exkursionsmöglichkeiten, Abstände, Freiheitsgrade der Gelenke etc.) systematisch ändern, bis die Kinematik des Modells der des Originals näher gekommen ist.

Dann wird wieder mit dem Original verglichen, und im dauernden Vergleich Original-Modell (Analyse-Synthese, Induktion vom Original zum Modell, Deduktion vom Modell zum Original, Abschn. 4.6) tastet man sich an die wahren Verhältnisse heran.

Ein solches Modell besitzt entscheidende Vorteile:

1. Es ist die reine Darstellung einer Funktion möglich, losgelöst vom biologischen Substrat. Das biologische Original macht die Erkennung der einen betrachteten Funktion oft schwierig, weil es eben auf mehrere Funktionen abgestellt ist und nicht nur auf die jeweils betrachtete.
2. Die Konkretisierung einer Vorstellung ist möglich. Damit wird eine konkrete anstelle einer abstrakten Deduktionsbasis gewonnen.
3. Die systematische Veränderung der Konstruktion ist möglich. Dadurch gewinnt man viele Fälle – im Grenzfall alle –, aus denen sich das Konstruktionsprinzip herausschält und kann den vorliegenden biologischen Fall als Sonderfall in ein System einordnen: Die Erklärung des biologischen Falls ist möglich. (Es gibt eine Systematik ebener Gelenkkettenmechanismen, in der auch die dem Karpfenmaul zugrunde liegende kinematische Kette ihren Platz hat.)

4. Das Wissen der hier relevanten Grenzwissenschaft „Kinematik" ist übernehmbar. Es ermöglicht ganz allgemein die Darstellung des biologischen Phänomens als Teilaspekt einer allgemeineren Phänomenologie (hier: Lehre von den reinen Bewegungen). Man erhält einen Informationsgewinn durch die Querverbindungen, die man ziehen kann.
5. Mit der Abstraktion des Fischmaulvorstreckens (A) als kinematische Kette (B), die hier nur angesprochen, nicht aber detailliert formuliert wird, hat man nun auch die Basis gelegt für eine mögliche, dann jedenfalls adäquate Übertragung in die Technik (C). Die Vorgehensweise wurde schon mehrmals angesprochen und sei hier nicht weiterverfolgt.

Hier kommt also die Erklärung eines biologischen Phänomens rein von den Nachbarwissenschaften her (→ *Technische Biologie*). Das Modell spricht die Sprache der Nachbarwissenschaft und verbindet im vorliegenden Fall Biologie und Ingenieurwissenschaft. Es legt somit auch die Basis für eine Übertragung eines biologischen Systems in die Technik (→ *Bionik*).

Das Modell ist also ein Hilfsmittel, das der Forscher anwendet, um einerseits das Prinzipielle zu erkennen und andererseits, um es in die Technik zu übertragen. *Das Prinzipielle ist hier das Konstruktionsprinzip einer biologischen Struktur.*

Da ein mechanisches Prinzip durch ein mechanisches Modell dargestellt worden ist, besteht im Grunde nicht einmal eine Analogie. Beim nächsten Beispiel dagegen lässt sich von einer reinen Analogiebetrachtung sprechen. Bei diesem und den folgenden Beispielen wird das Herausarbeiten von Prinzipien zur technischen Übertragung nicht mehr dargestellt; es wird lediglich die Modellierung skizziert.

6.3.2 Mechanische Modelle nicht mechanischer Originale

Beispiel: Kennlinie Tunneldiode-Schnürring Die Tunneldiode, ein elektronisch-technisches Schaltelement und der Ranviersche Schnürring, ein biologisches Schaltelement der Nervenfaser, haben prinzipiell vergleichbare Charakteristiken (Müller-Mohnssen 1967). Als Charakteristik bezeichnet man hier die Strom-Spannungskennlinie (Abb. 6.16a). Sie ist N-förmig gebogen und hat einen zentralen abfallenden Ast „negativen Widerstands". Misst man die Spannung U, während der Strom I schrittweise erhöht wird (Messung mit eingeprägtem Strom), so ergibt sich folgendes Verhalten: Sobald der Strom den Wert I_1 erreicht hat, springt die Spannung vom Wert U_1 auf den Wert U'_1. Der dazwischen liegende Bereich negativen Widerstands ist nicht messbar. Erhöht man dagegen von Null ausgehend die Spannung U und misst dabei den jeweils sich einstellenden Strom I (Messung mit eingeprägter Spannung), so kann die ganze Kurve abgetastet werden. Der negative Widerstand ist messbar.

Dieses Verhalten lässt sich mechanisch simulieren (Abb. 6.16b). Mit dem in einer Hilfsschiene unter Federspannung gleitenden „Punkt" (einer mechanischen Rolle) wird eine Kurve abgetastet, die aus einem Metallband gefertigt wurde und geometrisch der Kennlinie entspricht. An ihrer Basis, im „Nullpunkt", ist sie in einem

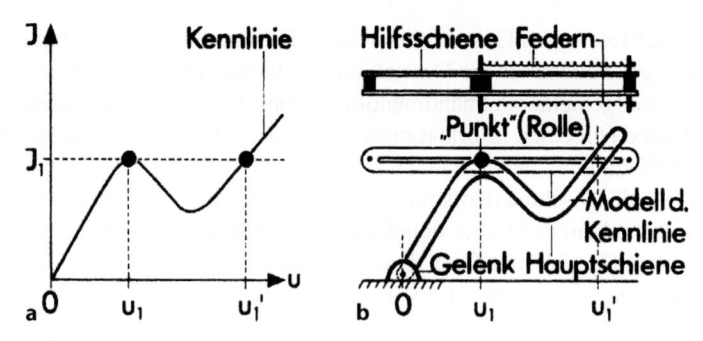

Abb. 6.16 Strom-Spannung-Kennlinie (**a**) einer Tunneldiode, prinzipiell geltend auch für den Ranvierschen Schnürring eines myelinisierten Nervs. **b** Mechanisches Analogon: Der „Punkt" gleitet unter Federzug in den Schlitzen zweier gegenüberliegender Hilfsschienen, die über dem Modell in der Draufsicht skizziert sind

Gelenk neigbar. Hält man die Hilfsschiene waagerecht und hebt sie abszissenparallel (Stromerhöhung; eingeprägter Strom), so springt der „Punkt" (die Rolle) von U_1 nach U_1'. Hält man die Hilfsschiene dagegen senkrecht und bewegt man sie vom Gelenk aus nach rechts, während der „Punkt" durch die Federspannung gegen die Oberseite des Modells gezogen wird (Spannungserhöhung; eingeprägte Spannung), so springt er nicht, sondern läuft kontinuierlich der Kurve entlang.

Bedeutung des Modells:

1. Die Mechanik zeigt, warum ein bestimmter Kurvenbereich bei einem eingeprägten Strom unmessbar, bei eingeprägter Spannung messbar ist. *Das Modell ist ein didaktisches Modell.*
2. Die Mechanik simuliert auf anschauliche Weise die unanschauliche Gesetzmäßigkeit der Zwangsführung des Punktes auf einer nichtlinearen Kennlinie. *Das Modell ist ein anschauliches Modell.*
3. Man kann Veränderungen im Modell setzen und nachsehen, wie sich dann der „Punkt" – der ein jeweils zugeordnetes Stromspannungswertepaar darstellt – bewegt. Durch Neigung der Hauptschiene im Gelenk lässt sich eine Neigung der Kennlinie und durch die Schrägstellung der Führung eine Veränderung der Neigung der Arbeitsgeraden für die Messanordnung simulieren. Durch Veränderung der Federspannung kann schließlich die Energie variieren, die in dem System steckt. *Das Modell ist ein heuristisches Modell.*

6.3.3 Elektrische Modelle elektrischer Originale

Beispiel: Ersatzschaltbild der Nervenmembran Zur Illustration wird nochmals auf Abb. 6.2 zurückgegangen.

Beim Herausschneiden einer Flächeneinheit aus einem Nervenstück (Abb. 6.2a) erhält man ein Stück einer Nervenmembran. Diese hat eine Innen- und eine Außenseite, also zwei Pole. Sie lässt sich deshalb durch das Ersatzschaltbild eines elektrischen Zweipols symbolisieren (Abb. 6.2b).

Die Nervenmembran befasst sich mit der Aufrechterhaltung und den Schaltungen elektrischer Spannungen. Sie muss deshalb Strukturen besitzen, die Spannungen liefern und die wie elektrische Schaltelemente wirken. Das sind vor allem Batterien, Kapazitäten und Widerstände (Abb. 6.2c).

Die Nervenmembran, die „Blackbox" des Zweipols, hat freilich keine technischen Kondensatoren, Widerstände und Batterien, sondern sie enthält biologische Strukturen, die *analog solchen technischen Elementen* wirken müssen. Es ist für eine funktionelle Betrachtung nicht unbedingt nötig zu wissen, wie diese Strukturen gebaut sind. Man muss nur annehmen, dass sie untereinander so verschaltet sind, dass eine bestimmte Spannung erzeugt und in der beobachtbaren Weise verändert werden kann. Diese beiden Forderungen lassen sich modellmäßig durch das bekannte „elektrische Ersatzschaltbild" (Abb. 6.2d) erfüllen.

Bedeutung des Modells:

1. Das Modell „elektrisch-elektrisch" hat die gleichen Vorteile wie das Modell „mechanisch-mechanisch" (s. Beispiel Karpfenmaul, Abschn. 6.3.1). Diese Vorteile bieten insbesondere die Möglichkeit der Prinzipdarstellung beziehungsweise der Funktionsabstraktion des Originals durch eine Überführung in die adäquate Nachbardisziplin. *Das Modell ist ein Prinzipmodell.*
2. Das Modell ist im Grunde nichts anderes als die kürzeste Beschreibung der Funktionszusammenhänge. Es erklärt das elektrische System „Nervenmembran", da es jede Art von Vorhersage über ihr Verhalten ermöglicht. *Das Modell ist ein Funktionsmodell.*

Die Verfeinerung eines zunächst übersimplifizierten Modells wird im nächsten Beispiel demonstriert.

6.3.4 Elektrische Modelle nicht elektrischer Originale

Beispiel: Wärmeaustausch beim Menschen Selbstredend ergibt sich hier ein analoges Modell. Die analogen Kenngrößen der Wärmelehre und der Elektrizitätslehre sind in Abb. 6.17 einander gegenübergestellt. Warmblütige Tiere halten ihre Körpertemperatur auch bei sehr unterschiedlich hohen Außentemperaturen in etwa konstant. Eine wichtige Größe dabei ist der Temperaturanstieg im Körper; er darf einen kritischen Wert nicht überschreiten. Für die Wärmelehre heißt das: Temperaturanstieg im Körper = (absorbierte Wärmemenge)/(Wärmekapazität des Körpers). Dafür gilt analog das elektrische Modell: Spannungsanstieg = (elektrische Ladungsmenge)/(Ladungskapazität). Somit ergeben sich schon in der Ausdrucksweise und weiter in der physikalischen Formulierung unmittelbare analoge Übereinstimmungen zwischen zwei scheinbar so unterschiedlichen Phänomenen wie Wärme- und Stromfluss.

Diese schlichten Verhältnisse benötigen zum Verständnis eigentlich kein elektrisches Analogon. Was aber geschieht, wenn sich die Außentemperatur plötzlich von

KENNGRÖSSEN			
WÄRMELEHRE		ELEKTRIZITÄTSLEHRE	
NAME	SYMBOL	NAME	SYMBOL
Wärmemenge	Q	Ladung (smenge)	Q
Wärmefluß	$\frac{dQ}{dt}$	Strom (fluß)	$J = \frac{dQ}{dt}$
Leitfähigkeit	K	Leitfähigkeit	R^{-1}
Wärmekapazität	C	(Ladungs-)Kapazität	C
Temperatur(differenz)	$(\Delta)T$	Spannung(sdifferenz)	$(\Delta)U = (\Delta)J \cdot R$
Temperaturanstieg	$\frac{Q}{C}$	Spannungsanstieg	$\frac{Q}{C}$

Abb. 6.17 Analogie von Kenngrößen der Wärmelehre zu Kenngrößen der Elektrizitätslehre

einem Wert 0 zu einem Wert 1 verändert? Geht die Innentemperatur ebenso plötzlich mit? Eine Betrachtung des Originals oder eines thermodynamisch-mechanischen Modells (Abb. 6.18) führt nicht sehr weit. Man kann im letzteren Fall höchstens sagen: Wenn man das Kaltluftgebläse einschaltet, so wird es einige Zeit brauchen, bis das Innenthermometer auf ein neues, konstantes Niveau gefallen ist. Der Kreislauf wird eine bestimmte Trägheit besitzen.

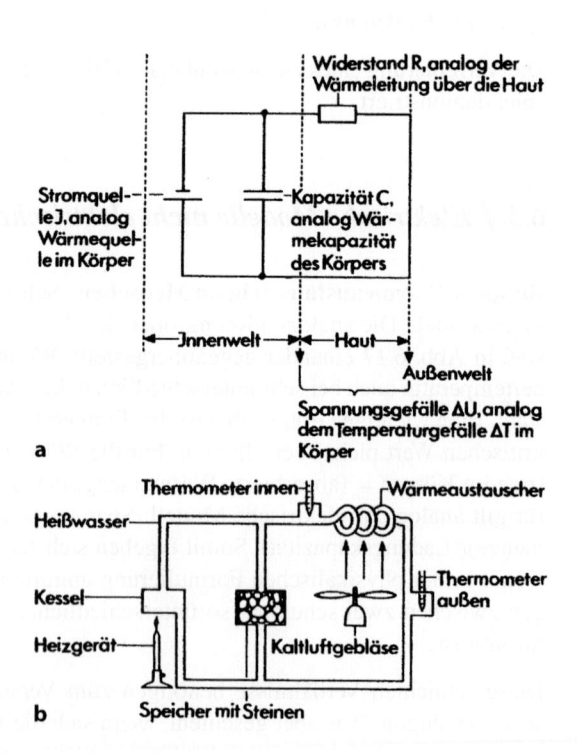

Abb. 6.18 Analoga für den Wärmeaustausch beim Körper des Menschen. **a** Einfachstmögliches Schaltungsanalogon. **b** Thermodynamisch-mechanisches Analogon

6.3 Biologische Erkenntnis und modellmäßige Abstraktion

Ganz anders beim elektrischen Modell (Beament 1960; Abb. 6.18). Hier kann man sofort die einschlägigen Gesetze der Elektrotechnik anwenden und findet: Wenn die Außenspannung U_A von U_{A0} auf U_{A1} fällt, so fällt auch die Innentemperatur U_I vom Anfangswert auf einen neuen Endwert, und zwar fällt $U_{I,\text{Anfang}}$ als Zeitfunktion exponentiell auf $U_{I,\text{Ende}}$ (Abb. 6.19a):

$$U_I = U_{A1} - (U_{A1} - U_{A0}) \times E^{-t/R \times C}$$

(Hier wird C über R entladen. Stiege U_A von U_{A0} auf U_{A1}, so würde sich der Kondensator C exponentiell über R aufladen; die Stromquellen wären nun „rechts" zu denken.)

Die wesentliche Kenngröße der Gleichung ist das im Exponenten stehende Produkt $R \times C$, die Zeitkonstante (Abb. 6.19b). Die Zeitkonstante hat die Dimension (Zeit), da (Widerstand) × (Kapazität) = (Zeit); (Ω) × (F) = (s).

Das Produkt $R \times C$ ist eine Konstante. Gleiche Einstellzeit kann also erreicht werden bei $R_{\text{klein}} \times C_{\text{groß}}$ oder $R_{\text{groß}} \times C_{\text{klein}}$, solange nur das Produkt aus beiden Größen konstant ist. Hätte man dieses Verhalten an einem mechanischen Modell oder gar am Original erkennen können?

Das elektrische Modell eines wärmetechnischen Vorgangs führt also unmittelbar auf einen wichtigen Begriff, der die Einstellvorgänge (Zeiten) adäquat beschreibt, die Zeitkonstante.

Man kann das Wärmesystem nun unter diesem wichtigen Gesichtspunkt weiterverfolgen. Dies wurde aber *vorher* nicht erkannt: Das Produkt aus R und C, im wärmetechnischen System aus Wärmeleitfähigkeit^{-1} und Wärmekapazität, bestimmt die Einstellgeschwindigkeit.

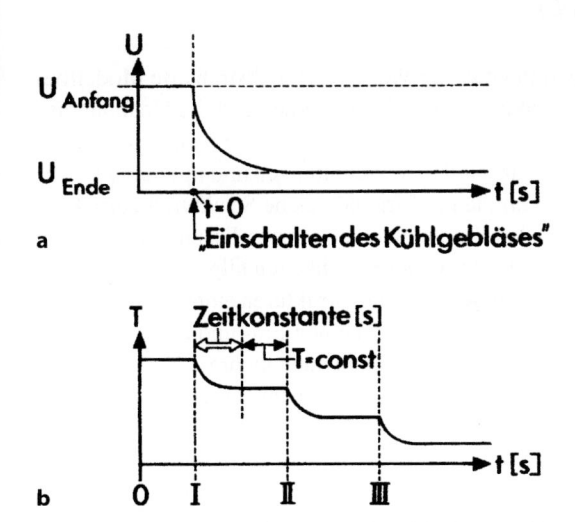

Abb. 6.19 Zeitfunktionen (exponentieller Abfall). **a** einer Spannung U, **b** einer Temperatur T mit drei stufenweisen Verringerungen. Die Darstellung bezieht sich auf Abb. 6.18

Bedeutung des Modells:

1. Das Modell stellt die ausgearbeiteten Rechenverfahren der Elektrizitätslehre zur Verfügung.
2. Das Modell weist auf sonst schlecht erkennbare, wichtige Phänomene hin (hier: Zeitkonstante).
3. Man kann am Modell messen, und diese Messungen lassen sich mit denen am Original vergleichen. Stellen die Messungen am Modell tatsächlich verifizierbare Vorhersagen der Messungen am Original dar, so beschreibt das Modell hinreichend die Funktionszusammenhänge des Originals: *Das Modell ist ein Funktionsmodell.*
4. Ist das nicht der Fall, so kann man im steten Vergleich Modell ↔ Original die Randbedingungen weiter verändern, und so kommt man auf neue Fragen, die man am Original abermals testen kann usw. *Das Modell ist ein heuristisches Modell.*

6.3.5 Chemische Modelle

Jede chemische Formel ist ein Modell, das die Wirklichkeit nur symbolisiert. Chemische Formeln kann man zu chemischen Gleichungen zusammenstellen. Auch diese sind Modelle der Wirklichkeit. Die Bedeutung der chemischen Formel als Deskriptionsmittel für chemische Reaktionen ist evident, wie ein Blick in jedes Lehrbuch zeigt.

6.3.6 Kybernetische Modelle

Kybernetische Betrachtungen sind in gewisser Weise immer abstrahierte Modellbetrachtungen. Das wesentliche Charakteristikum der Kybernetik ist die Unabhängigkeit ihrer Betrachtungen und Schlussfolgerungen von den vorliegenden Substraten.

Die Kybernetik beschäftigt sich nur mit den Verschaltungen und mit dem Zusammenwirken von Funktionen. Diese können auf irgendwelche Strukturen zurückgehen. Kybernetische Gesetze verbinden die unterschiedlichsten Disziplinen, dienen der Zusammenschau und ergeben Einsicht in Gesetzlichkeiten allgemeinerer Art.

Für den Kybernetiker sind die zugrunde liegenden Strukturen eines Systems prinzipiell „black boxes". Eine solche „black box" kann einen Ein- und einen Ausgang haben; sie ist dann ein Zweipol (Abb. 6.20a). Sie kann auch mehrere Ein- und Ausgänge haben, zum Beispiel ein Dreipol mit zwei Eingängen und einem Ausgang sein (Abb. 6.20b). Diese „black boxes" werden durch Wirkungspfeile zu einem kybernetischen System verbunden, das Ähnlichkeit mit einem Blockschaltbild hat. Abbildung 6.20c zeigt ein lineares Gefüge oder eine Kette, Abb. 6.20d ein Kreisgefüge oder eine Masche. Der Kybernetiker kann aus einer begrenzten Anzahl von Typen der „black boxes" und einer begrenzten Anzahl von Verknüpfungsmöglichkeiten jedes noch so komplizierte System in seinem Wirkgefüge modellmäßig abstrakt

Abb. 6.20 „Black boxes" mit Wirkungspfeilen. **a** Zweipol, **b** Dreipol, **c** Kette, **d** Masche, **e** und **f** nachrichtentechnisches Schaltelement „Und-Einheit"

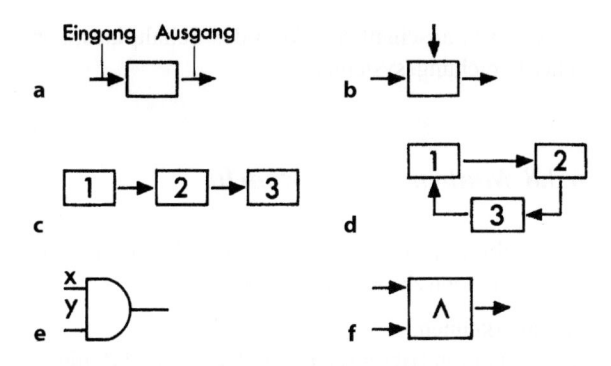

darstellen. Damit löst er es von seinem – oft hochspeziellen – Substrat und macht es mit anderen und andersartigen Systemen vergleichbar. Wenn das kybernetische Modell ein zugrunde liegendes System richtig erfasst hat, kann es dieses eindeutig beschreiben:

> Kybernetische Modelle sind reine, abstrakte Funktionsmodelle, welche die Wirkgefüge irgendwelcher Systeme substratunabhängig herauskristallisieren.

Die Bedeutung der Kybernetik oder Regelungstechnik für die Biologie ist beachtlich, wenngleich sie eine Zeit lang überschätzt worden ist. Wagner (1961), einer der Begründer der biologischen Kybernetik, sagte: „Wo die erste Rückkopplung und der erste Regelvorgang war, war das erste Leben." Einen breiteren Einsatz diskutiert zum Beispiel Ablay (2006); die Bedeutung einer kybernetisch orientierten Bionik für das Management stellt Malik (2000, 2006) heraus.

6.3.7 Nachrichtentechnische Modelle

Die Nachrichtentechnik befasst sich mit der Leitung von Signalen und damit letztlich von Informationen über Leitungsstrecken der Technik und der Organismen (Nerven). Nachrichtentechnische Modelle sind Schaltkreise, die den *schaltungstechnischen Aspekt der Informationsleitung* bildlich fixieren, damit die oft komplexen Zusammenhänge überblickbar, nachvollziehbar und verständlich werden. Dieses Darstellungsverfahren hat sich in der biologischen Forschung als sehr brauchbar erwiesen, wenn man sich damit an ein Verständnis von Nervennetzen herantasten kann. Bei nicht zu großer Komplexität des Modells kann man sein Verhalten logisch vorhersagen, da die Einzelelemente nur logisch eindeutige Operationen ausführen dürfen. Beispielsweise wird für die Operation

> „Signal x durchlassen, wenn gleichzeitig ein Signal y ankommt, wenn nicht, sperren!"

als Schaltelement eine „Und-Einheit" verwendet. Ihr Schaltsymbol ist in Abb. 6.20e,f angegeben.

In seiner logischen Struktur ist das nachrichtentechnische Modell mit dem mathematischen verwandt. Nur bringt letzteres die logischen Zusammenhänge nicht in die grafisch anschauliche Form des Schaltplans, sondern in die Form mathematischer Gleichungssysteme.

6.3.8 Mathematische Modelle

Man geht von einem biologischen Substrat aus und versucht, das Wesen der zu analysierenden Zusammenhänge

1. zu erkennen,
2. zu fixieren (Beschreibung in Worten und Zahlen) und
3. in eine mathematische Gleichung oder in ein System von Gleichungen umzuformulieren.

Das dritte Verfahren mag dem zweiten erkenntnistheoretisch gleichwertig sein; trotzdem hat es entscheidende Vorteile:

1. Die Ergebnisse stehen in der prägnantesten und kürzestmöglichen Form.
2. Sie sind leicht zu erkennen beziehungsweise zu rekonstruieren.
3. Sie sind in der mathematischen Form „angemessen programmiert" für eine Weiterverarbeitung beziehungsweise Neuverknüpfung mit anderen, gleichartig formulierten Ergebnissen.
4. Aus der Gleichung lässt sich fast jeder gewünschte Zustand oder Punkt berechnen, während sie selbst meist nur aus der Bestimmung relativ weniger Messwerte resultiert.

Das mathematische Modell bietet den Vorteil, dass man, statt zu experimentieren, das reich verzweigte Gebäude der mathematischen Behandlung anwenden kann. *Dieses Modell ist das allgemeinste und formalste.*

Ist die Annäherung vollkommen, so herrscht Übereinstimmung. Das Modell ist dann identisch mit der exakten Beschreibung der Funktionszusammenhänge. Für jeden vorgebbaren Zustand gibt es vollkommen eindeutige Auskunft über das Verhalten des Originals.

Ein derartiges Verfahren setzt voraus, dass das Wirkgefüge des Originals *vollständig* analysiert und verstanden ist und als mathematische Formulierung einer Theorie vorliegt. Damit wäre nichts anderes als das *Endziel einer jeden Forschung* erreicht: *Das vollkommene mathematische Modell ist die praktikable Kurzfassung der vollkommenen Kenntnis von einem System.*

Es ist in der Biologie kein Fall bekannt, mit dem man auch nur annähernd so weit gekommen wäre. In der Technik gibt es viele Näherungsfälle. Annäherungen mit 5 % durchschnittlicher Abweichung sind nicht selten, mit 1 % in manchen Disziplinen möglich. Nahezu vollkommene Kenntnis hat man beispielsweise bei manchen Problemen der Strömungsmechanik.

Des Weiteren kann bereits für denjenigen, der Phänomene sammelt und deskribiert (Frühstadium einer jeden naturwissenschaftlichen Bearbeitung), das mathematische Modell die kürzeste, allgemeinste Beschreibungsform für *alle* seine Beobachtungen darstellen. Es gibt ihm Ideen und zeigt auf, wo es sich lohnt, nach weiteren gemeinsamen struktur-funktionellen Merkmalen zu suchen: *Das mathematische Modell beinhaltet auch ein wertvolles heuristisches Prinzip.* Darin liegt in vielen Fällen eine ganz wesentliche Bedeutung dieser Formulierungsart.

6.3.9 *Denkmodelle*

Man kann Modelle in unterschiedlicher Weise formulieren, manche auch in Hardware bauen. Man kann sich Modelle auch *denken*.
Kybernetisch betrachtet ist der Denkvorgang ja tatsächlich nichts anderes als die Unterhaltung mit einem gedachten Modell an Stelle einer Unterhaltung mit der Außenwelt selbst. Schließlich ist jede übergeordnete Gesetzlichkeit, die man sich als Deduktionsbasis aufstellt, um ein neues Phänomen einzureihen, tatsächlich ja ein Denkmodell: *Jede Hypothese ist ein Denkmodell.*

6.4 Schlussfolgerungen zur modellmäßigen Abstraktion

Aus den Darstellungen zu diesem Abschnitt ist zweierlei zu ersehen.
Einerseits ist modelltheoretisches Betrachten als Forschungsmittel unentbehrlich. Man muss nur jedes Modell immer wieder am Original prüfen und verfeinern. Sobald es identisch mit dem Original geworden sein sollte, stellte es nichts anderes als eine Erklärung für dessen So-Sein dar.
Andererseits ist das Modell in seiner allgemeineren Form substratunabhängig. Damit ist es sowohl auf ein biologisches Substrat als auch auf ein technisches Substrat anwendbar.
Damit erfüllt Modellbildung den Übertragungsgrundsatz der Bionik, biologisches nicht technisch „nachzuahmen", sondern seine analogen Prinzipien herauszuarbeiten und diese als Anregungen für adäquates Gestalten lege artis der jeweiligen Ingenieurwissenschaft zu nehmen.
Um auf das Eingangsbeispiel mit dem Seeigel zurückzukommen: Das Modell stellt die ideale Schnittmenge (B oder 2) dar, welche die biologische Eingangsstrecke (A oder 1) mit der technischen Ausgangsstrecke (C oder 3) verbindet.
Für die Praxis bionischen Arbeitens ist denn auch eine „intermediäre Modellierung" vielfach unverzichtbar.

C
Umsetzung in die Technik: Konzeptuelles, Prinzipienvergleich, Vorgehensweise

Nachdem mithilfe der Technischen Biologie Naturvorbilder – bereits unter dem Blickwinkel späterer Umsetzung – erforscht (Teil A) und in ihren allgemeinen Prinzipien übertragungsgerecht abstrahiert worden sind (Teil B), müssen bis zur erfolgreichen Umsetzung in ein analoges technisches Produkt angemessene Wege beschritten werden. Diese sind nicht notwendigerweise linear zu verfolgen. Vielmehr gilt es, mehrere Aspekte zu beleuchten, die sich berühren und verzahnen, und von denen einige – insbesondere zu Beginn der Umsetzungskette – durchaus parallel verlaufen können.

So ist sicher erst einmal „vom Naturbegriff her" Klarheit zu schaffen, welche kennzeichnenden Sichtweisen, die der Natur eine Vorbildfunktion zu- oder beiordnen, für die Umsetzung bedeutsam, weniger bedeutsam oder womöglich belanglos sind. Welche Rolle spielen beispielsweise die Begriffe „Optimierung" und „Ästhetik"?

In gleicher Weise wichtig erscheint die Sichtweise „vom Bionikbegriff bzw. Technikbegriff her". Wie startet die Bionik als techniknahe Wissenschaft überhaupt einen Übertragungsprozess, wie führt sie ihn durch?

Schließlich sind die pragmatischen Vorgehensweisen zu diskutieren, über welche die Umsetzungskette letztlich zu realen Produkten führen kann.

Diese drei Aspekte sind Inhalt des dritten Teils C.

7
Bionik als naturbasierter Ansatz

„Von der Natur lernen" – das setzt „Naturverstehen" voraus. Dies wiederum setzt voraus, dass klargestellt ist, was unter dem Begriff „Natur" gesehen werden kann. Der Naturbegriff ist, abhängig von der Sichtweise und von der Betrachtungszeit, sehr unterschiedlich interpretiert worden. Hier wird er, durch die Kriterien einer angestrebten Projektion auf die Technik, eingeengt, als Vorbild und als Abbild verstanden.

Naturnachahmung kann aber nicht in der Vielfalt der Sichtweisen zugelassen werden, die in den Begriffen „Nachahmung" oder „Mimese" enthalten sind. Auch hier sind Einengungen nötig, wenn man „Nachdeutungstypen" zulassen will. Philosophisches und pragmatisches Vorgehen sind aber nicht unkompatibel, wenngleich Festlegungen nötig sind, etwa zu den Fragen, ob man Organismen als Maschinen betrachten kann oder ob „Effizienz" und „Optimierung" Kenngrößen sind, die in der Biologie und in der bionischen Übertragungskette einen gleichartigen Erklärungswert aufweisen.

7.1 Zum Naturbegriff – Antithese zur Technik oder grundsätzliche Identität?

In Bionikdefinitionen findet sich im- oder explizit der Begriff „Natur": „Lernen von der Natur...". Was aber ist, was beinhaltet Natur?

7.1.1 Lernen von der Natur

Im SFB 230 „Natürliche Konstruktionen" der DFG, der sein Zentrum im Frei Ottos Stuttgarter Institut für leichte Flächentragwerke hatte, wurde mit den kooperativen Partnern Saarbrücken und Tübingen fachübergreifend heftig um den Naturbegriff gerungen, war eine Klärung doch Voraussetzung für eine Definition dessen, was man unter „natürlichen" Konstruktionen letztlich zu verstehen hatte. In die Diskussion wurden neben den Naturwissenschaften die Kulturphilosophie und die angewandten Kulturwissenschaften einbezogen. Letztendlich ist es zu keiner einheitlichen und allgemein akzeptierten Definition gekommen. Dies war aber für das pragmatische Vorgehen kein Hindernis, blieb letztlich doch nichts anderes übrig, als „Natur" als Summe aller existierenden und damit dem Erkennen und Behandeln zugänglicher Entitäten unserer Umwelt zu sehen, die nicht vom Menschen geschaffen worden sind, also auf die aristotelische φύσις zu rekurrieren.

Damit war auch Technik als die Differenz zwischen der Gesamtumwelt und den Entitäten der Natur definiert, also als die Summe dessen, was vom Menschen geschaffen worden ist und im technischen Handeln jederzeit wieder erreicht werden kann. Letztlich wiederum eine aristotelische Sichtweise, nämlich die der τέχνη.

Schmidt (2002a,b) weist freilich darauf hin, dass die Technik doch gerade dann erfolgreich war, wenn sie sich von der gegebenen Natur abgelöst hat (vgl. z. B. das Rad, das Auto, den Atomreaktor). Mit dem Beginn der modernen Naturwissenschaften im 16. und 17. Jahrhundert veränderte sich das Naturverständnis nachhaltig. Die reichhaltige aristotelische Natur „mit ihren materiellen, formhaften, zweck- und wirkungskausalen Aspekten wurde entkleidet und reduziert".

Der zitierte Autor findet es bemerkenswert, dass moderne Bionik als Mittlerin zur Technik wieder auf die derartig „entkleidete" Natur zurückgreift, sei die Natur doch reduziert auf das „naturgesetzlich Mögliche" und Technik, die den gleichen Gesetzlichkeiten unterworfen ist, sei letztlich ja auch nichts anderes als „naturgesetzlich Mögliches". Weshalb dann ein Rückgriff auf Identisches?

Die Lösung scheint in der schlichten Tatsache zu liegen, dass Natur – wenngleich den nämlichen Gesetzlichkeiten unterworfen wie die Technik – diese basalen Gesetzlichkeiten eben nicht in technisch-typischer Weise kombiniert. Damit beinhaltet der Naturvergleich nicht ein Rückgriff auf Identisches. Zum einen nutzt die Natur die Gesetzlichkeiten in sehr *deutlich unterschiedlichen*, zum anderen in sehr *deutlich vielfältigeren* Konstellationen als die Technik.

In meinem Buch *Ökophysik* (Nachtigall 2006a) habe ich das so ausgedrückt: *„Physik bestimmt [auch] das Leben. Aber das Leben bestimmt, wie es sich durch Physik bestimmen lässt!"*

Zum dritten sind die diesen Gesetzlichkeiten unterworfenen „natürlichen Konstruktionen" aufgrund der langen evolutiven Entwicklung nicht selten deutlich ausgereifter, zum Beispiel energetisch effizienter, als analoge Systeme der heutigen Technik.

Aus diesen drei Gründen ist es sinnvoll, sich aus der Natur Anregungen für eine weiterführende Technik zu holen.

Es ist auch nicht nötig, zwischen *allgemeinen* und *speziellen* Gesetzmäßigkeiten der Natur zu unterscheiden und der Bionik „Nachahmungstypen, die sich an speziellere Gesetzlichkeiten der Natur anlehnen" zu konzedieren (Schmidt 2002b). Was unter „speziellen Gesetzmäßigkeiten" zu verstehen ist, kann nur eine bestimmte Kombination aus den allumfassenden allgemeinen Gesetzmäßigkeiten meinen; der Sonderfall beinhaltet dann keine andersartige Qualität.

Zu den genannten drei Aspekten drei Beispiele aus dem Bereich natürlicher und technischer Faserstrukturen.

7.1.2 Beispiele

Zum Ersten: Die chemische Technik produziert reißsichere Kunststofffäden, etwa Basis für entsprechende Seile, in einer energetisch aufwendigen Prozesskette, in der Fraktionen mit hohen Drücken, hohen Temperaturen und chemisch aufwendigen Lösungsmitteln arbeiten. Spinnen können Fäden mit deutlich besseren Materialkenngrößen produzieren, und zwar bei Umgebungsdruck und Umgebungstemperatur und ohne voluminöse Lösungszwischenstufen. Mit Recht wird deshalb die Produktion von Spinnenfäden weltweit im Hinblick auf eine technisch adäquate Umsetzung der zugrunde liegenden, hochinteressanten biologischen Bildungsprinzipien untersucht. Wenngleich die basalen Naturgesetzlichkeiten gleichartig sind, so ist die Art, wie diese Gesetzlichkeiten zur Produktion von Spinnenfäden zusammenspielen, doch anders, unterschiedlich von der Art her, wie sie bei der Produktion von technischen Kunststofffäden zusammenspielen.

Zum Zweiten: Es gibt zurzeit noch nicht ein Dutzend vielgenutzter fädiger Kunststoffe (von funktionell weniger relevanten Modifikationen abgesehen), dagegen sind derzeit bereits etwa 50 funktionell teils sehr unterschiedlichen Typen von Spinnenfäden bekannt, und in der Klasse der Spinnentiere gibt es sicher zumindest 1000, die der Entdeckung und Aufschlüsselung noch harren. Die Natur bietet also eine vergleichsweise äußert große Vielfalt, deren Aufschlüsselung im Hinblick auf technische Anregungen sich lohnt.

Zum Dritten: Entsprechend der ökologisch sehr differenzierten Lebensweise von spinnfädenproduzierenden Tieren und der Besiedelung auch extremer Lebensräume, gekoppelt mit der Ausbildung extremer Verhaltensweisen, sind auch die Anforderungen an das Spinnfadenmaterial sehr hochgezüchtet. Die über mindestens 400 Mio. Jahre verlaufende Evolution hat zu einer Kombination von Materialkenngrößen geführt (z. B. spezifische Reißfestigkeit gekoppelt mit extremer Dehnbarkeit), wie sie die Technik (noch) nicht kennt. Auch aus diesem Grund lohnt sich ein Grundlagenstudium unter dem Aspekt technischer Umsetzbarkeit.

Besagt also die Wahl von Naturvorbildern keineswegs einen Rückgriff auf Identisches, so spricht auch nichts dagegen, sich wieder auf den aristotelischen Anregungscharakter der Natur zu besinnen, der durch die moderne Naturforschung und die Erkenntnis allgemeingültiger Naturgesetze eher kaschiert denn außer Kraft gesetzt worden ist und Zweckmäßigkeitskriterien als temporäres Hilfsmittel für ein Sich-Vorantasten zuzulassen: *Naturbetrachtung als heuristisches Prinzip* kann, muss aber nicht an der Basis stehen.

Als Grundlage für bionisches Handeln ist die Natur also als Vorbild wohl geeignet. Dabei ist eine pragmatische Vorgehensweise ausreichend.

Der Bioniker schränkt die zu studierenden, in ihren Prinzipien zu abstrahierenden und in angemessener Weise als Ideengeber für die Technik zu nutzenden Entitäten der Natur per Definition auf *belebte Systeme* ein, wählt und nutzt also im allgemeinen bestimmte Tiere oder Pflanzen oder Teile dieser als Studienobjekte und Vorbilder.

7.2 Zur wissenschaftsphilosophischen These von der Naturnachahmung durch Bionik

Oben wurde anhand von Besprechungen zur Bionik ausgeführt, dass es dieser Wissenschaftsdisziplin nicht um „Naturnachahmung" geht, sondern um Abstraktion von Prinzipien aus der Natur. Diese Abstraktionen leisten *Technische Biologie* und *Bionik* in ihrer Überschneidungsregion. Insofern kann auch der Begriff Biomimese („biomimesis") nicht gutgeheißen werden: „μίμησις" bedeutet „Nachahmung". Freilich wird dies von manchen Bionikern nicht so eng gesehen. Man könnte ja auch den im angelsächsischen Bereich gut eingeführten Begriff der Biomimese deshalb akzeptieren, weil dieser ja nolens volens *analoge Nachahmung* meint. Die „Nachahmung" respektive Nachbildung eines Schaltschemas aus der Biologie, zum Beispiel desjenigen der „lateralen Inhibition" mit technischen Schaltelementen, die den natürlichen analog sind (die Hebb-Synapse und ein technisches „Und"-Glied sind beispielsweise streng analog) sei *ja nun allemal* Bionik im Sinne der Definition (Barthlott, persönliche Mitteilung). Ich bin davon aber nicht so recht überzeugt.

Die Kultur- und Wissenschaftstheorie sieht diese Gegenüberstellung differenzierter. Zwei Bücher aus neuerer Zeit behandeln diesen Problemkreis vergleichend: Janich u. Weingarten (1999) sowie Krohs u. Toepfer (2005). Schmidt (2005) spricht mit Latour (1987) sowie Haraway (1995) von „biotechnosciences": Die Biologie beginnt, sich uneingeschränkt der Technik zu öffnen. Und Schmidt sieht für die Bionik einen – zweifellos berechtigten – „Bedarf an wissenschaftsphilosophischen und konzeptuellen Klärungsanstrengungen". Es folgt dann eine auffallend häufige Benutzung des Begriffs „Vorbild", als Wort oder umschrieben, das die Natur für die Technik darstelle.

Gut, vom „Vorbild Natur" habe ich selbst (Nachtigall 1993) in Kurzfassung berichtet, doch sollte eine solche Formulierung für eine Buch- oder Kapitelüberschrift als Schlagwort gesehen werden. Immer nach Gebrauch dieses Slogans habe ich freilich auch präzisiert, was damit methodisch gemeint ist. „Neurale Hirnprozesse als Blaupause für Computerarchitektur?" Ich habe stets darauf hingewiesen, dass die Natur eben *keine Blaupausen für die Technik* liefern kann. Was aber sind dann die erkenntnistheoretisch formulierbaren Randbedingungen, die aus philosophischer Sicht Bionik als Wissenschaft kennzeichnen?

7.2.1 Typisierung der Bionik

Schmidt (2005) versucht zunächst, die Bionik zu typisieren: „Eine erste heuristische Klassifikation der Bionik nimmt Bezug auf ein statisches, ein kinematisches sowie ein dynamisch-evolutionäres Naturbild":

- Konstruktionsbionik: „Teildisziplinen, welche eine natürliche *statische* zeitinvariante Naturkonstruktion als Vorbild für die Technik nehmen. ... Das Endprodukt in der Natur dient als Vorbild" (Beispiel: Spinnennetz als Leichtbaukonstruktion).

- Verfahrens- und Funktionsbionik: „Kinematische [?] Prinzipien stehen im Vordergrund, also Verfahren und Methoden" (Beispiel: artifizielle Photosynthese).
- Prozess- und Informationsbionik: „Zeitlich-dynamische Prozesse der Evolution ... der Informationserzeugung stehen im Mittelpunkt" (Beispiel: biologische Optimierungsprozesse).

Diese Typisierung nimmt zwar Bezug auf meine Einteilung aus dem Jahr 1997 als Basis für eine nachfolgende Wertung, unterlegt ihr aber andere Rand- beziehungsweise Geltungsbedingungen, sodass die Bezugnahme problematisch wird und zumindest teilweise ins Leere geht.

So befasst sich die zitierte *Konstruktionsbionik* zwar *auch* mit „statischen Naturkonstruktionen" (Beispiel: eine Schalenkonstruktion), genauso aber auch mit kinematischen (Beispiel: ein Öffnungsmechanismus) und dynamischen (Beispiel: eine Form geringen Strömungswiderstands).

Verfahrensbionik befasst sich *nicht* mit kinematischen Prinzipien, sondern mit Verfahrensvorgängen, zum Beispiel der genannten biogenen Wasserstoffsynthese durch artifizielle Photosynthese. Topoi der Konstruktionsbionik sind freilich deshalb „statisch", weil sie sich auf einen Querschnitt durch das Stammbaumsystem biologischer Entwicklungen beziehen, der zur Jetztzeit gelegt worden ist. Sie betrachten nicht, wie sich die in diesem *Transsekt* zutage getretenen Konstruktionen und Verfahren entwickelt haben und wie sie sich weiter entwickeln werden, haben also keine „zeitlich-dynamische" Komponenten.

Die Begriffe „Kinematik" und „Dynamik" sind physikalisch festgelegt und dürfen in einer naturwissenschaftlichen Abhandlung (und dann wohl auch in einer naturphilosophischen, die Naturwissenschaftliches diskutiert) nicht umdefiniert werden, auch nicht umgangssprachlich.

Weiterhin ist der Begriff *Funktionsbionik* für eine Gliederungskennzeichnung ungeeignet, da er für alles gilt, für Konstruktionen wie für Verfahren und Entwicklungsprinzipien. Ich habe ihn in dem zitierten Buch zwar implizit verwendet und gegen das reine Formvorbild abgegrenzt. Doch war das mit einem Buch mit dem Untertitel *Bionik-Design für funktionelles Gestalten* zum Herausarbeiten und Überlegen geschehen, dass man im Design nicht von einer bionischen Verfahrensweise sprechen kann, wenn man einem Gegenstand allein die *Form* eines Naturvorbilds gibt: France Telekom hat einem Telefon die Form einer verfremdeten Nautilusschale gegeben, dem Inhalt nach ist es aber ein ganz normales Telefon. Das wäre dann also keine bionische Umsetzung. Es muss schon ein funktioneller Aspekt erkennbar sein, zum Beispiel eine druckstabile Gebäudehülle analog einer druckstabilen Nautilusschale konstruiert werden.

Schließlich sind auch die Begriffe *Prozessbionik* und *Informationsbionik* zur Kennzeichnung des drittgenannten Naturbilds nicht eindeutig geeignet. Prozesse *sind* Verfahren (zum Beispiel die genannte Wasserstoffproduktion), und „Informationen" beinhalten nur einen Teilaspekt dessen, was mit diesem Einteilungspunkt offensichtlich gemeint ist, nämlich Entwicklungsprinzipien oder Evolutionsmechanismen (zum Beispiel Übernahme von Evolutionsprinzipien in das Konzept einer Evolutionsstrategie als technisch nutzbares Werkzeug).

Die von dem genannten Autor verwendete Klassifizierung beziehungsweise Typisierung deckt sich also nicht oder doch nicht ausreichend mit den in der Bionik festgelegten und von der Bionikgemeinde voll akzeptierten Begriffen, die sich mit dem bionischen Übertragen von Konstruktions-, Verfahrens- und Evolutionsprinzipien der belebten Welt befassen. Eine „Umklassifizierung" kann nicht im Interesse einer einheitlich-definitorischen Klarstellung des hier besprochenen Gegenstands sein.

7.2.2 Zur Nachahmungsthese der Bionik, Nachahmungstypen

Schmidt (2005) diskutiert des Weiteren aus kultur- beziehungsweise wissenschaftstheoretischer Sicht „Nachahmungstypen" und hält die „Nachahmungsthese der Bionik, die These also, dass bionische Technik die Natur nachahmen könne und solle" für besonders interessant.

Eine Wertung dieser These muss klarstellen, ob damit eine „Nachahmung im Sinne direkten Kopierens" gemeint ist, der sich die Bionik ja gerade *nicht* verschreibt (wodurch sich eine weitere Betrachtung dieser These im vorliegenden Zusammenhang erübrigte), oder eine „analoge Nachahmung", die man nach dem oben gesagten als Arbeitsbegriff stehen lassen kann, wenngleich die Rede von einer Abstraktion biologischer Prinzipien und ihrer analogen Übertragung in die Technik besser wäre.

Immerhin wird gelegentlich auch von Bionikern davon ausgegangen, dass Bionik „eine Wissenschaft zur Planung der Konstruktion von technischen Systemen [ist], deren Funktionen solche der biologischen Systeme *nachahmen*" (Zerbst 1987).

Zum Begriff „Nachahmung" führt der eben genannte Autor aus: Was unter „Nachahmung" in die Geschichte von Kultur und Philosophie subsumiert wurde, ist vielschichtig und heterogen. Zur Exemplifikation obiger Klassifikation (gemeint ist die Zerbstsche Formulierung, d. Verf.) liefern kulturphilosophische Reflexionen Hinweise, dass Technik eine Nachahmung von Natur sei, eine These, die, von Vorformulierungen bei Platon abgesehen, auf Aristoteles zurückgeht. „Überhaupt vollendet die Technik teils das, was die Natur nicht erreicht, teils ahmt sie sie nach." Nachahmung bedeutet bei Aristoteles jedoch nicht ein Nachmachen, eine Reproduktion von Natur. Technik gilt für Aristoteles als Nachahmung, insofern Handwerker und Techniker *so* verfahren *wie* Natur, nämlich zweckmäßig. Die *Mimesis*, die Nachahmung, setzt ein Verständnis von Natur voraus, in dem Zwecke und Ziele eine zentrale Rolle spielen.

1. *Handlungsnachahmungsthese*: In Weiterführung des letztgenannten Zitats wird ausgeführt: „Natur und technisches Handeln ... ähneln einander, weil beide zweckorientiert verfasst sind: Insofern liegt eine Analogie auf der Ebene der Handlungen vor."
2. *Konstruktionsnachahmungsthese*: „Technik ahmt Natur nach, insofern als Technik die von der Natur entwickelten Konstruktionen beziehungsweise die dort eingeschriebenen konstruktiven Verfahren nachbildet, nachmacht, kopiert" (z. B.

7.2 Zur wissenschaftsphilosophischen These von der Naturnachahmung durch Bionik

da Vincis detailliert phänotypisch übernommene aber prompt nicht funktionsfähigen Flugmaschinen).

3. *Vernunftnachahmungsthese*: „Natur ist Ausdruck und Medium der Vernunft. Je vollkommener die technische Nachahmung der Natur gelingt, desto mehr göttliche Vernunft wird in der Technik offenbar" (vgl. Sulzer 1750).
4. *Organnachahmungsthese*: „Technik ist eine Form der Organprojektion.... Der Mensch projiziert das, was er in sich vorfindet ... nach außen. Er wendet sein Inneres in Äußeres, in Technik" (z. B. ist die Axt eine Erweiterung des natürlichen Arms; Kapp 1877).
5. *Verfahrensnachahmungsthese*: „Eine Disziplin, welche Prinzipien, Verfahren, Methoden und Realisierungen der gegebenen Natur als Vorbild für Technikentwicklungen herauszieht." (Zum Beispiel ist das Prinzip der Selbstreinigung des Lotusblatts für die Formierung einer bei Regen sich selbst reinigende Fassadenfarbe übernommen worden.)

Gespiegelt an der bionisch relevanten Form der Nachahmung (Prinzipübernahme; „Nachahmung I") und der bionisch nichtrelevanten (Direktkopie; Nachahmung II) könnte man sagen:

Von den hier aufgelisteten „Nachahmungstypen"

- sind die Thesen 3 und 4 philosophiehistorisch interessant, aber für die hier vorgegebene Problematik sowohl erkenntnistheoretisch als auch pragmatisch bedeutungslos,
- kennzeichnet die These 2 als „Nachahmung II" bionisches Arbeiten nicht,
- entsprechen die These 1 dadurch, dass sie ein Verständnis der Natur und ihrer inhärenten Zweckmäßigkeit an die Basis stellt und somit für eine „Naturnachahmung" eine Prinzipabstraktion zwingend fordert, und die These 5 dadurch, dass sie die Prinzipabstraktion direkt ausspricht als „Nachahmung I" bionischem Vorgehen.

Aber sind die soweit übrigbleibenden beiden Begriffe tatsächlich weiterführend, heben sie also die Diskussion auf ein allgemeineres, übergeordnetes Niveau? Ich denke, nicht eigentlich. Dazu kommen Widersprüche zum Stichwort „Konstruktion" (These 2).

Die These von der Handlungsnachahmung (1), die hier auf der aristotelischen Sichtweise beruht, ist zu allgemein und kann höchstens als finalistisch-heuristisches Prinzip dienen. Etwa in folgendem Sinne: Entdecken wir bei der Querbeziehung von Naturfaktor A und Naturfaktor B eine irgendwie geartete Zweckmäßigkeit, kann uns diese bei der Kennzeichnung möglichst sinnvoller Querbeziehungen zwischen den analogen Technikfaktoren A' und B' eine Hilfe sein.

Die These von der Verfahrensnachahmung (5) entspricht genau dem Begriff „Verfahrensweisen" in der Bionikdefinition (Abschn. 9.1.2), sodass kein neues Wortgewand nötig ist.

Die These von der Konstruktionsnachahmung (2) muss aufgrund ihrer Formulierung (nachgemacht = kopiert) als unbionisch abgelehnt werden, beinhaltet aber immerhin den Begriff „Konstruktionen", der in der Bionikdefinition ja seinen zentralen Platz hat.

Die „Konstruktionsnachahmungsthese" ist eben nicht kompatibel mit der „Konstruktionseinbeziehungsdefinition" der Bionik, was Verwirrung stiften kann.

Somit erscheint mir die Aufstellung von Nachahmungsthesen als entbehrlich, wenn man davon ausgeht, dass philosophisches Nachdenken im vorliegenden Fall ja eigentlich den erkenntnistheoretischen Hintergrund für eine letztendlich pragmatische Handhabung von Leitlinien zur Bionikausübung darstellen soll. Vielleicht entspricht aber auch bereits der Grundbezug nicht der heute allgemein anerkannten Sichtweise. Der Autor bezieht sich auf Zerbst (1987) und seine Formulierung der Nachahmung biologischer Systeme. Zerbst, dessen Buch vor gut 20 Jahren erschienen ist, als die Bionik noch dabei war, ihre definitorische Abgrenzung zu ertasten, präzisiert diesen Begriff nicht, doch wird diese Sichtweise heute durchwegs nur als „Nachahmung I" akzeptiert.

7.3 Kann Ästhetik einen Nachahmungstyp darstellen?

In der Sichtweise von Heydemann (2004) und anderen Nichtbionikern sollte bionisches Gestalten nicht nur funktionelle, sondern auch ästhetische Ansprüche einbeziehen. Das wirft die Frage auf, ob Ästhetik eine Bionikkategorie sein kann. Bionik ist eine naturwissenschaftliche Disziplin und deshalb naturwissenschaftlicher Vorgehensweise – und einzig dieser – unterworfen. Die vorliegende Frage verallgemeinert sich also dahingehend, ob die Kategorie „Ästhetik" mit naturwissenschaftlichen Kategorien kompatibel ist.

7.3.1 Eine Betrachtungskategorie?

Aus Fotografien, die die Natur gerade im Makrobereich hinsichtlich ihrer Strukturen und Farben in geradezu erschlagender Schönheit zeigen, wird gerne eine inhärente Ästhetik herausgelesen, eine Meinung, der man – solange sie nicht mit den Vorgehensweisen der Bionik verkoppelt wird – nicht widersprechen muss. Die Analyse solcher Sichtweisen aber ist jedenfalls nicht mit dem methodischen Inventarium vorstellbar, das der Bionik als Naturwissenschaft eigen ist. Insofern liegen Ästhetikaspekte außerhalb deren Grenzen. Mit einer Einbeziehung würde man eine klassische Grenzüberschreitung durchführen, die erkenntnistheoretisch nicht zulässig ist (Nachtigall 1972; Nachtigall u. Kage 1980).

7.3.2 Ein Ordnungsprinzip?

Unter den unendlich vielen Naturformen finden sich auch solche, die mathematisch gut beschreibbar sind, wie beispielsweise Formen, die Symmetriecharakter besitzen (Rechts-links-Symmetrie, Spiegelbildsymmetrie, Dorsoventralsymmetrie, Sektorensymmetrie u. ä.).

Dass solch strenge Symmetrien zumindest in der Kunst als ästhetisch ansprechend, als „schön" dargestellt werden, ist unbestritten. Über Symmetrie nicht nur als naturwissenschaftliches Beschreibungsprinzip sondern auch als Sonderfall ästhetischer Kategorisierung wurde auch in Bezug auf Naturformen vielerorts diskutiert. Beispielsweise fragt Tarassow (1999): „Wie verhält es sich ... mit der Schönheit symmetrischer Gebilde und Erscheinungen?" Er beantwortet die Frage sogleich: „Deren Ebenmaß und Ordnung muss nicht zwangsläufig schön anzusehen sein." Wann, das heißt nun wohl unter welchem ästhetischen Zwang, man Konfigurationen als „schön" ansehen kann, das bleibt auch hier offen, da „Schönheit" in einem Werk mit dem Untertitel *„Strukturprinzipien in Natur und Technik"* offensichtlich nicht definierbar ist. Nach Hegel (1970) gehört Regelmäßigkeit und Symmetrie zur „Form des Naturschönen"; Adorno (1973) widerspricht Hegel und ist stattdessen der Meinung, „das Schöne an der Natur sei ... ein anderes", und zwar „die Spur des Nichtidentischen an den Dingen im Bann universaler Identität". Die leichten Spuren von Asymmetrie also, beispielsweise in der Konstruktion einer „fast symmetrischen" Radiolarie.

Wie dem auch sei – und die Ansätze lassen sich erweitern – der Schönheitsbegriff erscheint als Einordnungsprinzip für Naturformen selbst für die Diskussion mathematisch wohl formulierbarer Phänomene (wie eben der Symmetrie) wenig hilfreich. Und da er zum Grundinventar der Ästhetik gehört, scheint mir dies allgemein auch für die Ästhetik als Betrachtungskategorie zu gelten. Dies mahnt zur Vorsicht bei der Zuhilfenahme solcher Begrifflichkeiten aus der Philosophie als Beschreibungs- oder auch nur Betrachtungshilfsmittel für Naturformen, die in bionische Ansätze (vgl. Abschn. 6.1.1) einmünden.

7.4 „Von der Technik zum Leben" oder „vom Leben zur Technik"?

7.4.1 Philosophie und Pragmatismus

Schmidt (2005) prägte einen Satz, nach dem die Nachahmungsthese „in ihrer naiven Form unhaltbar [wird]". Er kennzeichnet den „erkenntnistheoretischen und kulturphilosophisch relevanten Kern der Bionik" wie folgt: „Nicht von der Technik zum Leben, sondern vom Leben zur Technik." In dieser apodiktischen Form geäußert, muss man diesem Satz widersprechen und könnte stattdessen sagen „von der Technik zum Leben (entspricht der Definition der Technischen Biologie) und aus der Abstraktion dieser Erkenntnisse vom Leben zur Technik (entspricht der Definition der Bionik im eigentlichen Sinne). Doch lässt der Autor den Widerspruch selbst mit der Aussage „die Bionik wählt einen technikorientierten Zugang zur Natur" zu [also doch Technische Biologie], um vom technisch verstandenen Leben zur lebensoptimierten Technik überzugehen [also Bionik im eigentlichen Sinne]. Auch das Kopierverbot und die analoge modellmäßige Abstraktion im Übergangsgebiet von Technischer Biologie und Bionik wird konzidiert: „Viel mehr setzt jede Nachahmung eine Analogiebildung beziehungsweise Isomorphisierung voraus, welche notwendigerweise in ... Modellen vonstatten geht."

An anderer Stelle (Schmidt 2005) formuliert das der Autor denn auch so: „Nicht vom Leben zur Technik sondern von der Technik zum Leben und dann vom segmentierten und reduzierten Leben [also von der interessierenden Abstraktion, der Prinzipienherausarbeitung, der analogen Formulierung] zurückzugehen zur Technik."

Somit bestehen im Grunde keine prinzipiellen Widersprüche zwischen philosophischer Betrachtungs- und pragmatischer Vorgehensweise, doch hat dieser Vergleich auf zahlreiche noch ungenügend geklärte Aspekte im Prozess des Erkennens, Abstrahierens und Übertragens hingewiesen.

Der Philosoph akzeptiert den Erfolg, den bionisches Alltagsvorgehen zweifellos aufzeigt, warnt aber vor erkenntnistheoretischer Leichtfertigkeit und fordert die Weiterführung des Gesprächs: „Dass sich Bioniker ... auf tiefem und vermintem philosophischen Terrain befinden schmälert kaum ihre ... ingenieurtechnische Effizienz und Effektivität. Doch wissenschafts- und kulturphilosophisch liegen hier Anknüpfungspunkte für einen kritischen interdisziplinären Dialog über das bionische Erkenntnis- und Gestaltungshandeln..."

7.4.2 Organismus und Maschine

Wenn sie sich nicht auf nichtstoffliche Informationen bezieht, projiziert die Bionik zweifellos eine Art maschinenbauliche Sichtweise auf ihre Vergleichsobjekte aus der belebten Welt, deren Vorbildcharakter also durch Abbildsichtweise (Schmidt 2005) bereits in aufbereitender Art modifiziert ist. Nur dass durch die Art des fragenden Vergleichs in jedem Einzelfall nur das speziell Relevante interessiert.

Diese Vorgehensweise setzt selbstredend voraus, dass Organismen *auch* als Maschinen funktionieren, eine Sichtweise, die klassische Wurzeln hat, die sich bereits im Werkzeugbegriff bei Aristoteles findet. Sie ist im 18. Jahrhundert vielfach formuliert worden (z. B. de La Mettrie 1747). Doch findet man kaum mehr – höchstens als Sprachbild – die Sichtweise einer Maschinentheorie von Lebewesen (Lebewesen *sind* Maschinen, zum Beispiel komplizierte chemische Maschinen). Dieser Gesichtspunkt wird ja auch in allgemeinverständlichen bionischen Publikationen vertreten oder steht dort zumindest häufig zwischen den Zeilen (Nachtigall u. Blüchel 2001).

Dagegen wird implizit die *Maschinenanalyse* akzeptiert (Lebewesen verhalten sich manchmal wie Maschinen und Teile von Lebewesen sind „maschinenbaulich" ausreichend zu kennzeichnen). Zum Beispiel können die Ruderbeine der Wasserkäfer als hydrodynamische Vortriebserzeuger maschinenbaulich analysiert und mit technischen Begriffen wie „Schubwirkungsgrad" charakterisiert werden (Nachtigall 1960).

Schark (2005) sagt in ihrer Abhandlung „Organismus Maschine: Analyse oder Gegensatz?" denn auch, man tue gut daran, „es bei Wendungen zu belassen, die bloß eine Analogie hervorheben". Einen Vergleich, bei dem lediglich gesagt wird „Organismen seinen *in bestimmter Hinsicht* wie Maschinen" hält sie als „mechanistische Erklärung für zulässig". Eine mechanistische Erklärung beantwortet die Frage, aufgrund von was eine Entität eine bestimmte Disposition besitzt, mit der Angabe des Mechanismus, auf dem sie basiert." Für das oben genannte Beispiel wird die Disposition des Wasserkäferbeins zur Schuberzeugung mit der Angabe seiner Fähigkeit erklärt, in effizienter Weise Strömungswiderstand erzeugen zu können.

7.4.3 Technik und biologische Evolution

„Technik im Horizont [einer] naturwissenschaftlichen Entwicklung ist Natur, insofern Technik gar nicht anders kann als gesetzeshaft Natur darzustellen. Sie kann Natur nicht überlisten, braucht es auch nicht. Technik wird als hergestellte, eben gesetzeshafte Natur begreifbar, das heißt also das, was naturgesetzlich möglich ist" (Schmidt 2002b).

Wo aber werden die in der Natur geltenden Gesetzlichkeiten erkannt und wo allein entsteht Technik? Ausschließlich im Gehirn des Menschen.

Unser Gehirn ist ein Produkt der biologischen Evolution. Es ist das einzige Evolutionsprodukt, das einerseits allgemeine Gesetzlichkeiten, die überall in gleicher Weise bestimmend wirken, zu erkennen in der Lage ist und über die Art und Weise, wie biologische Evolution wirkt, zu reflektieren vermag, und das andererseits eine völlig neuartige Entwicklungslinie, die technische Evolution (allgemein: kulturelle Evolution) der biologischen beigegeben hat. Die erstere geschieht nach all den Gesetzlichkeiten, mit denen sie sich von der letzteren abgekoppelt hat, in beschleunigter Weise, doch verbinden allumfassend wirkende Naturgesetze beide.

Da „technische Evolution" also in einem Produkt der „biologischen Evolution" entsteht und da Technik den allgemeinen Gesetzlichkeiten ebenso unterworfen ist wie Natur, ist die erstere der letzteren nicht wesensfremd: *Die technische Entwicklung ist die Fortsetzung der biologischen mit anderen Mitteln aber unter Berücksichtigung gleichartiger Grundgesetzlichkeiten.*

Insofern kann man dem oben genannten Zitat beipflichten.

7.5 Effizienz und Optimierung

Einen wichtigen Aspekt in der Diskussion um das Bionikvorbild „Natur" nehmen Kriterien wie Effizienz und Optimierung ein.

Das Naturvorbilder auch Effizienzvorbilder sind, wird von Bionikern fast selbstverständlich angenommen, etwa „dass der Reichtum an effizienten Strukturen in der Natur fast unermesslich sei" (Hill 1998) oder dass „uns die Natur [vormacht], wie man mit Ressourcen umgeht" (von Klitzing 1991).

In Anlehnung an Evolutionstheorien gehen Bioniker von Selbstoptimierungstendenzen und Anpassungsprozessen der biologisch-natürlichen Evolution aus, welche effektiv, effizient und ressourcenschonend seien. Bioniker nehmen hier auf, was bis zu Beginn der modernen Naturwissenschaft gängige Ansicht war, heute jedoch Naturwissenschaftler provozieren mag, nämlich dass die Natur „mit nichts verschwenderisch umgehe" und dass kein Überfluss oder Übermaß herrsche. ... Natur wird als Natur bestimmt, insofern sie *wie* ein handelndes Subjekt Zwecke setzt, Probleme angeht, Strategien entwickelt, Aufgaben löst" (Schmidt 2002a).

Dieser Einwurf philosophischer Betrachtungsweise moniert also anhand der Diskussion des Effizienzbegriffs, dass bionische Naturbetrachtung wissenschaftstheoretisch überholt sei, weil sie der Natur als aktiv handelndem Etwas aristotelische Zweckmäßigkeit unterlegt, die letztlich zu effizienteren Strukturen und Funktionen führt: „In der Bionik tritt zu Tage, was durch die moderne Naturwissenschaft sowie durch die erkenntnistheoretischen Kriterien von L. Hume und I. Kant eigentlich hinfällig geworden war" (Schmidt 2002c).

7.5.1 Nochmals: zum Zweckmäßigkeits- und Optimierungsbegriff

Zu dieser Kritik kann man folgendes sagen (Nachtigall 1995): Evolution verläuft unter Einbeziehung des Zufälligen, aber im Einklang mit den Naturgesetzen, nichtzielgerichtet ab, doch führt sie zu Ergebnissen, die von einem umfassend informierten und umfassend wirkmächtigen Konstrukteur, durchaus im Einklang mit den Naturgesetzen, hätte geschaffen werden können. Die Natur als aktiv und zweckmäßig agierendes Etwas zu betrachten, bedeutet *ein Bild* zu betrachten (so, wie die biblische Schöpfungsgeschichte bildlich zu verstehen ist), das kein Naturwissenschaftler anders sehen wird denn als poetische Umschreibung eines spröden Themas. Das Aufdecken und Nachvollziehen der Parameter evolutiver Entwicklung mit all den Methoden problemangemessener Forschung und Schlussfolgerung dagegen impliziert naturwissenschaftliche Vorgehensweise per se. Diese ist methodisch und erkenntnistheoretisch zwar beschränkt, bleibt aber innerhalb ihres sachrelevanten Inventars. Wenn Kant anführt, dass der nachdenkende Mensch Zwecke und Ziele letztlich nur in die Natur hineinlegen könne, so sagt er doch gleichzeitig, dass der Mensch die Natur nur so sehen könne, als ob Ziele und Zwecke vorlägen. Man spricht vom „als ob Status unserer Erkenntnis". In der modernen Biologie wird deshalb nicht von Teleologie, sondern von „*Teleonomie*" gesprochen, also von wirkkausalen Gesetzmäßigkeiten, deren induzierte Dynamik deutbar ist, *als ob* zweckhafte Aspekte involviert wären (z. B. Pittendrigh 1958; Schmidt 2002c).

Wenn wir als Basis naturwissenschaftlichen Vorgehens davon ausgehen müssen, dass unsere Untersuchungsobjekte real existieren, halten wir sie implizit auch für prinzipiell verstehbar, unbeschadet der momentanen Erkenntnismöglichkeit unserer Gehirne. Ein derartiges Naturverständnis ist aber nicht nur gefiltert durch die dem Menschen eigene Abbildungs- und Denkfunktionen, sondern, enger gefasst, auch durch das der Naturwissenschaft eigene Instrumentarium. Nur unter den engen Randbedingungen des letzteren können wir überhaupt Naturwissenschaften betreiben. Aber selbst als Gefangene in diesem Methodenkäfig können wir sehr wohl

7.5 Effizienz und Optimierung

erkennen, ob ein Evolutionsprodukt effizienter ist als ein anderes, wenn wir unter „effizienter" verstehen, dass dieses Produkt eine Konstruktion oder ein Verfahren beinhaltet, für das man eine – wiederum naturwissenschaftlich formulierbare – Werteskala aufstellen kann.

Kenngrößen einer solchen Skala können beispielsweise der Wirkungsgrad sein ($0 < \eta < 1$; besonders effizient bei η nahe 1), die zum Systembetrieb nötige Energieausgabe, die Stoffwechselleistung P_m ($P_{m\min} < P < P_{m\max}$; besonders effizient bei P_m nahe $P_{m\min}$), die unter definierten Randbedingungen auftreten Mortalitätsrate MR ($MR_{\min} < MR < MR_{\max}$; besonders effizient bei MR nahe $MR_{\min}$), oder – allumfassend bedeutsam und letztlich „Ziel" jeder evolutiven Anpassung – der Fortpflanzungserfolg E ($0 < E < E_{\max}$; besonders effizient bei E nahe $E_{\max}$). Betrachten wir das Energiekriterium etwas näher.

Ein Lebewesen kann einen von seinen morphologischen und physiologischen Kenngrößen sowie den Umweltkenngrößen bestimmten maximalen Energieumsatz nicht überschreiten, das heißt, nicht über eine bestimmte mittlere Stoffwechselleistung gehen. Da in diese aber alle Lebensäußerungen einfließen, und da der über die Heranbildung von Fortpflanzungsprodukten zu steuernde Fortpflanzungserfolg die „letzte gemeinsame Endstrecke" darstellt, ist es zu Gunsten dieser ratsam, dass das Lebewesen einen jeden seiner physiologischen Abläufe „energetisch optimiert", das heißt, den Effekt, den der Ablauf erzeugen soll, mit möglichst geringem Energieaufwand realisiert.

Scherenschnittartig betrachtet: Ein Forellenweibchen, das seine Lokomotion (über einen besonders hohen Wirkungsgrad seines Schwanzflossenantriebs) mit einer besonders geringen Energieausgabe bewerkstelligt, kann die eingesparte Energie in die Produktion einer höheren Anzahl von Eiern investieren und damit seinen Fortpflanzungserfolg (die eigentliche Darwinsche „fitness") steigern.

Als heuristisches Prinzip, eines der wirksamsten, die die experimentelle biologische Forschung kennt, kann man für eine Lebensfunktion erst einmal eine „optimierte" – präzisiert: minimierte – zeitliche Energieausgabe, das heißt Leistung, annehmen.

Häufig ist es möglich, theoretische Minimalleistungen zu berechnen. Man kann dann vergleichen, ob die gemessene Leistung nahe bei dieser theoretischen berechneten Minimalleistung oder weit darüber liegt. Wiederum findet man häufig, dass die erstere der letzteren nahe kommt.

Das Menschenauge kann ganz wenige, kurz hintereinander einstrahlende Lichtquanten als Helligkeitseindruck wahrnehmen, erreicht vielleicht sogar den theoretisch minimalen Einquanteneffekt. Ein solches System würden wir dann als „sehr effizient arbeitend" werten. Es ist uns bewusst, dass, naturwissenschaftlich betrachtet, der Weg zum Menschenauge nicht vorgegeben, sondern „evolutiv abgelaufen" ist und dass wir die Natur nicht personifizieren müssen, um von einer bestimmten Effizienz sprechen zu können.

Somit ist der Effizienzbegriff als Begriff zur Naturbeschreibung einerseits und als Vergleichsparameter nach Art eines Wirkungsgrads andererseits naturwissenschaftlich zulässig. Er ist auch deshalb von großer pragmatischer Bedeutung, weil er in gleicher Weise für technische Gebilde gilt. Der Wirkungsgrad der Brustmuskulatur von Vögeln liegt bei etwas weniger als 25 %. Neuerdings gelingen „künstliche Muskeln". Solange ihr Wirkungsgrad nur bei einigen wenigen Prozent liegt, ist es wohl weise, das natürliche System als „Effizienzvorbild" zu nehmen.

Ähnliches gilt für den Begriff der Optimierung, der in den letzten Zeilen mitverwandt worden ist. „Die Natur als solche liefert ... keinen Bewertungsmaßstab, um von Optimierung adäquat zu sprechen." Das ist zweifellos richtig, denn Optimierung bedeutet eine technisch definierte Vorgehensweise unter der Nutzung von Zielfunktionen. Bisher war es in keinem biologischem Einzelfall möglich, eine differenzierbare Zielfunktion zu formulieren, und zwar schlicht aufgrund der ungeheueren Komplexität auch der scheinbar einfachsten biologischen Vorgänge. Es mag sein, dass das trotz intensiver Forschung so bleibt. Der aus einer technischen Vorgehensweise in die Biologie übertragene – und zugegebenermaßen vielfach unkritisch verwendete – Begriff der Optimierung mag sich letztlich als tatsächlich ungeeigneter Beschreibungsparameter herausstellen (Nachtigall 2008). Doch ist die Wissenschaftssprache ja voll von Bildern oder tastenden sprachlichen Ansätzen, die sachlich (noch) nicht Beschreibbares transportieren.

Als einen solchen Ansatz kann man diesen Begriff stehen lassen, wenn man damit etwa folgendes ausdrücken will: „Eine biologische Struktur oder ein biologisches Verfahren wird für einen bestimmten Zweck als optimiert angesehen, wenn es unter Geltung einer Liste formulierbarer Randbedingungen eine Effektivität (im oben genannten Sinne) erreicht, die kaum mehr steigerbar erscheint." So etwas Ähnliches hat jeder Naturwissenschaftler im Hinterkopf, wenn er den kurzen Arbeits- oder Hilfsbegriff „optimiert" benutzt. Den Philosophen wird das freilich noch weniger befriedigen als den um sprachliche Präzisierung ringenden Naturwissenschaftler.

7.5.2 Optimierungskriterien als heuristische Prinzipien

Wie ausgeführt wurde ist es äußerst schwierig, auf das Reich der Lebewesen Optimierungskriterien anzuwenden, deren Formulierung aus dem technischen Bereich übernommen worden ist. Dies liegt sicher nicht daran, dass die zur Aufstellung einer Zielfunktion nötigen Kenngrößen in der Natur nicht vorhanden wären.

Wir gehen im Gegenteil intuitiv davon aus, dass die Elemente der belebten Welt – eine Hausmaus, die Leber einer Hausmaus – real vorhanden und als Untersuchungsobjekte prinzipiell erkenn- und beschreibbar sowie aufgrund ihrer langen Evolution in vielerlei Hinsicht optimiert sind. Es scheint uns allein an *pragmatischen Unzulänglichkeiten* zu liegen, wenn wir die Optimierungsparameter nicht recht formulieren können, erst recht, wenn wir sie nicht mit ihren relevanten Querbeziehungen in ein System zu bringen vermögen, aus dem sich eine Zielfunktion entwickeln lassen könnte.

Wenn biologische, biophysikalische oder biochemische Grundlagenforschung „optimierte" Struktur-Funktions-Beziehungen entdeckt, so sind es fast immer zunächst einzeln stehende Beziehungspaare oder Kenngrößen, die sich nicht ohne weiteres zu einem „optimierten Gesamtsystem" verbinden lassen.

7.5 Effizienz und Optimierung

Beispiel: Stirnflächenwiderstandsbeiwert c_{WSt} des Eselspinguins und von Wasserkäfern. Bereits in den 1980er-Jahren haben wir in meiner Arbeitsgruppe für den Eselspinguin, *Pygoscelis papua*, einen Beiwert von $c_{WSt} = 0{,}07$ bestimmt (Nachtigall u. Bilo 1980). Diese Absolutzahl gewinnt als Optimalwert (hier: Minimalwert) erst eine Bedeutung, wenn man sie in den Bereich derjenigen c_{WSt}-Werte einreiht, die bei der gegebenen Reynoldszahl (Re $\approx 10^6$) technisch möglich sind. Er liegt sehr nahe beim absoluten Minimum ($c_{WSt} \approx 0{,}02$; Rotationsspindel 3:1 ohne Leitwerk) und weit entfernt vom absoluten Maximum von $c_{WSt} = 1{,}35$ (offene Halbkugel gegen die Höhlung angeströmt, Fallschirmform, Anemometerschale). Das Optimum wäre hier das Minimum, da es die biologische Form sehr gut annähert. Man kann also mit einer gewissen Berechtigung sagen, dass sich *Pygoscelis papua* unter den gegebenen Randbedingungen auf möglichst geringe Widerstandserzeugung einstellt, in Bezug auf diese also „optimiert" ist.

Ähnliche Ergebnisse hatten wir beim Vergleich der Rümpfe größerer Wasserkäfer erhalten (Nachtigall und Bilo (1965), Abb. 7.1). Wegen der nun viel geringeren Reynoldszahl sind die Widerstandsbeiwerte deutlich größer. Die Extremwerte liegen bei 0,2 bis 0,3 (Spindel) und 1,42 (Fallschirm). Die Werte für die Rümpfe liegen im Mittel etwas unter 0,4. Das bedeutet auch in diesem Fall eine gute Opti-

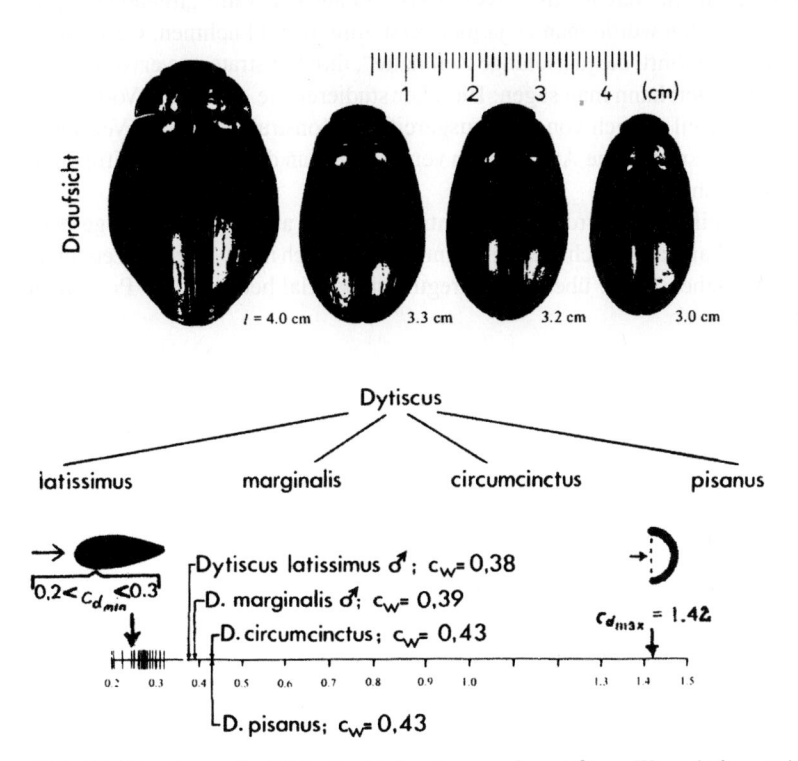

Abb. 7.1 Einordnung der Widerstandsbeiwerte von vier größeren Wasserkäfern zwischen dem technischen Bestwert und dem technisch schlechtesten Wert bei einer Reynoldszahl von ungefähr 5×10^3

mierung, auch wenn die c_{WSt}-Werte bei diesen geringen Reynoldszahlen durchweg höher sind.

Durch die Feststellung, mit der das Beispiel abschließt, ist aber noch nichts darüber ausgesagt, was denn nun alles dafür sorgt, dass beispielsweise der Pinguin strömungstechnisch so gut ist. Da er aber nachgewiesenermaßen ausgezeichnet ist, kann man guten Gewissens weiter nach den Ursachen für dieses So-Sein fragen. Ist es vielleicht die Körperform, das Stummelfederkleid, was sonst ... ? Der Gütegrad „c_{WSt}-Wert" erweist sich somit als vorzügliches heuristisches Prinzip für immer detailliertere Forschungsansätze, die eines Tages vielleicht das optimierte Gesamtsystem vollständig beschreiben. Mit etwas Erfahrung hätte man aber auch ohne die Bestimmung des c_{WSt}-Wertes auf eine gute Strömungsadaptation schließen und die genannte Fragekette in Gang setzen können. *Nicht nur ein gemessener, sondern auch ein begründet vermuteter Optimierungsparameter kann als heuristisches Prinzip wertvoll sein.*

Somit kann man zwar nur selten sagen, dass ein biologisches System innerhalb eines bestimmten Beziehungsgefüges „optimiert" ist, doch lassen sich Optimierungskriterien fast regelmäßig als „begründete Vermutungen" formulieren und somit als heuristisches Prinzip einsetzen.

Bionische Forschung und Umsetzung geht wohl – ausgesprochen oder unausgesprochen – regelmäßig davon aus, dass ein Vorbild aus der Natur „irgendwie optimiert" ist. Ansonsten würde man es ja nicht erst zum Vorbild nehmen. Gerne wird die Evolution angeführt, die ja „solange Zeit hatte", ihre Substrate zu vervollkommnen. Verallgemeinert kann man sagen: Bioniker studieren die „Natur als Vorbild" ja gerade deshalb, weil sie sich von den „ausgereiften" Konstruktionen und Verfahren der belebten Welt spezifische Anregungen versprechen, an die sie anderweitig nicht oder nicht so rasch kommen.

Das „Ausgereift-Sein" wird selten quantifiziert, stets aber diffus vorausgesetzt. Wie ausgeführt kann aber auch diese erkenntnistheoretisch nicht sehr überzeugende Sicht- und Vorgehensweise über das Anregungspotenzial heuristischer Prinzipien weiterführen.

8
Bionik als interdisziplinärer Ansatz

Bionik ist ein typisches Grenzgebiet, in dem sich Biologie und Technik überschneiden. Als Schnittmenge zwischen den Disziplinen lebt Bionik somit von der Interdisziplinarität. Andererseits besitzt das Gebiet als typische Technowissenschaft eine bestimmte Eigenständigkeit in Vorgehensweise und Zielsetzung, die den Partnern Biologie und Technik so nicht zukommt. Und schließlich sorgt bionisches Vorgehen dafür, dass Ergebnisse im biologisch-technischen Beziehungsgefüge „zirkulieren" und damit letztendlich sowohl die eine als auch die andere Disziplin verändern. Es wird also über Interdisziplinarität Technowissenschaft und Zirkulation zu sprechen sein.

8.1 Interdisziplinarität, Technowissenschaft und Zirkulation

Der Begriff Interdisziplinarität, heute im Sinne einer Aufforderung zur Kooperation und damit bewussten Überschreitung der fachlichen Grenzen im Bereich der Wissenschaftsförderung geradezu als Voraussetzung verstanden (und damit überinterpretiert), wurde vom OECD-Zentrum für Bildungsforschung und Innovation eingeführt (Jantsch 1972) im Sinne einer „Re-Integration von fragmentierten disziplinären Wissenssektoren" (Schmidt 2005).

Die Mahnung „Es ist nicht Vermehrung, sondern Verunstaltung der Wissenschaften, wenn man ihre Grenzen ineinander laufen lässt" (Kant 1787), wurde vom wissenschaftspolitischen Zwang zum kooperativen Vorgehen überrollt. Dessen überspitzte Aufforderungen waren und sind nicht immer sachangemessen und desavouierten manchmal den Antrag eines Einzelforschers an eine forschungsfördernde Organisation fast schon per se. Extremfälle, wie als Genehmigungsvoraussetzung einen Fachkollegen X aus einem bisher wenig geförderten Land Y in den Antrag einzubinden (der Mittel erhielt, ohne Substanzielles beizutragen), sollen aufgetreten sein. Nun ist derlei wohl weniger wahrscheinlich bei Fächern, die von vorneherein auf eine fachübergreifenden Sicht- und Handlungsweise angelegt sind, wie etwa der Bionik. Deren „kreatives Treiben jenseits des etablierten Disziplinären" (Schmidt

2005) fordere, so Serres (1992, 1994), die Philosophie heraus, sich selbst in eine gestaltende Philosophie der Interdisziplinarität zu transformieren. Diese ist aber erst in Ansätzen erkennbar, sodass der in der Bionik lang geübte interdisziplinäre Ansatz weiterhin lediglich pragmatisch untermauert scheint.

Als „Technowissenschaft" („Techno-Science") wird, wie oben angeführt, so etwas wie ein Hybrid aus Natur- und Ingenieurwissenschaften verstanden, der Zwecke verfolgt, Mittel entwickelt und auf Anwendungen zielt; Schmidt (2005) nennt mit Formulierungen dieser Art als typisches Beispiel die Bionik, Nordmann (2005) zudem die Nanoforschung.

Als „Zirkulation" wird die Sichtweise bezeichnet, dass die genannten Zwecke und Mittel ebenso wie „Erkenntnis und Gestaltungsabsichten" zwischen den Polen „Natur" und „Technik" zirkulieren.

Vielleicht sollte man besser den Linearbegriff „Transferierung" verwenden. Die genannten Parameter werden ja mit Sicherheit von einem Teil eines Reichs (Natur) in einen Teil eines anderes Reichs (Technik) übertragen/transferiert. Doch müssen sie ja nicht unbedingt weiter und möglicherweise wieder zurück übertragen werden, was ja durch den Kreislaufbegriff Zirkulation sprachlich angedeutet wird. Doch ist dieser Begriff eingeführt.

Gehring (2005) leitet das Zirkulationsphänomen von ganz realen Vorgängen ab. Zum einen bezieht sie sich auf die Zirkulation von „Körperstücken" (Blut eines Spenders gelangt in einen Empfänger, der seinerseits als Spender für einen weiteren Empfänger auftreten kann; weiter Stammzellenprodukte und Organtransplantationen; durch eine solche Art von Weitergabe wird „die lebendige Materialität der Individuen im Zeichen einer neuen Nutzung kurzgeschlossen, transferierbar, zirkulierbar gemacht". Zum anderen ist die Rede von einer Weitergabe von „Körperdaten" (Gesundheitspässe, Datenpool der Art *Homo sapiens* durch „logistische Zusammenführung von Bio-Daten"). „Biopolitik" nennt das die Autorin allgemein, und sie findet auch eine Querverbindung zwischen Biopolitik und Bionik: „Das ‚Bio-‘ deutet in *Bionik* und *Biopolitik* darauf hin: Das lebende biologische Material und seine Funktionen werden in Wert gesetzt. Sie erhalten einen Eigenwert. Einmal in der *Werkstatt* und im *Labor* und einmal in der *Gesellschaft ganz allgemein* – in der Politik". Hieraus konstatiert die Autorin eine Ambivalenz in der Bionik:

- „Die eine Seite heißt programmatisch: Lernen von der Natur (Nachtigall 2003)." Also Pathos des besonderen Naturresponses.
- Die andere Seite beinhaltet ein aggressiveres Programm: die Natur nicht durch Technik sondern *als Technik* selbst nutzbar machen. Es wird also „die Natur, das biologische Material, direkt als Rohstoff ... benutzt". Hier ist „eher die Technik das Vorbild für eine der Technik entsprechend hantierbar zu machende Natur".

Der letztgenannte Aspekt beinhaltet Biotechnik und Biotechnologie bis hin zur Genmanipulation. An diese Disziplinen grenzt Bionik durchaus an. So impliziert sie beispielsweise auch Mensch-Maschine-Interaktionen (zum Beispiel Fahrradfahrer und Fahrrad) sowie die Nutzung lebender Systeme als Stofflieferanten (zum Beispiel Wasserstoffgenese in Purpurbakterien/Blaualgenkonvertern). Doch ist ja Biotechnologie etc. als solche in den Definitionen der Bionik nicht enthalten. Es wurde, im Gegenteil, bei der Definitionsformulierung streng drauf geachtet, die Grenzen zwischen Bionik und Biotechnik etc. klar zu machen und einzuhalten.

Wenn der BioKoN-Standort Darmstadt (Rossmann u. Tropaea 2005) Bionik weich als „Ausnutzung biologischer Prinzipien in der Technik" definiert und somit nach Meinung der Autoren einen Erweiterungstrend aufweist, so wäre diese Formulierung tatsächlich zurückzuweisen, beinhaltete sie denn eine Aufweichung und Überschreitung der klaren Grenzziehung. Dies wäre äußerst gefährlich für das Bestehen der Bionik als eigenständige Sichtweise und als eigenständiges Fach. (Tatsächlich gab es zu Zeiten, als im BioKoN noch Fördermittel verfügbar waren, eine Tendenz bei der an sich ja gut dotierten Biotechnologie, ihre Ansätze als „bionisch" zu bezeichnen: Fördergelder stinken nicht.)

Inwieweit hier also tatsächlich eine Verwässerungstendenz oder gar -strategie impliziert sein könnte, muss hier offen bleiben, sollte allerdings von interessierter Seite näher untersucht werden.

Die Saarbrücker Bezeichnungen „Technische Biologie" und „Bionik", in diesem Buch klar definiert und mehrfach angesprochen, stellen dagegen im Gegensatz zu Gehring (2005) keineswegs eine tendenzielle Erweiterung dar, sondern sind als Bezeichnungen methodischer Vorgehensweisen zu verstehen.

8.2 Perspektivenwechsel durch Technowissenschaften

Nordmann (2005) konstatiert einen grundsätzlichen „Wandel der Wissenschaftskultur", den er u. a. am Beispiel der Bionik kennzeichnet. Dem traditionellen Wissenschaftsverständnis, das „die Formulierung und Prüfung von Theorien und Hypothesen in den Vordergrund [stellt]" setzt er die Technowissenschaften gegenüber; sie „zeichnen sich durch ihr qualitatives Vorgehen bei der Aneignung neuer Handlungs- und Eingriffsmöglichkeiten aus".

Wie ist traditionelles Wissenschaftsverständnis kulturell und erkenntnistheoretisch zu umschreiben? „Die Prägnanz des überliefernden Kulturbegriffs von Wissenschaft ergibt sich daraus, dass in ihm logische Begründung, ethische Einfärbung und Festigung von Sozialnormen zusammenfallen." (Merton 1973)

Popper kennzeichnet Wissenschaft (unter Abgrenzung gegen Pseudowissenschaft) bekanntlich durch das Falsifikationskriterium: „Unsere besten Theorien sind die, die hartnäckigen und kreativen Falsifikationsversuchen hartnäckig widerstehen." Zudem ist Wissenschaft einer kritischen Rationalität verpflichtet, nicht der Lehrmeinung einer Persönlichkeit: „Subjektlose Erkenntnistheorie" (Popper 1975). Wissenschaft in diesem Sinne arbeitet im Wesentlichen mit Hypothesen und Theorien und strebt nach Erkenntnis.

Dieser Abgrenzung mit ihrem hehren Anspruch entspricht nun wissenschaftliche Alltagspraxis keineswegs; kein Wissenschaftler „läuft mit seinem Popper unter dem Arm" herum und hat nichts anderes im Sinn, als seine Thesen zu falsifizieren. Gerade die neuere Forschungspraxis zielt häufig auf das Hineinführen theoretischen Wissens in die Umsetzung zu technisch Machbarem und in der Folge zu kommerziell verwertbaren Artefakten und Verfahren – mit welchen erkenntnistheoretisch schräglaufenden Grundlagen auch immer. Und dieser Wandel der Forschungspraxis führt, wie Nordmann (2005) anführt, zu einem veränderten Selbstverständnis, das sich in einem „alternativen Kulturbegriff" niederschlägt, nämlich eben dem der Technowissenschaft (Technikwissenschaft, „technoscience", Latour 1987; Haraway 1995).

In den traditionellen Wissenschaften wird zwischen Erkenntnis (Darstellung) und Eingriff (Technikeffekt) unterschieden. „Die wissenschaftliche Darstellung der Natur [durch Hypothesen und Theorien] schafft theoretische Voraussetzungen für technische Eingriffe in die Natur". Für die Technowissenschaften dagegen gilt die Trennung von Darstellung und Eingriff nicht mehr. Es geht um die Entwicklung von „Nutzbarem", das als solches vorher weder in der Natur noch in der Technik vorhanden war, also um einen „Forschungsgegenstand, der sich weder der Natur noch der Technik oder Kultur zuordnen lässt, der also ein so zwitterhaftes Wesen ist wie die Technowissenschaft selbst".

Hier reiht Nordmann (2005) (neben der Nanoforschung) auch die Bionik nahtlos ein: „Der hybride und zwitterhafte Charakter ihrer Forschungsgegenstände ist für die Bionik geradezu Programm: Ehe wir nämlich die technischen Tricks der Natur erkennen können um sie dann für uns nutzbar zu machen, müssen wir uns die Natur als einen Ingenieur denken, der technische Problemlösungen entwickelt hat."

Etwa ähnlich hat das der Wissenschaftsphilosoph Schmidt mit seinem bereits oben genannten Satz ausgedrückt, die Bionik wähle „einen Technik vermittelnden und Technik-induzierten Zugang zur Natur um vom technisch verstandenen Leben zur lebensoptimierten Technik überzugehen".

Nordmann (2005) formuliert sechs Thesen, welche die Vorgehensweise in den Technowissenschaften illustrieren:

„1. Statt darstellender Hypothesen über die Natur eingreifende Gestaltung einer hybriden Kultur/Natur.
2. Statt quantitativer Voraussagen und hochgradiger Falsifizierbarkeit Suche nach Strukturähnlichkeiten und qualitativer Bestätigung.
3. Statt Artikulation von naturgesetzlichen Kausalbeziehungen oder Mechanismen Erkundung interessanter beziehungsweise nützlicher Eigenschaften.
4. Statt Orientierung auf die Lösung theoretischer Probleme Eroberung eines neuen Terrains für technisches Handeln.
5. Statt hierarchischer Organisation von Natur und Wissenschaft Orientierung auf transdisziplinäre Objekte und Modelle.
6. Statt Trennung von (wissenschaftlicher) Gesetzmäßigkeit und technischer Machbarkeit programmatische Gleichsetzung von natürlich bzw. physikalisch Möglichem mit technisch Realisierbarem."

Diese Themen könnte man als Kampfansage an klassische Wissenschaftsverfahren missverstehen. Nordmann (2005) findet die Unterschiede zwischen Wissenschaft und Technowissenschaft allerdings weniger einschneidend, wenn man sich diesen Disziplinen vom praktischen Vorgehen her nähert. Nach Carrier (2004) bleibt sich nämlich das praktische Methodenrepertoire gleich, da es so oder so immer wieder um die Analyse von Kausalbeziehungen geht. „Theoretische Vereinheitlichung und

Kausalanalyse gehören sowohl zur reinen als auch zur anwendungsorientierten Wissenschaft, denn diese methodologischen Tugenden befördern das Verstehen und den Eingriff gleichzeitig."

8.3 Zum Zirkulationsprinzip

„Die Bionik könnte als ein Prototyp, Pulsgeber und Promoter zu einer Zirkulationstheorie gesehen werden" (Schmidt 2005). Wie ist diese Aussage eines Philosophen zu verstehen?

Der Autor definiert „Zirkulation" hier als „ein Aneinanderfügen bipolarer Diffusionsprozesse, welche aus vielfältigen ‚Modellübertragungen' (Zoglauer 1994) und ‚Übersetzungen' (Serres 1992) bestehen". Es wird betont, dass Modellübertragungen in der Bionik zum methodischen Kern gehören und dass die Abstraktion des biologischen Vorbilds, das Modell, im Zentrum der Übertragungskette steht, so, wie im letzten Abschnitt gezeigt. Schmidt bezeichnet dieses Zentrum als eine „ortslose Mitte". Von der aus starte die Bionik; sie werde nicht „von den dualen Polen, hier Biologie, dort Technikwissenschaften" betrieben. Auch diese Aussage deckt sich mit den Formulierungen des letzten Abschnitts 8.2.

Es fragt sich weiter, welcher Art die genannten Übertragungen sein können.

Wie die Überlegung ergibt, beziehen sich Übertragungen stets auf „Teile [der Biologie], nämlich diejenigen, die in technische Anwendungen hineinzirkulieren können". (Erfüllung des Zirkulationskriteriums; Satz von den problemspezifischen Übertragungsgrundlagen.) Übertragungen können aber nicht nur in diejenige Richtung betrachtet werden, in die übertragen wird, sondern auch in die Richtung, aus der übertragen wird. Somit gilt dieser Satz von den problemspezifischen Übertragungsgrundlagen auch für die Technik: „Nur solche Technikwissenschaften sind relevant, die der Biologie die Tür zu öffnen vermögen." Diese Aussage deckt sich selbstredend mit der pragmatischen Vorgehensweise im bionischen Forschungsalltag; was im Einzelfall zu übertragen ist, das ist stets problembezogen; es hängt ab einerseits vom Vorwissen, anderseits vom erstrebten Zweck und bezieht sich im allgemeinen auf kleine Schritte.

In Abschn. 9.2.4 drücke ich das so aus, dass für einen analogen Vergleich einem möglichst detaillierten Anforderungskatalog der Technik ein möglichst detaillierter Kenntniskatalog der Biologie gegenübergestellt werden muss. Das Überschneidungsbeziehungsweise Berührungsgebiet dieser beiden Kataloge wäre dann das Modellierungszentrum, sozusagen die „ortslose Mitte" Schmidts. Von den vielen möglichen biologisch-technischen Vergleichen zwischen Einzelheiten der beiden Kataloge werden nur wenige relevant sein und damit eine problemspezifische Übertragungsgrundlage darstellen können, die das Zirkulationskriterium erfüllt.

Schmidt formuliert das so: „Nicht alles vermag zu zirkulieren. Nur passend generierte und ausgewählte Wissensfragmente ... [vermögen dieses]."

Wie wirkt sich das Zirkulieren geeigneter Versatzstücke zwischen Biologie und Technik (unter Vermittlung der Bionik) nun aus? Letztendlich so, dass sich durch derartige Zirkulationen beide Fächer verändern. Abbildung 8.1 kann man so erweitern: Technische Biologie und Bionik schließen Technik und Natur zu einem Kreislaufsystem zusammen. Das Einbringen technischen Wissens erhöht das Verständnis für Naturphänomene, und die daraus resultierenden neuen Daten erweitern das Datengefüge und die Fragestellungen der Technik, sodass sich wiederum vorhandenes Wissen erhöht und so weiter. In Abb. 8.2 ist diese allmähliche Veränderung durch fortlaufende „Modellzirkulation" grafisch verdeutlicht.

Schmidt (2005) sagt dazu: „Der Begriff der Zirkulation ... stellt die Symmetrie heraus. Eine Modellübertragung lässt die beiden Pole [Biologie und Technik] nicht dort wo sie sind, sondern wirkt symmetrisch zurück. *In der Bionik wird die Biologie technischer und die Technik wird bionischer. ... Die Bionik ist ein symmetrischer Zirkulationskatalysator des Dazwischen...*

Wiederum sehe ich im Prinzip keine Diskrepanz in den Ansätzen.

Im Detail geht Schmidt (2005) freilich weiter. Er unterscheidet in der Bionik horizontale und vertikale Zirkulationen. Die ersteren verbinden sozusagen „die Disziplinen [Biologie und Ingenieurwissenschaften] auf Augenhöhe", die letztere Disziplinen und Metadisziplinen oder Strukturdisziplinen. Unter den letztgenannten Begriffen werden Wissenschaftsformen verstanden, die „Strukturen in abstrakto studieren ... das heißt unabhängig davon, welche Dinge diese Strukturen haben, ja ob es überhaupt solche Dinge gibt" (C. F. von Weizsäcker 1974).

Solche Wissenschaftsformen sind also „... gegenstandsenthoben. Sie sind stark mathematisiert und verwenden allgemeine Begriffe". Als Beispiel einer solchen interdisziplinären Struktur- und Methodenwissenschaft (Schmidt 2000) wird die Chaostheorie genannt, auf der sich eine Chaosbionik aufbaue. Hierin zeige sich die „Produktivität" der dynamischen Instabilitäten der Natur, um eine hochattraktive Regelung vornehmen zu können. Der Tanz auf des Messers Schneide (gemeint ist: Instabilitäten werden nicht eliminiert sondern im Sinne einer raschen und sensiblen

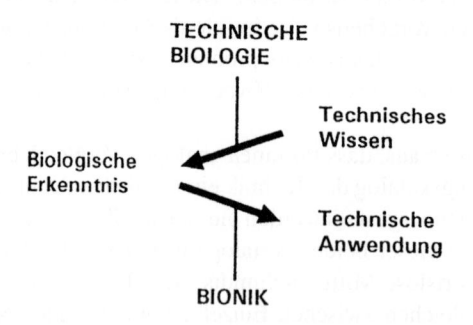

Technische Biologie:
Biologische Disziplin;
Technik hilft der Biologie

Bionik:
Technisch orientierte Disziplin;
Biologie hilft der Technik

Abb. 8.1 Verknüpfung von technischem und biologischem Wissen und Erkennen durch Technische Biologie und Bionik

8.3 Zum Zirkulationsprinzip

Abb. 8.2 Iterative Modellbetrachtung. M: Modell

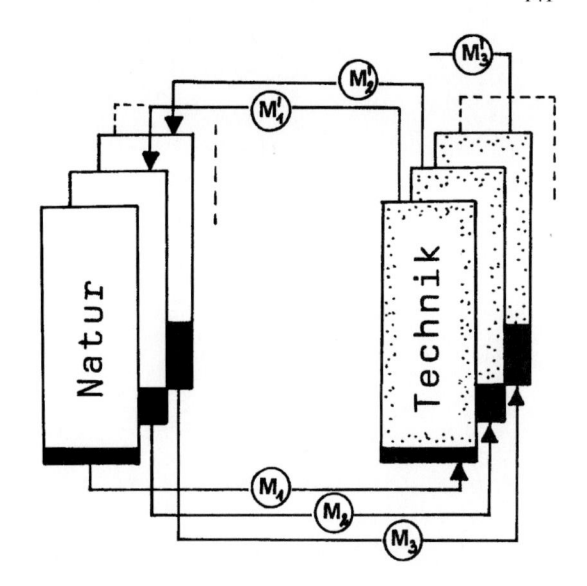

Regelung ausgenutzt) wird nutzbar für technische Verfahren und Produkte. Als Beispiele werden Herzschlagregelung und Osteoporose genannt.

Nun können die Ergebnisse der Chaosforschung zwar auch auf belebte Systeme angewandt werden, auf solche also, die bionisches Arbeiten implizieren, doch ist sie ja aus der Beobachtung unbelebter Systeme hervorgegangen und hat dort auch ihre wesentlichen Erfolge gezeitigt. Inwiefern und inwieweit Schmidts „vertikale Zirkulation" den Satz erfüllt „die Bionik trägt … dazu bei, im Diskurs um Interdisziplinarität neue und erweiterte Perspektiven aufzuzeigen: die der Zirkulation … jenseits der Disziplinen", das muss sich erweisen.

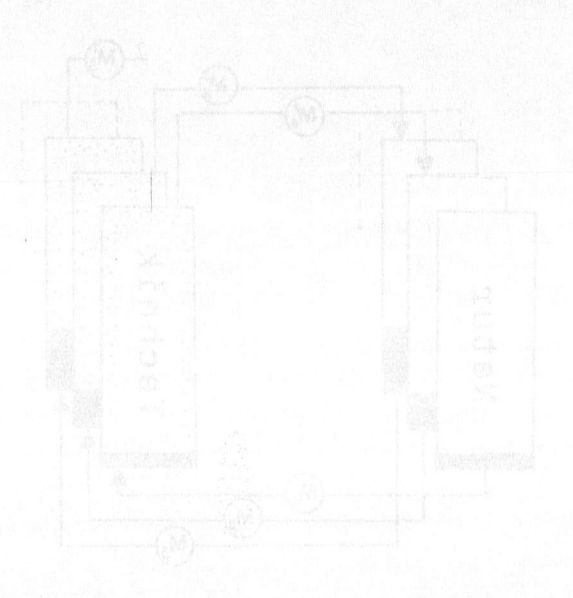

9
Bionik als konzeptueller Ansatz

Konzeptionen sollten – im naturwissenschaftlichen Bereich müssen sie das – auf Definitionen beruhen. Diese wurden zwar in vorausgehenden allgemeinen Abschnitten bereits angeführt, sollten hier aber umfassend zusammengestellt werden, wozu auch die nochmalige Nennung der Begriffskennzeichnungen „Technische Biologie" und „Bionik (im eigentlichen Sinne)" gehören.

Konzeptuelles kann darüber hinaus sehr Unterschiedliches beinhalten. Hier werden Überlegungen herausgestellt, nach denen man Bionik mit ihrer typischen Aufgabe des Datentransfers in die Technik als eine Disziplin abgrenzen kann. Bionik lässt sich auch als fachübergreifende Vorgehensweise für Analogieforschung darstellen und, ganz allgemein, als ein Begriff für biologisch-technische Zusammenarbeit verwenden. Sie ist darüber hinaus ein Denkansatz, der bestimmte Grundprinzipien herausstellt. Schließlich kann man in Bionik durchaus die Widerspiegelung einer Lebenshaltung sehen, die sich ethischen Anforderungen unterwirft. Zusammenfassend wird darauf hingewiesen, dass Bionik als konzeptueller Ansatz richtig eingeschätzt werden sollte und es wird gefragt, was man denn letztendlich von Technischer Biologie und Bionik erwarten kann.

9.1 Definitionen

9.1.1 Technische Biologie

Technische Biologie kennzeichnet einerseits eine Betrachtungsweise, andererseits eine Forschungsdisziplin. Sie betrachtet die Konstruktionen und Verfahrensweisen der belebten Welt aus dem Blickwinkel der Ingenieurwissenschaften und der technischen Physik. Sie versucht, die biologischen Substrate insbesondere mit den Methoden dieser Wissenschaftsdisziplinen zu erforschen (z. B. Nachtigall 1971a, 1986) und mit dem Vokabular dieser Disziplinen – also insbesondere Zahl, Graph und Gleichung – zu beschreiben. Technische Biologie ist somit die Mittlerin zwischen technischem Wissen und biologischer Erkenntnis; sie ist zwar eine biologische Disziplin, doch hilft mit ihr und durch sie die Technik der Biologie (Abb. 8.1 links).

Früher wurde diese Disziplin als Biotechnik bezeichnet (Nachtigall 1971b, 1974); um Verwechslungen mit biotechnologischen Ansätzen zu vermeiden wurde dann die Bezeichnung geändert.

9.1.2 Bionik

Nicht nur die Technische Biologie, auch die Bionik ist ja im Bereich der Naturwissenschaften angesiedelt, und auch dieser Begriff sollte deshalb naturwissenschaftlich klar definierbar sein.

Allgemein kann man sagen, dass Bionik eine technisch orientierte Disziplin darstellt, die man gleichwohl von zwei Seiten her betreiben kann, von der Seite der Technik ebenso wie aus dem Blickwinkel der Biologie. Hier hilft die Biologie der Technik insofern (Abb. 8.1 rechts), als sie die Vorbilder der Natur für eine technische Umsetzung analysiert und abstrahiert und dem Ingenieur allgemeine Konstruktionsvorschläge unterbreitet. Diese führen von der biologischen Erkenntnis in die technische Anwendung hinein. Hierüber liegen mehrere Kongressberichte vor; ein relativ früher wurde von Nachtigall und Wisser (1998) herausgegeben.

Um Sichtweisen abzustecken, stelle ich mehrere Definitionen vor.

9.1.2.1 Meine ursprüngliche Definition (etwa ab 1970)

Persönlich habe ich bionisches Arbeiten von jeher etwa wie folgt definiert: *Lernen von der Natur für eigenständiges ingenieurmäßiges Gestalten*. Oder, wie im Vorwort genannt, *„Technische Umsetzung von Prinzipien der Natur"*. Die Natur gibt also Anregungen. Diese kopiert der Ingenieur zwar nicht (das wäre unwissenschaftlich), sondern er bringt sie in die konstruktive Gestaltung lege artis seiner Wissenschaft ein. *„Die Natur liefert keine Blaupausen für die Technik"* – der Satz unterstreicht den Gesichtspunkt, dass allgemeine Anregungen vielfältigster Art in technisches Gestalten einfließen können, naiv-direkte Kopie aber nicht zum Ziel führt.

9.1.2.2 VDI-Definition (1993)

Bei einer Tagung des Vereins Deutscher Ingenieure über „Analyse und Bewertung zukünftiger Technologien", in Düsseldorf 1993, die unter dem Motto „Technologie-Analyse Bionik" stand, haben wir eine allgemeine Definition des Begriffs „Bionik" ausgearbeitet, die später von den Mitgliedern des „Bionik-Kompetenz-Netzes" BioKoN als verbindliche Sprachregelung akzeptiert worden ist:

> *„Bionik als wissenschaftliche Disziplin befasst sich mit der technischen Umsetzung und Anwendung von Konstruktions-, Verfahrens- und Entwicklungsprinzipien biologischer Systeme."*

Man braucht eine allgemein akzeptierte Definition ganz generell zur sinnvollen Abgrenzung einer Wissenschaftsdisziplin ebenso wie zur Abwehr unsachlicher Trittbrettfahrer, für die der Bionikzug ganz besonders anfällig ist. Auf dieser Basis kann man eine Grunddefinition freilich auch erweitern, ergänzen und umformulieren.

9.1.2.3 Zukunftsadaptive Definition (2000)

In den vergangenen Jahren hat sich die Einsicht gefestigt, dass die VDI-Definition 1993, die damals aus Gründen der Präzisierung und Abgrenzung relativ eng gewählt worden ist, zu erweitern ist. Insbesondere kommt der Grundaspekt der Bionik, nämlich auf den drei genannten Teilgebieten letztendlich die Technik so zu beeinflussen, dass sie Mensch und Umwelt stärker nutzt, in der Definition selbst nicht zum Tragen. Im Jahr 2002 habe ich deshalb die folgende „Zukunftsadaptive Definition" vorgeschlagen:

> *„Bionik bedeutet ein Lernen von den Konstruktions-, Verfahrens- und Entwicklungsprinzipien der Natur für eine positive Vernetzung von Mensch, Umwelt und Technik."*

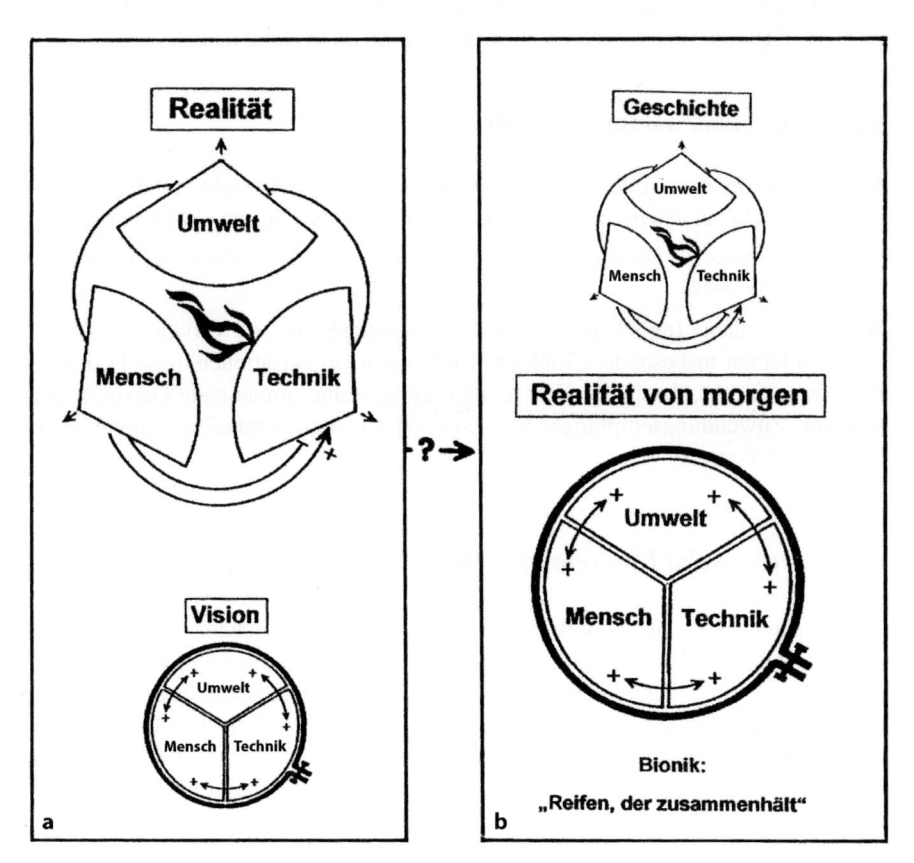

Abb. 9.1 Zusammenspiel von Mensch, Technik und Umwelt in der Realität von Heute (**a**) und – als Hoffnung – in der Realität von Morgen (**b**)

Diese erweiterte Definition umfasst dann auch Interaktionen zwischen Umwelteinflüssen und Lebewesen. In der heutigen Realität passen die drei Aspekte „Umwelt", „Mensch" und „Technik" nicht zusammen (Abb. 9.1a). Bannasch führt in seinen Vorträgen als vierten Aspekt die Ökonomie ein, die ich in dem genannten Abbildungsschema einerseits unter „Mensch", andererseits unter „Technik" subsumiert habe. Wie immer man es betrachtet: Die drei oder vier Facetten fügen sich nicht zum Ganzen, insbesondere deshalb, weil die „Technik" geradezu explodiert. Deshalb zeigt das Schema neben positiven auch störende negative Beziehungspfeile.

Strategisches Agieren bedarf der Visionen. Die von der Realität ausstrahlende Vision – heute noch vorsichtige Hoffnung, wie die Größenverhältnisse der Abb. 9.1a verdeutlichen sollen – wäre ein derartiges Zusammenkitten der genannten Facetten, dass im Wesentlichen nur noch positive Beziehungspfeile resultieren (Abb. 9.1b).

Vom Menschen aus besehen lässt sich das, was uns umgibt, also in (mindestens) zwei Bereiche gliedern: der vom Menschen nicht oder nicht vollständig beeinflusste Bereich und der vom Menschen beeinflusste, umgestaltete Bereich. Den ersteren kann man sensu strictu als „Umwelt" bezeichnen, den letzteren als „Technik". Zwischen beiden ergibt sich ein Prinzipgefüge mit positiven und negativen Beziehungen. Die Facetten fügen sich derzeit, wie erwähnt, nicht zum Ganzen.

9.1.2.4 Definition von Hansen (1999)

Eine Definition, die auf der Basis der genannten Grundlagen steht und dazu besonders praktikabel erscheint, hat der Initiator des BioKoN, Hansen (1999) vorgelegt:

> „Bionik bedeutet die Entschlüsselung von ‚Erfindungen der belebten Natur' und ihre technische Umsetzung."

Hansen setzt dabei freilich auf „Bionik im weitesten Sinne" (s. Vorwort).

Doch halten insbesondere auch die fördernden Organisationen diese Formulierung für geeignet, da sie die Bionik auch gut als eine umfassende Disziplin umschreibt. Zuwendungsempfänger müssen – oder sollten zumindest – abgrenzbare Disziplinen vertreten.

9.1.3 Technische Biologie und Bionik als Antipoden

Technische Biologie und Bionik stehen nicht beziehungslos nebeneinander. Sie sind als Sichtweisen und als methodisch abgrenzbare Forschungsdisziplinen miteinander verbunden. Dies zu berücksichtigen ist von wissenschaftstheoretischer Bedeutung.

Die Bionik baut auf den Forschungsergebnissen der Technischen Biologie auf. Sieht man als Endziel aller Bemühungen die technische Umsetzung, so gehören beide untrennbar zusammen, wie Bild und Spiegelbild oder wie Kopf und Zahl einer Münze.

Beispiel: Schlangenhaut und Langlaufskibelag (Abb. 9.2) Die französischen Forscher Gasc, Renous und Castanet vom Musée d'Histoire Naturelle in Paris ha-

9.1 Definitionen

AUSGANGSSYSTEM:
Bauchsschuppen der bodenkriechenden Schlange Leimadorphys

ENDSYSTEM:
Antirutschbelag für Langlaufskier

Schuppenmorphologie　　　　　Skibelag

(TECHNISCHE ‖ BIOLOGIE)　　(BIO ‖ NIK)

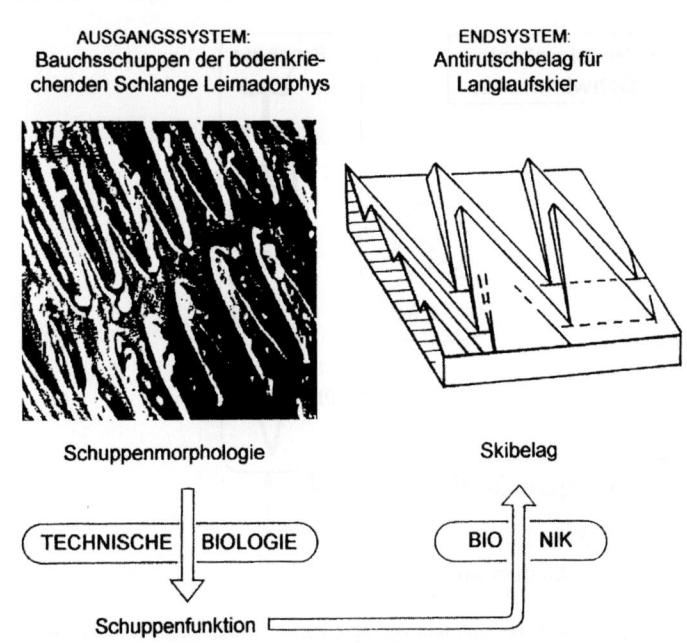

Schuppenfunktion

Abb. 9.2 Technisch-biologisches und bionisches Vorgehen bei der Konzeption eines Langlaufskibelags nach dem Vorbild der Bauchschuppen einer bodenkriechenden Schlange

ben 1983 die Konfiguration der Bauchschuppen bei regenwaldbewohnenden Bodenschlangen der Gattung *Leimadorphys* untersucht (Gasc 1983). Aufgrund der parabelartigen Schuppenleisten erhöhen diese Schuppen den Reibungswiderstand beim Rückwärtsziehen des Rumpfes, behindern aber das Vorwärtsgleiten kaum. Auf diese Weise ermöglichen sie eine Art peristaltischen Kriechens auf matschigem Untergrund.

Technische Biologie beschreibt die Schuppen in ihrer funktionellen Wirksamkeit unter Verwendung des physikalischen Begriffs der Reibungskraft kurz und vollständig als „richtungsabhängige Reibungsgeneratoren".

Bionik hat die morphologisch-funktionellen Eigenheiten dieser Schuppen in einen analog strukturierten Langlaufskibelag umgesetzt, der auch funktionell analog arbeitet.

Die Querbeziehungen zu pflegen ist ein probates Mittel, „Sprachstörungen" zu überwinden. Biologen und Techniker sprechen von analogen Konstruktionen, etwa dem Antrieb eines schwimmenden Systems, in unterschiedlichen Sprachen (Abb. 9.3). Wenn sie Bionik betreiben wollen, müssen sie sich, wenn schon nicht auf eine gemeinsame, so doch zumindest auf eine „bereichsüberlappende" Sprache einigen.

Der Philosoph Schmidt (2005) sagt dazu: „Weder die Sprache der Biologie alleine noch die der Technikwissenschaften ist hinreichend. Eine intermediäre Sprache ist notwendig, eine Übersetzungssprache. Bionik muss wohl, wenn sie erfolgreich sein will, eine sprachbasierte Übersetzungsmethodologie mit bereitstellen." Mit an-

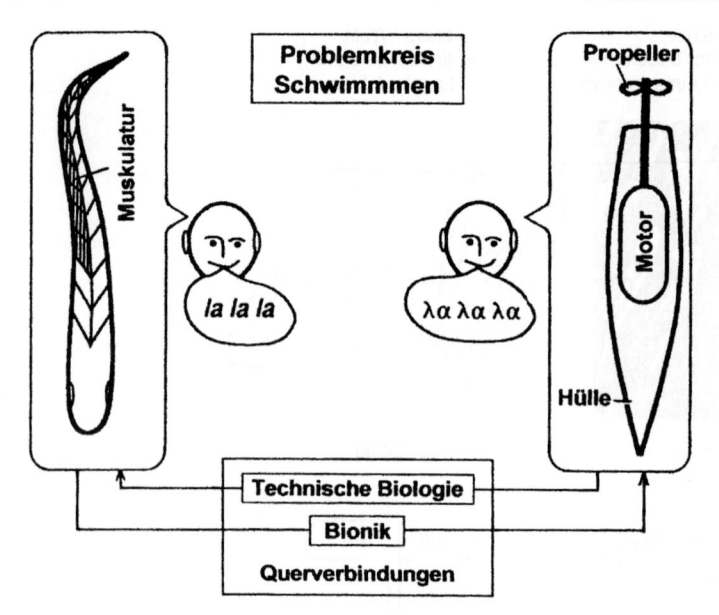

Abb. 9.3 Unterschiedliche Sprachen in Technik und Biologie können durch Technische Biologie und Bionik in eine gemeinsame Sprache einfließen (Blickhan 1992)

deren Worten: Bionik muss sich nicht nur als interdisziplinäre Wissenschaftssprache, sondern als auch als Technowissenschaft (Abschn. 8.2) und als „symmetrischer Zirkulationskatalysator" (Abschn. 8.3) bewähren.

Technische Biologie und Bionik schließen Technik und Natur aber auch zu einem Kreislaufsystem zusammen (Abb. 9.4). Im Idealfall erhöht das Einbringen technischen Wissens das Naturverständnis, und die daraus resultierenden neuen Daten erweitern Datengefüge und Fragestellungen in der Technik, sodass sich, wie oben bereits formuliert, wiederum vorhandenes Wissen erhöht usw.

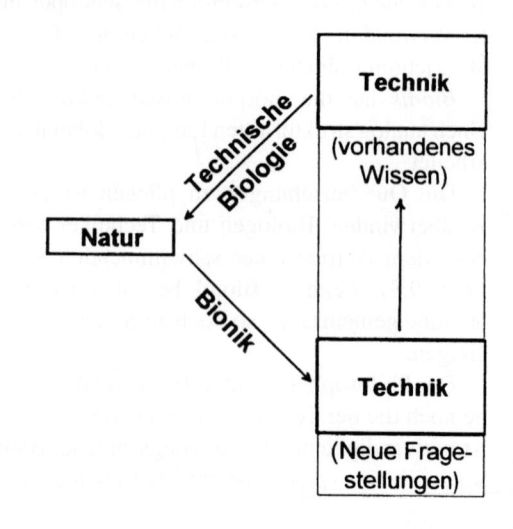

Abb. 9.4 Iteratives Vorgehen beim Datentransfer zwischen Technik und Natur

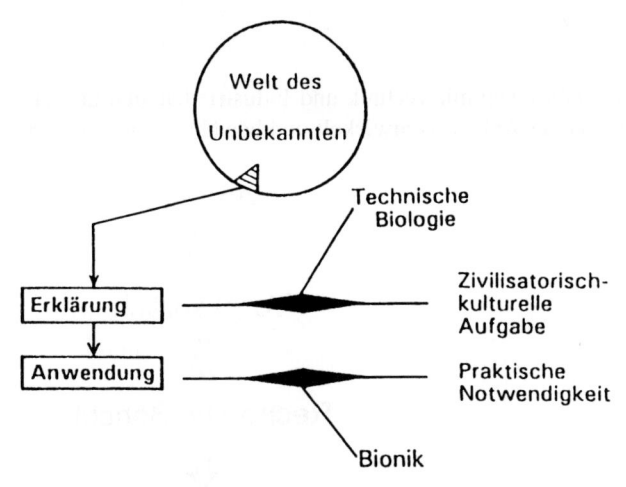

Abb. 9.5 Analyse der Welt des Unbekannten als zivilisatorisch/kulturelle Aufgabe und als praktische Notwendigkeit

Man braucht aber gar nicht soweit zu gehen. Es ist auf der einen Seite schlicht die Aufgabe des Menschen, Unbekanntes bekannt zu machen. Aus der riesenhaften Welt des Unbekannten diejenigen Teilchen zu erklären, die mit dem Instrumentarium und dem Vokabular der Technischen Biologie erklärbar sind, das ist die zivilisatorisch/kulturelle Aufgabe dieser Disziplin (Abb. 9.5). Nutzte man diese fachübergreifende Betrachtungsweise nicht, machte man sich einer Hauptsünde der naturwissenschaftlicher Forschung schuldig, eines bewussten Wissensverzichts.

Die neu erkannten Daten und Zusammenhänge über die Bionik in die Anwendung zu führen, das ist auf der anderen Seite schiere praktische Notwendigkeit. Man wäre mit Blindheit geschlagen, versuchte man es nicht (Abb. 9.5).

9.2 Bionik – eine fachübergreifende Vorgehensweise

Etwas ausführlicher könnte man sagen:

> *„Bionik ist ein Werkzeug, das in der Praxis anwendbar ist."*

Dazu seien einige Aspekte etwas näher beleuchtet. Besonders wichtig erscheinen mir die Betonung der Notwendigkeit, den Naturvergleich zu formalisieren und Analogieforschung zu betreiben. Die Praxis der Kooperation Biologie-Technik kann von einer Art Standardisierung profitieren.

9.2.1 Formalisierung des Naturvergleichs

Formalisierung bedeutet immer ein methodisches Durchdringen, aber methodisch ist dieses Aufeinanderzugehen der Disziplinen noch nicht endgütig durchdacht. Deshalb erfolgt es noch tastend und empirisch. Normen existieren noch nicht, obwohl sie sich durch neue VDI-Aktivitäten anbahnen.

9.2.1.1 Elemente

Bei unseren Kooperationserfahrungen mit Technik und Industrie hat sich in Saarbrücken das einfache Schema der Abb. 9.6 entwickelt und bewährt. Von einer An-

Abb. 9.6 Üblicher Prinzipverlauf zu Beginn einer bionischen Kooperation

Anfrage
⇩
Vorgespräch
⇩
Recherche/Bericht
⇩
Kooperationsvereinbarung

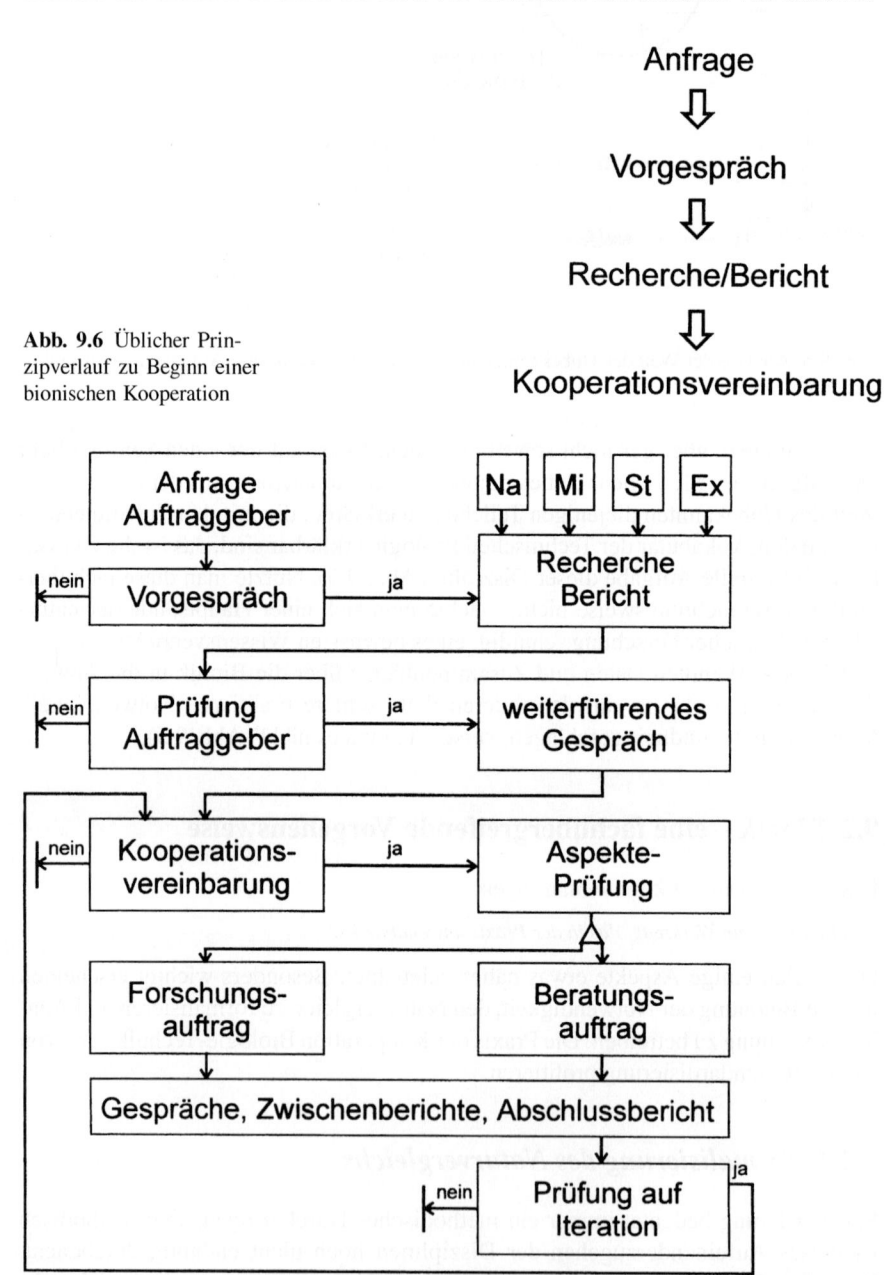

Abb. 9.7 Allgemeines Schema für ein bionisches Kooperationsprojekt mit der Firma Adidas

9.2 Bionik – eine fachübergreifende Vorgehensweise   151

frage aus dem technischen Bereich ausgehend, folgen kennzeichnende Schritte aufeinander. Zwischen Vorgespräch und Kooperationsvereinbarung ist als wichtigstes klärendes Element eine Recherche mit Bericht geschaltet.

9.2.1.2 Flussdiagramm

Die allgemeine Vorgehensweise ist in dem Flussdiagramm der Abb. 9.7 erläutert. An einer Recherche sind neben dem Leiter der Arbeitsgruppe (hier Na) immer auch Mitarbeiter (Mi), Studenten (St) und gelegentlich Externe (Ex) beteiligt. Zu einer Recherche kommt es aber erst nach gründlicher Klärung, ob für die Bearbeitung der Anfrage genügend Sachverstand und auch, nach allgemeiner Erfahrung, genügend Literaturdetails vorhanden sind. Andernfalls wird die Anfrage weitergeleitet oder

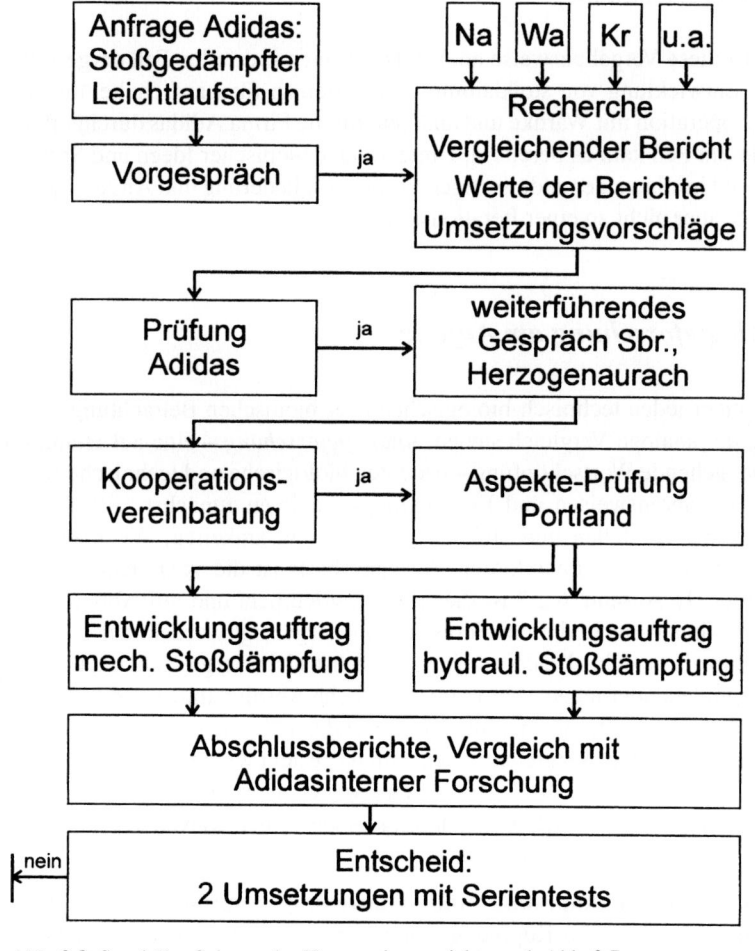

Abb. 9.8 Spezielles Schema des Kooperationsprojekts nach Abb. 9.7

ablehnend beschieden. Während der Bewilligungszeit für das BioKoN – Bionik-Kompetenz-Netz – ist das Durchleiten einer Anfrage an hierfür besonders geeignete Stellen problemlos geworden.

Nach weiterer Prüfung und Gesprächsaufbereitung kann es zu einer Kooperationsvereinbarung kommen, aus der ein Forschungsauftrag oder ein Beratungsauftrag resultiert. Im ersteren Fall werden Detailfragen ausgegeben und bearbeitet. Im anderen Fall bleibt die Forschung im Hause des Auftragsgebers, und von bionischer Seite erfolgt eine begleitende Beratung. Die Ergebnisse werden mündlich und schriftlich festgehalten und dienen dem Auftraggeber als Basis für eine Iterationsentscheidung. Wenn die Zusammenarbeit noch nicht zu endgültigen Resultaten geführt hat, kann es zu einer neuen Kooperationsvereinbarung kommen, sodass sich eine Iterationsschleife schließt.

9.2.1.3 Beispiel Laufschuhe

In Abb. 9.8 ist diese Vorgehensweise nochmals für einen speziellen Fall dargestellt, nämlich die Entwicklung von stoßdämpfenden Systemen für Laufschuhe, die wir einmal, in Kooperation mit Warnke und anderen, für die Firma Adidas durchgeführt haben. In diesem Fall kam es bereits zu Umsetzungen bionischer Ideen und Serientests, durch und infolge einer andersartigen Firmenaufgliederung und Änderung der Interessenlage aber nicht zu einer Iterationsschleife.

9.2.2 Analogieforschung am Anfang

Am Beginn einer jeden technisch-biologischen oder bionischen Betrachtung muss zwangläufig der analoge Vergleich stehen. *Analogieforschung* – eine auf Helmcke (1972) zurückgehende Wortschöpfung – bedeutet, biologische und technische Konstruktionen, Verfahrensweisen und Entwicklungsprinzipien zunächst „zweckfrei" einander gegenüberzustellen und auf mögliche Gemeinsamkeiten, Widersprüche oder Anregungspotenziale abzuklopfen. Ausgangsbasis ist die vergleichende Gegenüberstellung. In Abschn. 6.2.3 ist dies näher verdeutlicht und mit Abb. 6.6 am Beispiel eines Grashalms und eines Fernsehturms aufgezeigt worden, auf die sich Abb. 9.9 nochmals bezieht. Beide scheinen zunächst nicht vergleichbar, da nichtlineare Kenngrößenänderungen, sehr unterschiedliche Absolutlängen und ebenfalls sehr unterschiedliche Elastizitätsmoduli der verwendeten Baumaterialien vorliegen. Trotzdem muss ein solcher Vergleich an den Anfang gestellt werden. Es kann höchstens sein, dass er zu nichts führt. Dies ist aber weiter nicht dramatisch, sondern, im Gegenteil, alltägliche Forschungserfahrung. Auch in der konventionellen Forschungspraxis verlaufen sich viele Ansätze.

Beispiel: Kraftfahrzeugkupplung und Wanzenflügelkupplung Abbildung 9.10a,b zeigt eine technische Kupplung, wie sie zwischen den Loren einer Feldbahn üblich ist oder zwischen ziehendem Kraftfahrzeug und Anhänger und eine biologische Kupplung, die Vorder- und Hinterflügel einer fliegenden Wanze verkoppelt (Weber 1930). Es ergeben sich, funktionell betrachtet, prinzipielle Übereinstimmungen in der Wirkungsweise. Dazu gehören beispielsweise das Prinzip des Kraftschlusses, das Prinzip der Zugsicherung über Sicherungsflügel und so fort. Natürlich baut die Natur ihre mikroskopische Kupplung anders als der Techniker seine makroskopische. Wenn es darum geht, Fragen der temporär kraftschlüssigen Verkopplung zweier Einzelelemente im Mikromaßstab anzugehen, Fragen also, wie sie sich in der aufblühenden Mikrotechnologie zu Duzenden stellen, ist es *möglicherweise sinnvoller, vom „Vorbild Natur" als von bekannten technischen Großausführungen auszugehen.*

Im vorliegenden Fall würde man im Sinne der *Analogieforschung* zunächst die (weiterzuentwickelnde oder im mikroskopischen Maßstab anzupassende) techni-

**BIONIK
BEGINNT MIT DER
GEGENÜBERSTELLUNG**

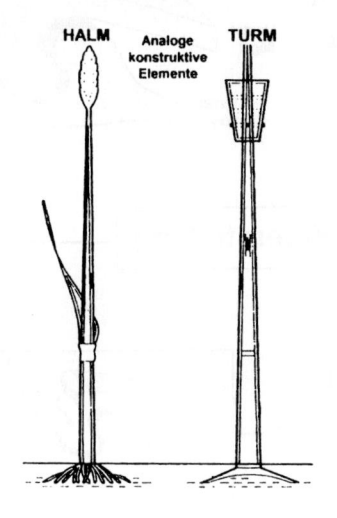

HALM   Analoge   TURM
        konstruktive
        Elemente

**Bringt der
Vergleich etwas für das Verständnis der Halmkonstruktion
("Technische Biologie")? Bringt er etwas als Anregung für
ein eigenständiges Konstruieren ("Bionik")? Oder ist es
völlig unsinnig, Details zu vergleichen?**

**Eines ist sicher: Ohne Gegenüberstellung ("Analogieforschung") kann man nicht entscheiden, ob die Disziplinen
etwas voneinander lernen können oder nicht.**

Abb. 9.9 Nochmalige analoge Gegenüberstellung der scheinbar unvergleichbaren biologischen und technischen Konstrukte von Abb. 6.6 als Basis für eine technisch-biologische und bionische Prüfung

sche Kupplung und die reale mikroskopische Kupplung der Natur einander gegenüberstellen (Abb. 9.10c). In einem weiteren Schritt geht es darum, Vergleiche anzustellen. Wenn ein technisches System weiterentwickelt werden soll, wird zunächst sein Istzustand formuliert, dann ein Anforderungskatalog für die zukünftige Entwicklung. Wenn man ein biologisches System beschreibt, formuliert man notwendigerweise den Istzustand des gegenwärtigen Evolutionsstandes. Man kann daraus einen detaillierten Beschreibungskatalog entwickeln.

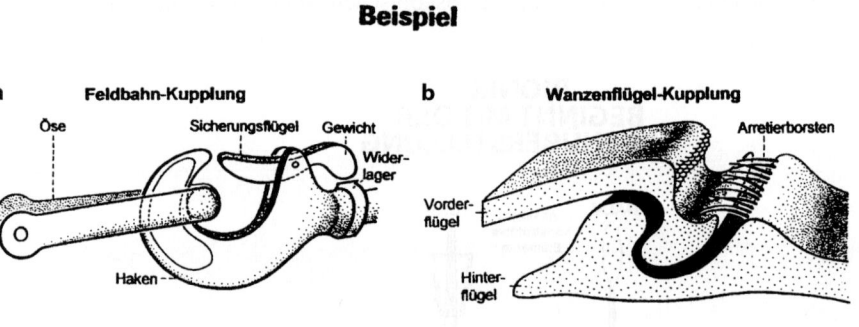

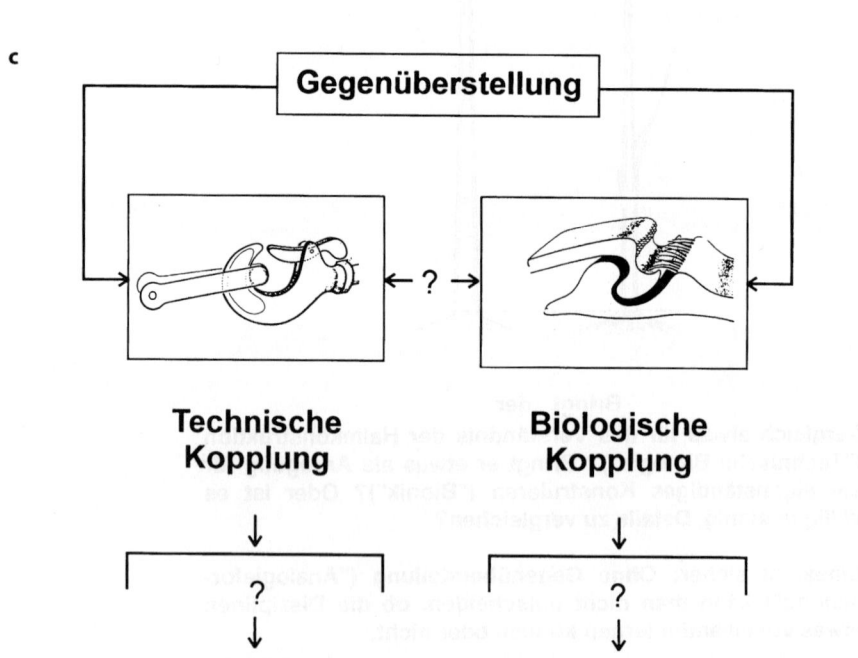

Abb. 9.10 Zur Analogieforschung. **a** Feldbahnkupplung, **b** Wanzenflügelkupplung, **c** analoge Gegenüberstellung muss an den Anfang!

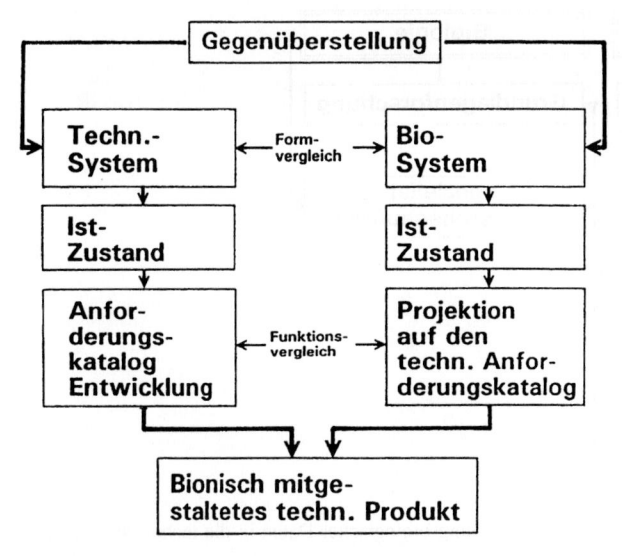

Abb. 9.11 Form- und Funktionsvergleich auf dem Weg zu einem bionisch mitgestalteten technischen Produkt

Vergleiche sind nun an zwei Stellen möglich, nämlich im Sinne eines Formvergleichs und eines Funktionsvergleichs (Abb. 9.11).

Beim *Formvergleich* werden das technische und das biologische System – wie gesagt zunächst im Sinne einer analogen Betrachtung – einander gegenübergestellt und auf Ähnlichkeiten und Differenzen hin durchgemustert. Hierbei kann die Formentstehung freilich bereits unter funktionellen Aspekten betrachtet werden (z. B. Otto 1988).

Beim *Funktionsvergleich* werden die Kataloge verglichen, nämlich der technische Anforderungskatalog für eine Weiterentwicklung und der biologische Deskriptionskatalog des Istzustands.

Was sich aus den Vergleichen und darauf aufbauenden Querbeziehungen ergeben kann, ist nie ein bionisches Produkt – das gibt es gar nicht. Es handelt sich stets um technische Produkte, die aber, und das ist das Wesentliche, mehr oder minder bionisch mitgestaltet sein können, zumindest aber bionisch inspiriert sind.

9.2.3 Vorgehensweise der Zusammenarbeit

Wie kann eine Zusammenarbeit zwischen den biologischen und technischen Disziplinen nun im Prinzip vor sich gehen? In den Abb. 9.12 und 9.13 ist das Grundkonzept skizziert.

Biologische Analyse – auch technisch-biologische Analyse im Bereich der Biomechanik (Nachtigall 2001a) – bedeutet letztendlich Grundlagenforschung. Diese kann allerdings problembezogen und damit von einer technischen Frage, einem auf-

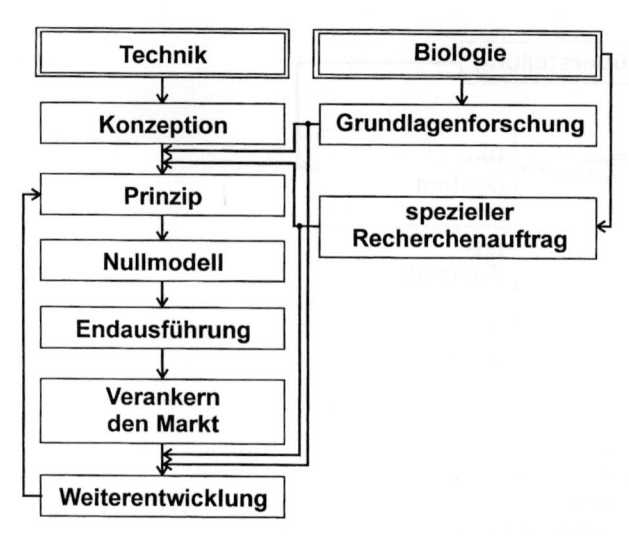

Abb. 9.12 Günstige Stellen für die Einbeziehung biologischer Daten in die technische Entwicklungskette

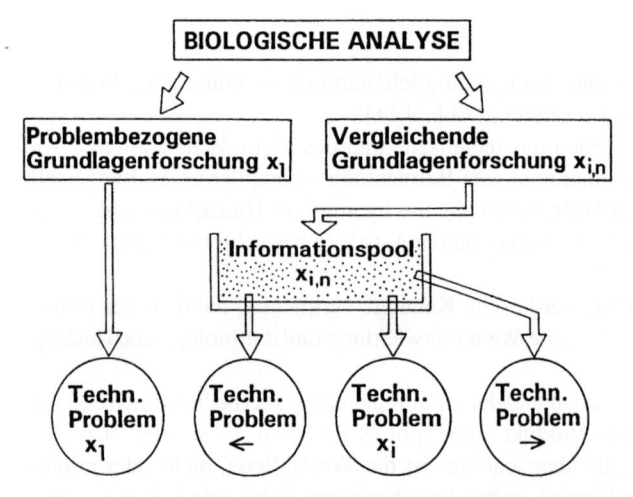

Abb. 9.13 Bionische Umsetzung hin oder her: Kulturell-zivilisatorischer Grundauftrag bleibt das Bekanntmachen des bis dato Unbekannten. Im biologischen Bereich: die Füllung des biologischen Datenreservoirs mit voneinander unabhängig und in der Vergleichenden Grundlagenforschung zunächst zweckfrei gewonnenen Befunden. Daneben wird es immer auch firmenfinanzierte, projektbezogene Forschung geben, die man – macht sie denn bisher Unbekanntes bekannt – zur Grundlagenforschung zählen kann

tretenden technischen Problem x_1 ausgelöst worden sein und damit bereits anwendungsorientiert beziehungsweise problembezogen ausgelegt sein. Normalerweise läuft sie aber „zunächst zweckfrei" ab und füllt dann einen Informationspool x_2 bis $\div x_n$, aus dem sich der Techniker für seine Problemlösung bedienen kann, wenn es nötig ist. Das Grundprinzip wurde bereits angeführt. Wichtig erscheinen mir darüber hinaus drei Aspekte:

1. *Grundlagenforschung* ist stets *Zivilisations-* beziehungsweise *Kulturauftrag* par excellence. Es steht einer Zivilisation gut an, Sinfonieorchester oder Opernbühnen zu unterhalten. Dies kostet Geld und bringt keinen unmittelbaren, leicht messbaren Effekt. Mit der Grundlagenforschung verhält es sich genauso. Damit ist die „zunächst zweckfreie Grundlagenforschung" Politikern und Wirtschaftlern weniger gut nahezubringen als eine „problembezogene Grundlagenforschung".
2. Die *„zunächst zweckfreie Grundlagenforschung"* hat sehr starke Ähnlichkeit *mit der biologischen Evolution*. Diese reagiert ja auch nicht erst mit der Vorstellung neuer, „besser angepasster" biologischer Konstruktionen, wenn sich ändernde Umweltbedingungen dies erzwingen. Die Evolution spielt vielmehr jeweils eine sehr große Anzahl von Möglichkeiten durch und verankert sie genetisch. Wenn sich die Umweltbedingungen einmal ändern, ist im Allgemeinen immer eine genetische Information parat, die dann Entfaltungsvorteile vorfindet, sich selektiv durchsetzt und somit zu „besser angepassten" biologischen Konstruktionen führt.
3. Schließlich ergeben sich die beiden Aspekte 1 und 2 einfach auch als *praktische Notwendigkeiten*. Wenn die Industrie eine Frage hat, die von bionischer Seite angegangen werden kann, wendet sie sich an eine geeignete Institution und vereinbart eine zeitlich terminierte Zweckforschung, vergibt einen Forschungsauftrag, der als ersten Schritt üblicherweise eine Datenrecherche beinhaltet. Diese versucht, Informationen des „Erkenntnisreservoirs Natur" aufzudecken. Dieses muss aber gefüllt sein, sonst bekommt man nicht einmal Anregungen für zweckbehaftetes Weitervorgehen. Unabdingbar ist also naturwissenschaftlich-biologische Grundlagenforschung (Abb. 9.13).

9.2.4 Stufen der Zusammenarbeit

9.2.4.1 Prinzip

Wenn somit Bionik eine Art Kitt zwischen Technik und Biologie darstellen soll, wie sieht die Zusammenarbeit dann in der Praxis aus? In Abb. 9.12 ist die Problematik grafisch verdeutlicht.

Am Beginn der Entwicklung eines technischen Produkts steht die Konzeption, dann die Ausarbeitung des Form- und Funktionsprinzips, des Weiteren die Herstellung eines Nullmodells. Dieses entwickelt sich in vielerlei Änderungen zu einer Endausführung, die nun auf dem Markt verankert werden soll. Dies gelingt meist nicht auf Anhieb, sodass weitere Modifikationen gemacht werden müssen; die Endausführung wird wieder an der Prinzipkonstruktion gespiegelt, leicht verändert und wieder dem Markt angeboten. Es läuft also ein Iterationsprozess eines einmal angestoßenen Vorgangs ab.

Die Biologie kann im Sinne der Grundlagenforschung und eines speziellen Rechercheauftrags an der Entwicklung und Weiterentwicklung eines technischen Produkts Anteil nehmen. Die Informationen fließen einerseits in die *Schnittstelle zwischen Konzeption und Prinzipmodell*, andererseits – in der Weiterentwicklung – in die *Iterationsschleife der Marktverankerung*.

Somit kann Bionik nicht nur bei der Prinzipentwicklung, sondern, was mindestens ebenso wesentlich erscheint, bei der Detailänderung und Anpassung mithelfen. *Insbesondere die Marktakzeptanz wird in Zukunft sehr stark davon abhängen, ob ein Gerät oder eine Verfahrensweise Mensch und Umwelt sehr viel stärker einbezieht, als das bisher der Fall ist.* Das wird von Waschmitteln bis hin zu Autos, von Klebstoffen bis hin zu biochemischen Verfahrensweisen so sein.

Bionische Kenntnisse und Erkenntnisse werden in sehr absehbarer Zeit für die Marktverankerung fast ebenso wichtig werden wie die technologischen Grundkonzepte.

Dies wird gerade wegen der vom Käufer ausgehenden Akzeptanzproblematik so sein. Dafür gibt es bereits zahlreiche Beispiele (Zerman u. Barthlott 2006). Die Industrie hat sich darauf im Prinzip eingestellt, wenngleich das Beharrungsvermögen des Eingefahrenen überaus stark ist. Auch von Politik und Wirtschaft erfährt die Bionik nun zunehmende Unterstützung, wobei allerdings auch gesagt werden muss, dass manchmal seltsame Vorstellungen darüber herrschen, wie mit dem „Vorbild Natur" umzugehen ist. Als Bioniker muss man immer wieder darauf hinweisen, dass Technische Biologie und Bionik auf *analoge Übertragung* hinarbeiten, *nicht auf Naturkopie*. Dies gilt gerade auch für eher populärwissenschaftliche Darstellungen, zum Beispiel Willis (1997), Nachtigall u. Blüchel (2001), Blüchel u. Malik (2006). Der Herausgeber v. Gleich (1998) greift diesen Aspekt ebenfalls auf.

Beispiel: Sony-Hund und Cruse/Pfeiffer-Insektenlaufmaschine Die Firma Sony baut einen „Kunsthund", der ausschaut und reagiert wie ein kleiner Hund. Da die Bauteile unterschiedlicher Art sind, ist er selbstredend auch ein dem natürlichen Vorbild analoges Gebilde. Die möglichst formtreue Gestaltung und funktionelle Äußerung verweist ihn aber gefährlich nahe an eine „Kopie" des natürlichen Vorbilds.

Die typisch bionische *Übertragung von Prinzipien* führt aber in der Regel weg vom *Formvorbild*. Dies zeigen 6-beinige Laufmaschinen, die, abgesehen von ihren sechs Beinen, nicht aussehen wie ein Insekt (Abb. 9.14). Die Form ist eine technologisch bedingte. Zumindest die – bereits klassische – Laufmaschine des Maschinenbauers Pfeiffer und des Biologen Cruse (Pfeiffer u. Cruse 1994) beruht auf einer ganzen Reihe von insektentypischen Struktur-Funktions-Beziehungen und Verrechnungs-Funktions-Beziehungen, die man der Konstruktion äußerlich nicht ansieht. Es handelt sich eben um *technologisch eigenständige Ausgestaltungen biologischer Bau- und Funktionsprinzipien*.

9.2.4.2 Beispiel Mercedez-Benz bionic car

Die Vorgehensweise bei der Zusammenarbeit zwischen Industrie und Biologie sei nochmals am Beispiel des Mercedez-Benz bionic car aufgezeigt, eine Entwicklung

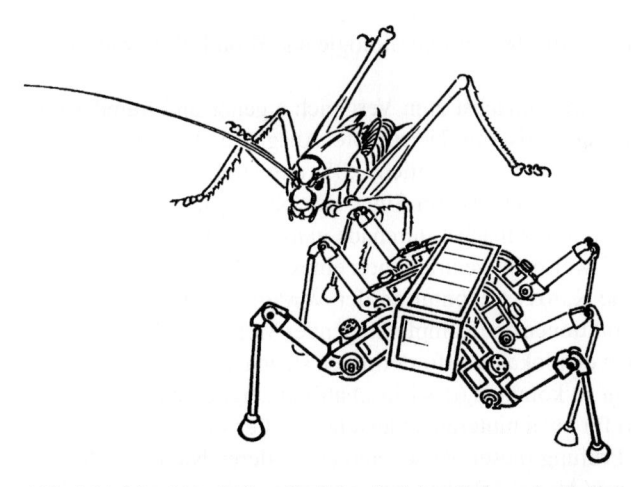

9.2 Bionik – eine fachübergreifende Vorgehensweise

Abb. 9.14 Morphologisch unähnliche, funktionell aber sehr ähnliche (und damit funktionell analoge) Konzepte: sechsbeinige Heuschrecke und sechsbeinige Laufmaschine

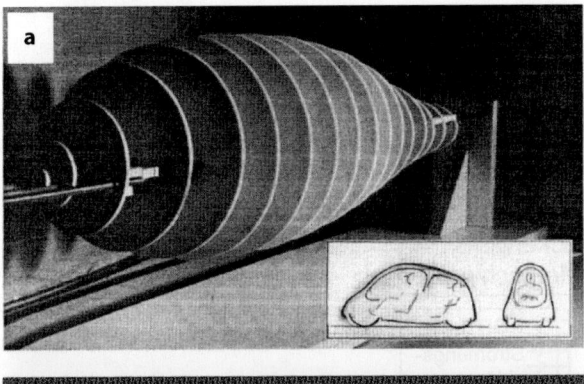

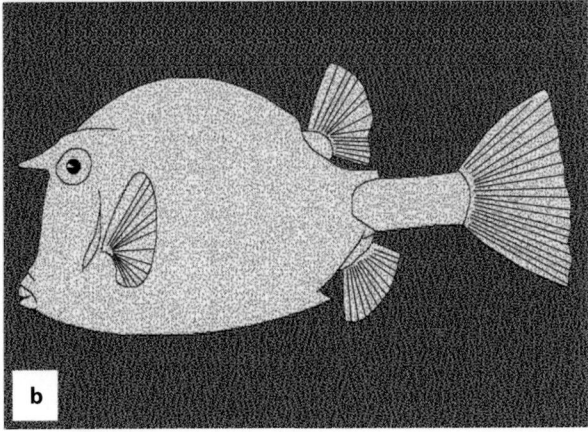

Abb. 9.15 Auf dem Weg zu einem Fahrzeug kleinen c_W-Werts. **a** Spantenmodell des Rumpfes einer Mehlschwalbe. Einschaltbild: Gedankenkonzept (Nachtigall 2001b) eines ökologischen Kleinstwagens. **b** Kofferfisch, Schema

der Firma Mercedes-Benz, die die Technische Biologie und Bionik Saarbrücken mit stimuliert hat.

Der Rechercheauftrag führte zunächst zum Vergleich eigener und fremder Forschungsergebnisse über widerstandsarme Tierrümpfe. Ausgleitende Pinguine besitzen beispielsweise einen c_W-Wert von lediglich 0,07, unglaublich gering aus der Sicht eines Autokarosseriekonstrukteurs. Im Sinne des oben genannten Formvergleichs (Abb. 9.11) können nun, zunächst durchaus ganz naiv, Konturenelemente verglichen werden, beispielsweise die Ventralkontur eines schwimmenden Eselspinguins und die aufsteigende Karosseriekontur an der Vorderseite eines Autos. Wir haben auch Spantenkonstruktionen der Rümpfe fliegender Mehlschwalben gemacht (Abb. 9.15a), die man nach den lokalen Erfordernissen stauchen oder dehnen kann, um so zu Formvorschlägen zu kommen (das Einschaltbild zeigt einen Konzeptvorschlag [Nachtigall 2001a] für zwei hintereinander sitzende Personen).

Die Firma fand nach Prüfung dieser Vorschläge ein anderes Naturvorbild, den Kofferfisch *Ostracion spec.* (Abb. 9.15b) besonders angemessen, mit dem sie dann weitergearbeitet hat. Die sonstigen Vorbilder haben die Firma „lediglich" bestärkt, überhaupt nach entsprechenden Naturkonstruktionen zu suchen und diese ernsthaft

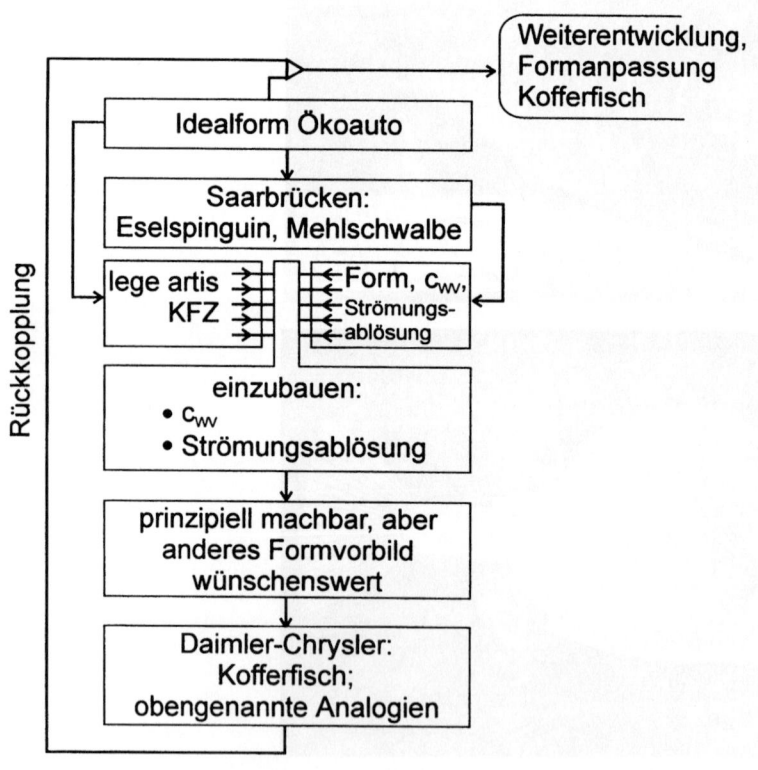

Abb. 9.16 Einbau bionischer Stufen als Motivation für die Entwicklungsingenieure auf dem Weg zum Mercedes-Benz bionic car

mitzubetrachten: *Anregungscharakter des bionischen Vorgehens*. Abgüsse und vergrößerte Modelle von Kofferfischen wurden dazu in einer eigenständigen Entwicklung der Firma im Windkanal vermessen, nach denen letztlich die fahrbereite Großausführung entstanden ist (vgl. auch Abb. 6.4).

Zum Vergleich zeigen die Abb. 9.16 und 9.17 das spezielle Flussdiagramm für dieses Beispiel und ein daraus abstrahiertes allgemeines Flussdiagramm. Diese Entwicklung ist, wie erwähnt, über das windkanalvermessene Großmodell bis zu einer fahrfertigen Ausführung gediehen. Daraus hat sich eine Tagung „Bionik im Automobilbau" entwickelt. In einer firmeneigenen Festschrift wird von einem Widerstandsbeiwert c_{WSt} = 0,12 für das Großmodell gesprochen. Die fahrfertige Ausführung erreichte c_{WSt} = 0,19. Die Festschrift stellt heraus, dass der Naturvergleich inspirierend war; er habe „das Team inspiriert, die Fahrzeuge noch aerodynamischer zu machen".

Das Unkonventionelle an Naturvorbildern kann, je nachdem, wie man es sieht, hemmend oder auch fördernd sein. Die Firma konzediert, dass „... auf den ersten Blick ausgefallen erscheinende Ideen zu den vernünftigsten Autos führen können". Damit war das bionische Vorgehen akzeptiert.

Die in den Abb. 9.16 und 9.17 skizzierte Vorgehensweise weist auf mehrere wesentliche Punkte hin.

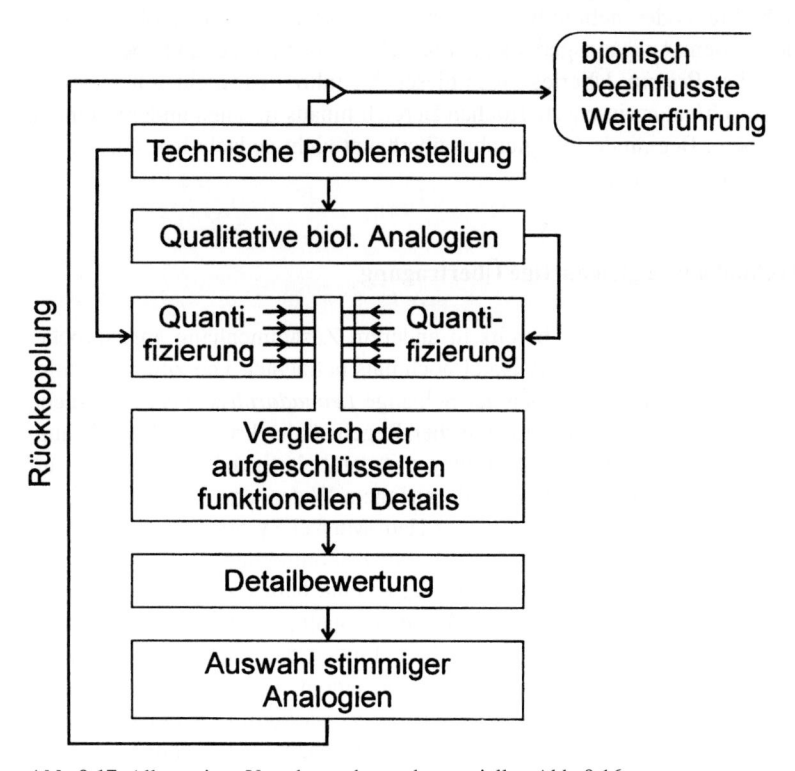

Abb. 9.17 Allgemeines Vorgehensschema der speziellen Abb. 9.16

Wichtig ist beispielsweise, dass den Analogiebetrachtungen eine derartige Rückkopplung folgt, dass sich die biologischen Gegebenheiten auf die (im Detail formulierten) technischen Problemstellungen aufschalten. Nur so kann es zu einer bionisch beeinflussten Weiterführung kommen.

Wichtig ist weiterhin, dass die technischen Anforderungen im Sinne eines „technischen Aufgabenkatalogs" möglichst detailliert vorgelegt werden. Gleiches gilt für den „biologischen Vergleichskatalog", den der Partner aus der Biologie vorzulegen hat. Es kommt damit zu einem Detailvergleich auf der Ebene der Quantifizierung. Dabei wird nachgeschaut, welche Elemente des technischen Katalogs (lege artis Kfz) und des biologischen Katalogs (lege artis Biologie) sich soweit berühren, dass ein Weiterarbeiten bis zum Einbau Biologie → Technik möglich ist. Im vorliegenden Fall wurden drei solche Passmöglichkeiten gefunden, nämlich zur Frage der allgemeinen Form, zum c_{WV}-Wert und zur Frage spezieller Strömungsablösungsstellen. Diese wurden dann weiter verfolgt.

9.2.5 Typen technologischer Übertragung

Technologische Übertragungen, deren Prinzipien oben geschildert worden sind, können mehr direkt oder mehr indirekt geschehen. Das kann bis hin zu Ideenskizzen führen, die mit dem Ausgangsgedanken praktisch nichts mehr zu tun haben: *Bionik als heuristisches Prinzip*. Überlegungen dieser Art führen gar nicht selten aus einem physikalisch/naturwissenschaftlichen Bereich hinaus in einen anderen hinein, an den man beim Beginn des Vergleiches überhaupt nicht gedacht hat. Dies sei an zwei Beispielen dargestellt.

9.2.5.1 Technologisch gleichartige Übertragung

Es sei hier mit Abb. 9.18 das bereits in anderem Zusammenhang angesprochene und mit Abb. 9.2 illustrierte Beispiel nochmals betrachtet. Die zitierten Biologen haben 1983 die Bauchschuppen der Schlange *Leimadorphys spec.* untersucht, die auf schlammigem Untergrund tropischer Regenwälder kriecht. Diese Schuppen weisen eine kennzeichnende Riffelung mit parabelartiger Strukturierung auf (Abb. 9.18a). Diese erlaubt es ihnen, mit geringem Widerstand vorwärts zu kriechen, verhindert aber ein Rückrutschen des Haut-Muskel-Systems. Auf diese Weise kommt die Schlange durch abwechselnde Muskelkontraktion vorwärts, weil ein Rückrutschen verhindert wird. Entsprechende Patente haben zur Entwicklung eines Langlaufskibelags geführt (Abb. 9.18b), einer analog strukturierten Folie, die auf Langlaufski aufgeklebt werden kann. Sie behindert das Vorwärtsgleiten nicht, reduziert dagegen das lästige Rückrutschen bei einem Anstieg der Loipe deutlich. Es handelt sich also um eine *gleichartige technologische Übertragung eines Prinzips*, nämlich des Prinzips der „richtungsabhängigen Reibungsgeneration".

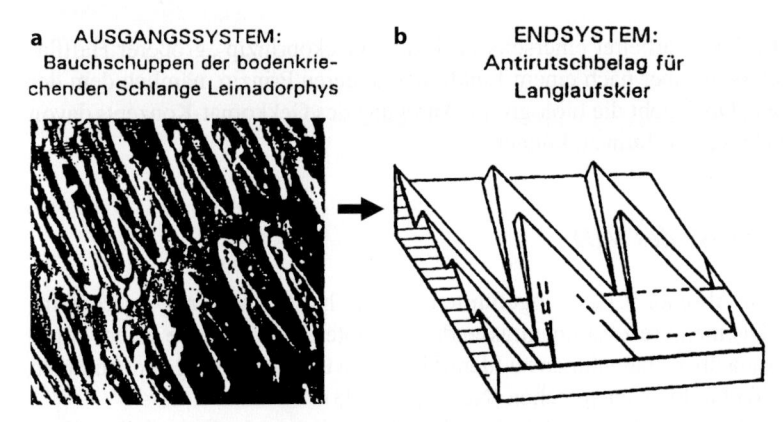

9.2 Bionik – eine fachübergreifende Vorgehensweise

a AUSGANGSSYSTEM:
Bauchschuppen der bodenkriechenden Schlange Leimadorphys

b ENDSYSTEM:
Antirutschbelag für Langlaufskier

Abb. 9.18 Technologisch gleichartige Übertragung: Schlangenschuppen-Morphologie (**a**) und Langlaufskibelag (**b**). Vgl. Abb. 9.2

9.2.5.2 Technologisch andersartige Übertragung

Geckos können mit ihren großflächigen Haftfüßen, die nach Autumn et al. (2000) im Wesentlichen wohl auf Van-der-Waals-Kräfte, sekundär möglicherweise auch noch auf die Einhakung submikroskopisch feiner Spitzen in ebensolche Rauigkeiten des Untergrunds beruhen, bekanntlich glatte Wände hochlaufen (Abb. 9.19a). Winkler (2000) hat eine Steighilfe namens „Gekkomat" entwickelt, mit der beispielsweise Fensterreiniger auf glatten Außenflächen von Gebäuden laufen können

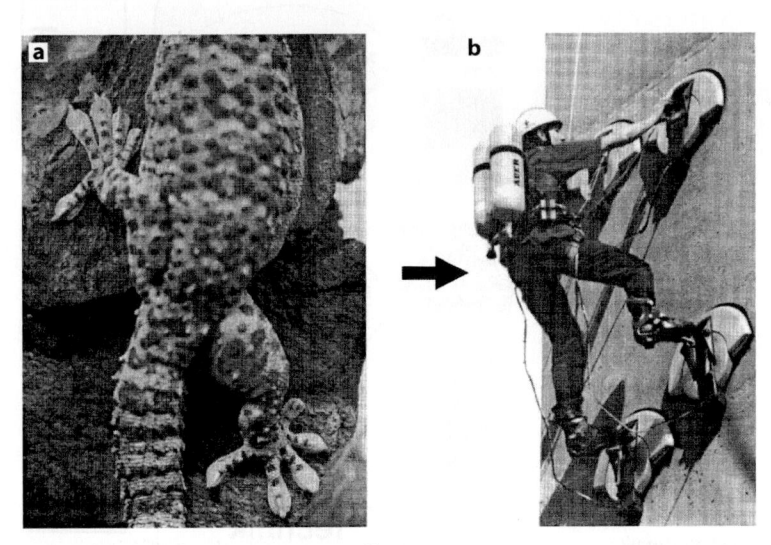

Abb. 9.19 Technologisch andersartige Übertragung: **a** Biologische Haftfüße von Geckos nach dem Van-der-Waal- und wohl auch dem Mikrohakenprinzip. **b** Technologische Haftscheiben für Fensterputzer nach dem Saugprinzip (Winkler 2000)

(Abb. 9.19b). Diese arbeitet einerseits nach dem Geckoprinzip „größerer Haftflächen", andererseits aber nach einem funktionell anderen Prinzip, nämlich dem der Saugscheiben. Doch geht die biologische Anregung des Gekkomat-Konzepts davon aus, es den Geckos nachtun zu können.

9.2.6 Sichtweise des VDI

Auf seiner im Abschn. 9.1.2.2 angeführten Tagung hat der Verein Deutscher Ingenieure (VDI) mehrere zusammenfassende Konzepte entwickelt, die einem allgemeinen Schema über Maßnahmen zu Identifikationen und Bewertung von Ansätzen zukünftiger Technologie entsprechen (Neumann 1993).

Die Darstellung von Abb. 9.20 deckt sich in etwa mit den hier vorgestellten Konzepten. Auch der VDI sieht Bionik als *Bindeglied zwischen der Biologie (mit ihrer technikorientierten Schwester, der Technischen Biologie) und der Technik*. Er erkennt an, dass sowohl Biologie als auch Bionik und Technik von den klassischen Wissenschaften, insbesondere der Physik, der Chemie und den Ingenieurwissenschaften leben oder doch zumindest angeregt werden. Die technische Vorgehensweise gliedert der VDI auf in Analyse, Bewertung, Umsetzung und Anwendung. An der Schnittstelle zwischen Bewertung und Umsetzung sieht er die besten Möglichkeiten für ein Einbringen von „Vorschlägen aus der Natur" über das Medium der Bionik.

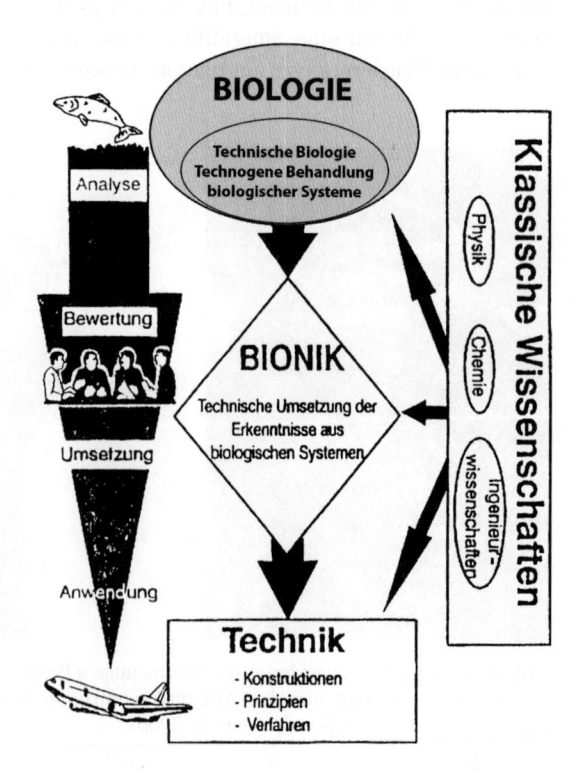

Abb. 9.20 Einbau von Bionik zwischen Biologie und Technik nach den Vorstellungen des VDI

Die Bionik selbst gliedert er in die auch hier verwendeten Unterbegriffe der *Konstruktionsbionik, Verfahrensbionik und Informationsbionik*. (Ich habe eher von Evolutionsbionik gesprochen, doch ist der Begriff „Informationsbionik" möglicherweise günstiger, da integrativer.)

Neuerdings hat der VDI eine eigene Arbeitsgruppe gebildet, die sich mit der Integration biologischer Vorbilder in den technischen Konstruktionsprozess und deren Formalisierung befassen wird.

9.2.7 Bionikdarstellungen

Bionikdaten sind sehr häufig grafisch übersetzbar, aber wie kann man sie am besten darstellen? Wie können sie in die Praxis des Trainings und der Lehre hineinspielen?

9.2.7.1 Visualisierung von Bionikdaten

- Bionikdaten auf Katalogblättern
  Hill (1998; Abschn. 10.1.6) systematisiert bionikrelevante biologische Daten in Orientierungsmodellen. Ein solches Modell stellt eine Übersicht über nutzbare Prinzipien oder Strukturen dar und enthält Gegenüberstellungen auf Katalogblättern (Beispiel: Abb. 9.21). Hierauf sind Objektstrukturen und deren Funktionsmerkmale skizziert und stichwortartig beschrieben.
- Bionische Designvorlagen
  Man kann Vögel nach dem Habitus sowie nach ihren Gefiederfarben und -merkmalen aus Beschreibungen bestimmen oder man kann bebilderte Bestimmungsbücher durchblättern, die besonders dann weiterhelfen, wenn ähnliche Arten nebeneinander zum Vergleich abgebildet sind. Das letztere Verfahren gilt nicht als das eigentlich wissenschaftliche; es führt aber rasch weiter, und die Ergebnisse können nachträglich weiter spezifiziert werden. Ein Bild sagt eben mehr als tausend geschriebene Worte. Das Gehirn ist geübt in der raschen Aufnahme komplexer Bildinhalte.
  Ich habe deshalb in einem Buch über *Biologisches Design* (Nachtigall 2005b) nach technischen Gesichtspunkten gegliederte Fototafeln von biologischen Strukturen vorgelegt, die sich ebenso zum „Blättern" eignen wie – über den Index – zum gezielten Vergleich. Dies kommt der visuellen Ausrichtung von Designern entgegen, die dadurch zu bionischem Naturkontakt inspiriert werden können.
  Zwei wesentliche Kriterien sind dabei wichtig. Die Vorlagen müssen zum einen so fotografiert sein, dass die Fotos alle typischen und wesentlichen Einzelheiten „unverhüllt" zeigen. Zum anderen muss der Zugang über einen sehr differenzierenden Index gewährleistet sein.
  Der Kurzindex zum Teil II des genannten Buchs (Makrofototafeln) ist, zur Übersicht und ohne Seitenangaben, in Abb. 9.22 dargestellt. (Der hier nicht gegebene umfangreichere Index zu allen drei Buchteilen umfasst 44 Seiten.) Solche Indi-

Strukturkatalog: Stützen/Tragen von Stoff			
Nr.	Objektname	Objektstruktur bzw. -teilstruktur	Funktionsmerkmale
1	Flügeldeckenschnitt eines Rosenkäfers (Cetonia)	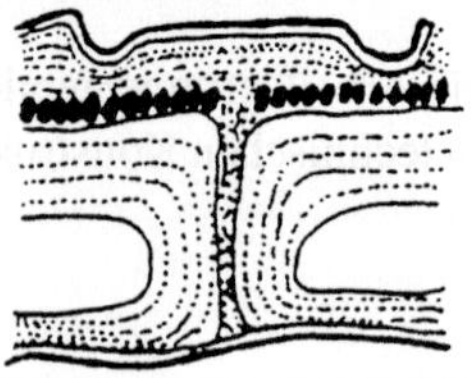	Dickere und härtere Oberplatte ist durch Säulchen in differenzierten Abständen mit der Unterplatte verbunden.
2	Querschnitt eines Holunderstammes und eines Grashalmes	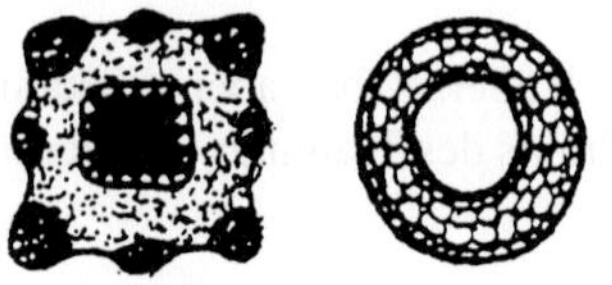	Stabilisierung durch innere Hohlräume und äußere Materialanhäufung
3	Meerestang (Durvillaea antarctica)	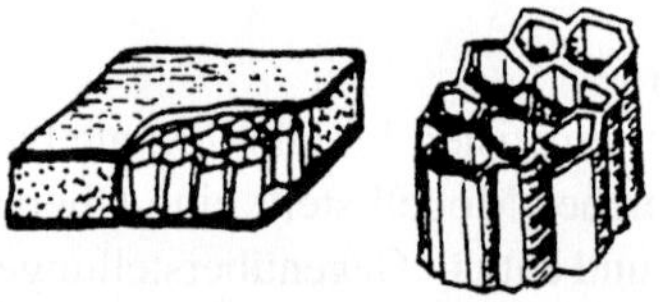	Versteifung durch wabenartige Stützschicht zwischen zwei festen Deckschichten

Abb. 9.21 Beispiel für ein Strukturkatalogblatt nach Hill (1998)

zes können als Basis und Leitlinie dienen für den zukünftigen Aufbau einer umfangreichen bionischen (Bild-)Kartei über funktionell untergliederte biologische Strukturen.

Gleichzeitig können sie dem bionisch interessierten Ingenieur aufzeigen, zu welchen Stichworten sich ein Nachschlagen lohnt.

9.2.7.2 Bionik und Kreativitätstraining

Die Beschäftigung mit Lösungen, welche die Natur für bestimmte „technische" Probleme entwickelt hat, kann – wie ich bei Industrieseminaren immer wieder bemerkt habe – den „kreativen Willen" von Ingenieuren ungemein beflügeln. Insbesondere beeindruckt die überwältigende Vielzahl von Lösungsansätzen, die in der Natur für ein und dieselbe „technische" Problematik in Aberhunderten von Varianten bereitgestellt worden ist. „Technisch" steht hier in Anführungszeichen, denn es handelt sich bei dieser Trainingsmethode noch nicht einmal um natürliche Vorbilder für technisches Übertragen (→ Bionik im eigentlichen Sinne), sondern um in der Natur entwickelte und funktionierende Mechanismen und Konstruktionen, die einer „technisch formulierbaren" Aufgabe dienen (→ Technische Biologie), z. B. der temporären Verbindung zweier Teile.

9.2 Bionik – eine fachübergreifende Vorgehensweise

In einem meiner Industrieseminare wird dies als Aufgabe gestellt. Die Seminarteilnehmer teilen sich in Gruppen auf, welche die folgenden vier Lösungsansätze für den genannten Problemkreis „temporäre (wieder lösbare) mechanische Verbindungen" bearbeiten:

1. Verfalzen und Verzapfen,
2. Anklemmen,
3. Verhaken und Verkoppeln sowie
4. Ansaugen.

Jede Gruppe skizziert 20 bis 30 min lang alles, was ihr zu ihrem Lösungsansatz einfällt (Kenntnisstand, eventuell Vorschläge für Weiterentwicklungen) auf Folien und

Adernnetze	Fallschirme
Allseitiges Verstellen	Faltwerke
Armierungen	Falze
Aufgefingerte Flügelenden	Fangbeine
Aufrollen und Ausstrecken	Fangnetze
Aus- und Einrollen	Fangtrichter
Auskeimen und Ausläufer	Faserversteifungen
Ausschieben	Fenster
Autoreparabilität	Festhalteeinrichtungen
Bambus	Fibonacci-Spiralen
Bedeckungen	Filzige Verdunstungshemmung
Bein-Fangkörbe	Flächenaussteifung
Besen	Flächentragwerke
Bewegliche Gliederketten	Flossen
Bewegung auf der Wasseroberfläche	Flughaare
Blenden	Formhaltung
Bremsflug und Rückstrombremsen	Funktionsänderung
Bürsten	Gefaltete Anlagen
Chemische Schrapnells	Gekammerte Pneus
Dachartige Wasserabweisung	Gele und Gallerte
Diatomeenstrukturen	Gespinstwerke
Doppelseitige Anlage	Gleitflächen
Doppelseitige Ausrichtung	Gleitflieger
Dornen und Fäden	Gliederpanzer
Druckminderung	Grabschaufeln
Durchschlagskapseln	Gräser
Dynamische Auftriebserzeugung	Haftbläschen
Elastische Dehnung	Haftplättchen
Elastisches Ausweichen	Hakenkränze
Entfaltungen	Hartschaumversteifung
	Hebel
Erdbauten	Hexagonalstrukturen
Erkerkonstruktionen	Hochbauten
Etagenbauten	Holzmaterial
„Explosionsblüten"	Hügelbauten
Fächer	Hydraulische Ortsbewegung
Fächerkonstruktionen	Hydraulische Spannungsentwicklung

Abb. 9.22 Beispiel für ein alphabetisch geordnetes Suchblatt zum Vergleich biologischer Makrostrukturen nach Nachtigall (2005a). Fortsetzung s. p. 169, 170

Hydraulische Steifigkeitserhöhung
Hydraulisches Ausstrecken
Hygroskopische Mechanismen
Insektenflügel
Kämme
Kapsel-Aufreißen
Katapulte
Kauflächen
Kesselfallen
Kiefer
Kinematische Ketten
Klappfallen
Klebetentakel
Knorpel- und Knochenmaterial
Kohäsionsmechanismen
Komposit-Leichtträger
Kopulationsorgane
Krallen
Kugelkonstruktionen
Kugelpanzer
„Laterne des Aristoteles"
Laufbeine
Lautloser Flug
Legebohrer
Legeröhren
Lehmbauten
Leichtbauten
Lichtleitung
Lichtsammlung
Linearreihung
Massentransport
Mechanische Steifigkeitserhöhung
Mehrfachnutzung
Mehrzweckkiefer
Membrankonstruktionen
Membranöse Gelenkstrukturen
Membranöse Schutzeinrichtungen
Membranöse Verdunstungshemmung
Mimikry
Nahrung auftupfen und herbeistrudeln
Nestbauten
Netzwerke
Nicht-Haftung
Noppen und Protrusionen
Oberflächeneffekte
Paddel

Panzer und Schalen
Panzerplatten
Papierbauten
Platzsparendes Einrollen
Pneus
Pneus im Pneu
Pneus mit strukturiertem Inhalt
Querschnittsausformung
Radiolarienstrukturen
Raspelzungen
Raumkonkurrenz
Reißschnäbel
Reparaturvorgänge
Reusen
Rinde
Röhrenwerke
Rotationsflieger
Rückstoßschwimmen
Rümpfe von Fluginsekten
Rümpfe von Wasserinsekten
Säbel und Keulen
Sandwichkonstruktionen
Saugnäpfe

Schalenbauten

Schallverstärkung
Scharnier- und Kugelgelenke
Schaumbauten
Scheren
Schirmartige Mechanismen
Schlammschaufeln
Schneiden
Schnorchel
Schreitbeine
Schwebeorgane
Schwimmbeine
Schwingungsregistrierung
Siebe
Signalmuster
Skelettbauten
Sohlenflächen
Sonnenausrichtung
Spannungsarme Kerben
Spannungstrajektorielle Ausrichtung
Spantenbauweise

Abb. 9.22 (Fortsetzung)

9.2 Bionik – eine fachübergreifende Vorgehensweise

Spiralform
Spritz-Schussapparate
Sprungbeine
Stachelpanzer
Stäuben und Ausspritzen
Statische Auftriebserzeugung
Statistische Verhakung
Staubfilter
Steinbauten
Stilette
Streudosen
Strömungsführung
Strömungsnutzung
Symmetrien
Systeme konstanter Spannung
Tarnung
Taster
Temporäre Bauten
Tensegrity-Bauten
Termitenbauten
Texturen
Torsions- und Scherungseffekte
Turgor und Hygroskopie
Variable Flügel
Verankern durch Aufblasen
Verklemmen
Verpackungsöffnen
Verschlüsse

Verschlussklappen
Verschwenkeinrichtungen
Versteifungen
Verweben und Vernähen
„Vielfachbeine"
Vielfachumhüllungen
Vogelflügel
Vogelrümpfe
Vorfertigung
Vorverlagerung
Wabenbauten
Wärme- und Überhitzungsschutz
Wärmedämmung
Warnung
Wasserabweisende Oberflächenstrukturen
Wasseraufnahme
Wassersammlung
Widerhaken
Wiederaufrichten
Wirbelerzeugung
Zähne
Zahnersatz
Zahnluxurierung
Zelt- und Glockenbauten
Zugtaue
Zweifachsysteme

Abb. 9.22 (Fortsetzung)

stellt diese anschließend vor. Ich halte dann jeweils ein kurzes Koreferat über „analoge Lösungen in der Biologie", in dem die ungleich größere biologische Vielfalt und die ungleich detaillierteren Form-Funktions-Beziehungen auszugsweise vorgestellt werden. Als Beispiel zeigt Abb. 9.23 nur fünf sehr unterschiedliche Typen von Ansaugeinrichtungen bei Insekten und Würmern, ein winzig kleiner Ausschnitt aus der vielleicht der tausendfachen Menge an derartigen Einrichtungen, welche die Natur entwickelt hat. Oft erlebe ich Zwischenrufe wie „Bitte langsam zum Mitschreiben – das ist ja direkt patentierbar!"

Das kopfschüttelnde Staunen über die „Erfinderin Natur" ist eine der besten Voraussetzungen dafür, dass der Ingenieur bionische Ansätze ernst nimmt.

9.2.7.3 Bionik in der Schule

Die Schüler von heute sind die Ingenieure und Biologen von morgen. Es spricht also nichts dagegen, Bionikaspekte bereits in der Schule mit einzubringen.

Das soll nicht bedeuten, dass man ein neues Fach einführen sollte. Ganz im Gegensatz dazu kann diese Betrachtungsweise helfen, die Fächer stärker zu integrieren – eine Sichtweise, die heute ja stärker gefordert wird denn je. Die integrative

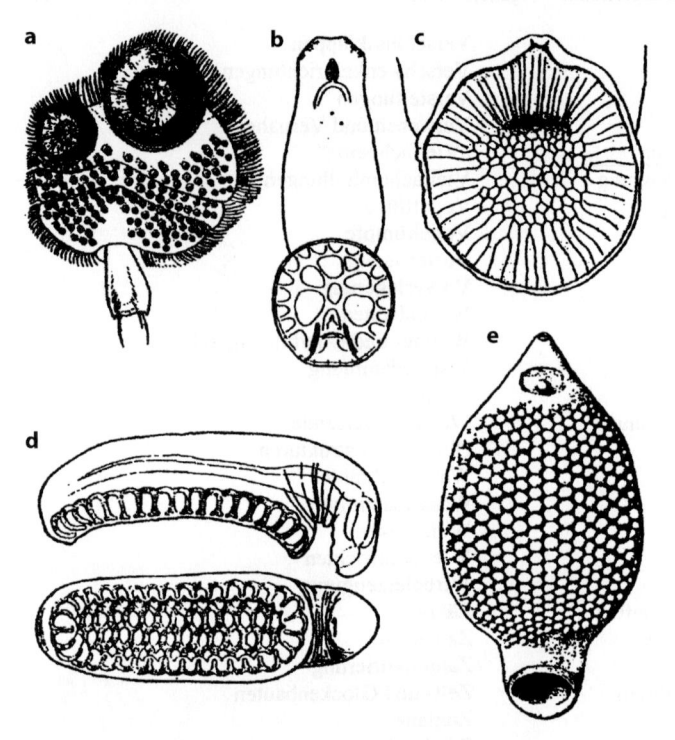

Abb. 9.23 Auf dem Saugprinzip basierende Haftorgane bei Insekten (**a**) sowie Würmern (**b–e**); erfasst sind hier schätzungsweise 0,1% der in der Natur verwirklichten Saugkraftlösungen

Sichtweise, welche Bionik ja einübt, führt zu einem vertieften Verständnis des Schülers für Fächer, die er vorher als zusammenhangslose Einzeldisziplinen erlebt hat. Daraus ergibt sich als allgemeine Einsicht ein Gefühl dafür, dass es lediglich *eine* komplexe Realität gibt, welche die Fächer mit ihren jeweils spezifischen Sichtweisen nur anzukratzen versuchen. Diese Einsicht zu ermöglichen, ist ein ganz besonders wichtiges allgemeines Lehrziel.

Darüber hinaus beeinflusst die Beschäftigung mit Bionik auch eine theoretische Denk- und Sichtweise des Erkennens und Ordnens, die sie zwanglos an den *Philosophieunterricht* anbindet. Schließlich appelliert sie an Formgefühl und Gestaltungsfähigkeit und lässt sich überraschend gut auch in den *Kunst- und Gestaltungsunterricht* einbinden.

Das Gymnasium Unterhaching hatte mit engagierten Lehrern im Bereich der Fächer Biologie, Physik und Mathematik bereits 1995 einen Studientag der 11. Klassen („Bionik – Lernen von der Natur") veranstaltet, den ich mitorganisieren und -gestalten konnte. Hierin wurden von Thanbichler (Gymnasium Unterhaching 1995) fünf Gründe für ein Einbringen von Bionikaspekten in die Schule aufgeführt:

- **„Jahrgangsübergreifend** Ähnlichkeiten von Naturprodukten mit Dingen des alltäglichen Lebens können schon Schüler der Unterstufe erkennen. Damit er-

gibt sich die Möglichkeit, jahrgangsübergreifend zu unterrichten, wobei Schüler ihren jüngeren Mitschülern gegenüber als Mentoren fungieren können.
- **Neue Aspekte – neue Einsichten** Alte Erkenntnisse und neue Erfahrungen werden unter einem anderen Aspekt betrachtet als im normalen Unterricht, z. B. in ihren Bezügen zur Technik, zu unserer von Menschen geschaffenen Welt – ein Gesichtspunkt, der in unseren Lehrplänen kaum vorkommt.
- **Mehr Freiheit – mehr Eigeninitiative** Der Bionikkurs wurde als freie Arbeitsgemeinschaft konzipiert. Damit konnten neue Lehr- und Lernformen erprobt werden, die sonst zu kurz kommen: eigenständige Problemerkennung, selbständiges Eindenken in Problemlösungen, problemorientierte Diskussion und so weiter.
- **Spielraum für Phantasien** Ich sah dies als Chance, die Aufgabenstellungen nun nicht in den zwei Stunden allwöchentlich zu behandeln, sondern als beständige Aufgabenstellung mit nach Hause zu geben. Die wöchentlichen Zusammenkünfte waren dann mehr Knotenpunkte. Vermutlich war dies eine der wichtigsten Erfahrungen der Teilnehmer: Neue, selbst erarbeitete Erkenntnisse sind manchmal nur mit Mühen zu erlangen.
- **Fächerübergreifend – den Blick weiten** Die Verzahnung von praktischen Arbeiten und theoretischem Durchdenken einer vielschichtigen, verzweigten Problematik für das Denken über die Grenzen der einzelnen Fächer hinweg: Man erlebt unmittelbar, dass ein Problem nicht nur ein physikalisches, sondern auch ein praktisches, technisches und mathematisches ist. Hierbei war das Thema Bionik von besonderem Nutzen."

Diese Überlegungen des Studienleiters scheinen mir, über das konkrete Beispiel hinausgehend, weit in die Zukunft zu reichen. Bionikinformation kann man aber auch bereits Kindern in den ersten Grundschulklassen anbieten. Halb spielerisch lässt sich so ein Vergleichen und eine fächerübergreifende Betrachtungsweise einüben. Dies hat der Ravensburger Verlag unter meiner Mitwirkung einmal mit einem Bioniklegespiel und einem Bionikwürfelspiel versucht; ein Jugendbuch dazu habe ich 2001c geschrieben. In den vergangenen Jahren haben Freiburger und Bremer Bioniker versucht, Lehrkonzepte für das Einbringen bionischer Aspekte in Schulen zu entwickeln, deren Einführung auf auch nur halbwegs breiter Basis bisher allerdings nicht erfolgt ist.

9.3 Bionik – ein Denkansatz

Etwas erweitert könnte man sagen:

Bionik ist ein Denkansatz, der den philosophischen Unterbau für ein „natürliches Konstruieren" liefert.

Wenn man näher darüber nachdenkt, finden sich eine Reihe von Grundprinzipien natürlicher Systeme, die man wohl auch als *Grundelemente eines naturnahen Konstruierens* bezeichnen kann. In einem auf Design im Sinne einer funktionellen Formgestaltung ausgerichteten Ansatz habe ich diese in dem Buch *Vorbild Natur*

(Nachtigall 1977), vielleicht ein wenig leichtfertig, als „Zehn Gebote bionischen Designs" bezeichnet. Ich will sie hier nennen und kurz charakterisieren, aber nicht durch Beispiele illustrieren.

9.3.1 Zehn Grundprinzipien natürlicher Systeme mit Vorbildfunktion für die Technik

Die zehn Grundprinzipien, die mir für natürliche Systeme typisch erscheinen, sind die folgenden. (Freilich lassen sich auch andere finden und in andersartige Zusammenhänge bringen.)

Prinzip 1: Integrierte statt additive Konstruktion
Prinzip 2: Optimierung des Ganzen statt Maximierung eines Einzelelements
Prinzip 3: Multifunktionalität statt Monofunktionalität
Prinzip 4: Feinabstimmung gegenüber der Umwelt
Prinzip 5: Energieeinsparung statt Energieverschwendung
Prinzip 6: Direkte und indirekte Nutzung der Sonnenenergie
Prinzip 7: Zeitliche Limitierung statt unnötiger Haltbarkeit
Prinzip 8: Totale Rezyklierung statt Abfallanhäufung
Prinzip 9: Vernetzung statt Linearität
Prinzip 10: Entwicklung im Versuchs-Irrtums-Prozess

Diese zehn Prinzipien kann man wie folgt charakterisieren:

Prinzip 1: Integrierte statt additiver Konstruktion
Während die Technik Konstruktionen aus Einzelelementen zusammensetzt und diese jeweils für sich optimiert, arbeitet die Natur fast durchwegs mit „integrierten Konstruktionen", die als solche optimiert werden, wobei die Einzelelemente zwar vorhanden, aber oft weder morphologisch noch funktionell von ihren Nachbarelementen abgrenzbar sind.

Prinzip2: Optimierung des Ganzen statt Maximierung eines Einzelelements
Die Technik hat heutzutage noch viel zu sehr die Maximierung von Einzelelementen im Auge, die manchmal gar nicht wünschenswert ist, weil es um ganz andere, übergeordnete Zusammenhänge geht. Die Natur optimiert stets Systeme unter Verzicht auf (gegebenenfalls systemstörende) Maximierung von Einzelelementen.

Prinzip 3: Multifunktionalität statt Monofunktionalität
Während die Technik noch sehr häufig Einzelelemente auf die Erfüllung von Einzelaufgaben hin entwickelt, gibt es dies bei näherem Hinschauen in der Natur praktisch nie. Fast ausnahmslos werden Systeme entwickelt, bei denen ganz unterschiedliche (oft physikalisch durchaus entgegengesetzt gerichtete) Anforderungen unter einen „optimalen Hut" gebracht werden.

Prinzip 4: Feinabstimmung gegenüber der Umwelt
Lebewesen sind auf ihre belebte und unbelebte Umwelt abgestimmt. Dies ist in der morphologischen und physiologischen Ausgestaltung manchmal bis in feinste Details der Fall.

9.3 Bionik – ein Denkansatz

Prinzip 5: Energieeinsparung statt Energieverschwendung
Organismen besitzen einen begrenzten Energievorrat, sodass sie auch, auf die gesamte Lebensdauer bezogen, nur eine begrenzte Leistung abgeben. Brauchen sie für einen Lebensvorgang (zum Beispiel die Produktion von Fortpflanzungsprodukten) mehr Energie, so müssen sie irgendwo anders Energie einsparen.

Prinzip 6: Direkte und indirekte Nutzung der Sonnenenergie
Dies erscheint mir als die bedeutendste Facette bionischen Arbeitens: Die Nutzung der „kostenlosen" Sonnenenergie auf direkte oder indirekte Weise (Dürr 1989). Hierüber gibt es vielfältige Literatur; eine Zusammenfassung allgemeinverständlicher Art findet sich in meinem Buch *Funktionen des Lebens* (1977), eine spezielle Darstellung beispielsweise in meinem Lehrbuch *Bionik* (2002).

Prinzip 7: Zeitliche Limitierung statt unnötiger Haltbarkeit
Viele unserer Einrichtungen, insbesondere die Häuser, sind noch viel zu langlebig unter Nutzung von unnötig viel Material und unnötig viel Energie auf Zeiten ausgelegt, die Generationen überdauern. Wer weiß, welche Dämmmaterialien, welche ökologischen Gesichtspunkte, welche politischen Vorgaben in 20 oder 50 Jahren vorherrschend sein werden?

Prinzip 8: Totale Rezyklierung statt Abfallanhäufung
Die Natur produziert keinen Abfall. In tropischen Ökosystemen, insbesondere im Regenwald, wird die Substanz sehr rasch innerhalb weniger Jahre umgesetzt: totale Abfallvermeidung.

Prinzip 9: Vernetzung statt Linearität
Das komplexe Geschehen der Natur ist in tausendfacher Weise vernetzt und vermascht. Man wird es durch lineares Denken ebenso wenig verstehen wie bereits mäßig komplexe Systeme der technischen Zivilisation, Aspekte, auf die Vester (1999) in seinem Lebenswerk immer wieder hingewiesen hat. Spezielle Sichtweisen sind zum Verständnis nötig. Trotz ihrer Komplexität bleiben solche Systeme über bestimmte Zeiträume angenähert konstant.

Prinzip 10: Entwicklung im Versuchs-Irrtums-Prozess
Bionik anwenden bedeutet nicht nur die Konstruktionen und Verfahrensweisen der Natur in die Technik zurückzuprojizieren. Auch die Methoden, mit denen die Natur ihre Konstruktionen und Verfahrensweisen entwickelt hat – die Methoden der Evolution also – lassen sich mit großem Erfolg für eine technologische Nutzung aufbereiten. Nach Rechenberg (1973) spricht man hier von einer *Evolutionsstrategie*. Eine Darstellung aus der Feder dieses Autors findet sich ebenfalls in Nachtigall (2002).

Es gibt in der Zwischenzeit eine Vielzahl von modifizierten evolutionsstrategischen Verfahren, die in Wirtschaft und Technik schon weite Verbreitung gefunden haben. Auch die Art und Weise, wie Bäume wachsen und sich selbst optimieren, hat Anregungen gegeben für die Einbindung des Zufallprinzips (Mattheck 1993). Eine Kurzdarstellung zu diesem Punkt ist ebenfalls Nachtigall (2002) zu entnehmen.

9.3.2 Vermittlung der Grundprinzipien

Diese zehn Grundprinzipien natürlicher Systeme, die man auch als zehn Grundgesetzlichkeiten für ökologisches Konstruieren (und, wie gesagt, etwas provokativ auch als die „Zehn Gebote bionisch-funktionellen Designs") bezeichnen kann, sind in ihren Grundinhalten durch Bionikausbildung insbesondere den jungen Ingenieuren zu vermitteln. Bei Agatha Christie ist es bekanntlich „unmöglich, nicht von ihr gefesselt zu werden". Für eine Bioniklehre, die auf diesen Prinzipien aufbaut, ist es *unmöglich, dass sie nicht Spuren in der geistigen Grundeinstellung und im konstruktiven Vorgehen des zukünftigen Ingenieurs, Naturwissenschaftlers, Technikers, Wirtschaftlers oder Politikers hinterlässt.*

Unbeschadet der Erfolge der Bionik als Disziplin: Dieser Vermittlungsaspekt ist einer der wichtigsten Bausteine, wenn es darum geht, die Bionik im Kräftefeld zwischen Natur, Technik und Menschen zu verankern.

Wie aber ist dies zu erreichen? Auf einen kurzen Nenner gebracht kann man folgendes fragen:

1. Was braucht der Mensch wirklich, um „menschenangemessen" leben zu können, und wie kann man ihm (uns) dazu verhelfen?
2. Welche Grundkonzepte der Natur können helfen, Punkt 1 zu verwirklichen?
3. Welche Grundkonzepte nach Punkt 2 sind praktikablerweise kombinier- und umsetzbar, um Punkt 1 zu verwirklichen?

Institutionen und Forschungsstellen, die allgemeine Bionik betreiben, werden zukünftig genau *diese drei Grundfragen zum übergeordneten Inhalt* haben müssen.

9.4 Bionik – eine Lebenshaltung

Erweitert gesagt:

Bionik bedeutet eine Lebenshaltung, die sich ethischen Leitlinien unterwirft.

9.4.1 Das Naturstudium verleiht Einsichten

Vertieftes Wissen über die belebte Welt kann eine Lebenshaltung – des Praktikers, des Wirtschaftlers, des konstruierenden Ingenieurs, von uns allen – induzieren, die sich ethischen Randbedingungen unterwirft. Das Naturstudium verleiht Einsichten, und die zu erwartenden Einsichten bestimmen mit Sicherheit zumindest und zunächst die „konstruktive Lebenshaltung" des gestaltenden Ingenieurs. Dererlei Einsichten kommen aber nicht von selbst. *Ausbildung* muss lehren, das „konstruktive und systemerhaltende Potenzial" der belebten Welt zur Kenntnis zu nehmen und aufzuschlüsseln.

Einsichten setzen sich auch nicht von selbst um. Dazu bedarf es einer *Grundorientierung der Wirtschaft*. Diese Grundorientierung muss politischen Randbedingungen und/oder Zielsetzungen folgen.

Politische Zielsetzungen sind aber nur akzeptabel, wenn sie im Einklang mit verbindlich eingebundenen *ethischen Leitlinien* im Sinne einer *neuen Moral* stehen. Fazit: Es geht gar nicht so sehr um Konstruktion, Naturwissenschaft und Wirtschaft, wenn wir weiterkommen wollen. Vielmehr muss Ethik an der Basis eines Systemwandels stehen. Sie darf eben nicht nur a posteriori als ethisches Mäntelchen umgehängt werden.

Pragmatisch gefordert sind also diejenigen Institutionen und Menschen, die über solche Grundfragen nachdenken. Sie müssen stärker zur Kenntnis genommen und es muss ihnen auch stärkerer gesellschaftspolitischer Einfluss verschafft werden. Wo der Einfluss abgeklungen ist, wie beispielsweise bei Elternhaus, Schule und Kirche, sollte alles getan werden, dass dieser zurückgewonnen wird – nicht im Sinne eines altertümelnden „Zurück zur Autorität", sondern im Sinne einer geduldigen Überzeugungsarbeit, die den Bildungsweg des jungen Menschen begleitet und ethische Grundaspekte an den Anfang stellt.

9.4.2 Eine neue Moral als Basis allen Handelns

Freilich gehört Ethik nicht eigentlich in eine naturwissenschaftliche Sichtweise. Ohne Ethik geht es aber auch nicht. Das heißt: Bionik ist nicht nur eine naturwissenschaftlich orientierte und fächerintegrierende Disziplin und Sichtweise, sondern auch ein *Anliegen, das den Menschen in seinem gesamten So-Sein tangiert*. Sie führt zur Besinnung auf *ethische Prinzipien* und impliziert eben ganz sicher eine *Lebenshaltung*.

Wir brauchen letztlich keine neue Ethik im Sinne einer neuen Lehre sittlicher Prinzipien. Es reicht die „alte europäische Ethik". Aber wir brauchen eine neue Moral. Moral ist ja „keine These, keine Lehre, sondern die Gesamtmenge der sittliche Normen, deren kategorischer Geltungsanspruch von den Menschen einer Gesellschaft eingesehen und als für ihr Alltagsleben bestimmend angenommen ist" (Müller 1997).

Das Naturstudium und die bionische Rückübertragung der Erkenntnisse in eine sich weiterentwickelnde und gerade durch diese Rückübertragung sich positiv verändernde Technik kann entscheidend helfen, die moralischen Grundlagen für ein „zukunftsadaptives Verhalten" zu legen. Der Leser wird auf die Abhandlung von Müller (1997) verwiesen, in die sich das Bionikkonzept nahtlos eingliedern lässt.

Bionik fordert meist gebieterisch auch die Einbeziehung des nicht-naturwissenschaftlichen, des Emotionellen. Dies aber nicht im Sinne der schwärmerischen Sichtweise eines „anything goes". Genau dies ist nicht gemeint. Die naturwissenschaftlichen Eigengesetzlichkeiten werden nicht angetastet, nur präzisiert und fachübergreifend verflochten. Die Einbeziehung nicht naturwissenschaftlicher Aspekte im Sinne einer „Lebensganzheit" wird darüber hinaus aber eingefordert.

Auch und gerade Nachdenken über Bionik in all ihren Facetten führt zur Schlussfolgerung, *dass der ethische Imperativ „Unterwerfen wir uns einer neuen Moral" an der Basis stehen muss.* Ethisches Grundverständnis führt aber auch schmerzhaft rasch in die Überlebenspraxis hinein. Gelingt es nicht, die ungehinderte Vermehrung der Menschheit mit Methoden zu verhindern, die ebenso ethisch akzeptabel wie pragmatisch einsetzbar sind, werden alle noch so gut gemeinten Überlegungen zum Scheitern verurteilt sein. Nur wenn es gelingt, in den zukünftigen Jahrzehnten die Menschheit auf eine noch umweltverträgliche Obergrenze festzulegen, und wenn sich politische Verfahren herausbilden, die dieses Ziel auch durchsetzbar erscheinen lassen, nur dann wird auch das Werkzeug „Bionik" ein Baustein sein können für eine „Biostrategie als Überlebensstrategie".

9.5 Was kann von Bionik letztlich erwartet werden?

9.5.1 Bionik sollte richtig eingeschätzt werden

Die Grundaussagen, um sie nochmals zusammenzufassen, sind:
- Bionik ist keine Heilslehre und keine Naturkopie.
- Bionik ist ein Werkzeug, das benutzt werden kann, aber nicht benutzt werden muss.
- Bionik ist kein allgemeiner Problemlöser, aber fallweise ein machtvolles Hilfsmittel.

Bionik favorisiert Höchsttechnologien – aber solche, die Mensch und Umwelt wirklich dienen. Das schließt Lowtech dort, wo anwendbar und sinnvoll, natürlich nicht aus. Gemeint ist nicht ein schwärmerisches Zurück-zur-Natur im Sinne von Rousseau. Vielmehr geht es um ein geduldiges Bemühen, *die drei Facetten „Mensch", „Technik" und „Umwelt" zu einem möglichst positiv vernetzten Beziehungsgefüge zusammenzufassen (vgl. Abb. 9.1b).*

Hierfür sind tausend Dinge einzubeziehen. Bionik betreiben bedeutet also auch geduldiges Erforschen, Vernetzen, Einfluss nehmen und Weiterentwickeln.

9.5.2 Vorgehen gestern und morgen

Gestern und zum gut Teil bis heute waren Biologie und Technik nicht aufeinander bezogen, stellten sozusagen getrennte Hemisphären in einer Kugel dar. Es waren keine oder kaum Querverbindungen erkennbar. Die technische Vorgehensweise ging von einem Problem aus, dass es zu bearbeiten und einer technischen Lösung zuzuführen galt – technische Problemlösung lege artis der Ingenieurwissenschaften (Abb. 9.24a).

9.5 Was kann von Bionik letztlich erwartet werden?

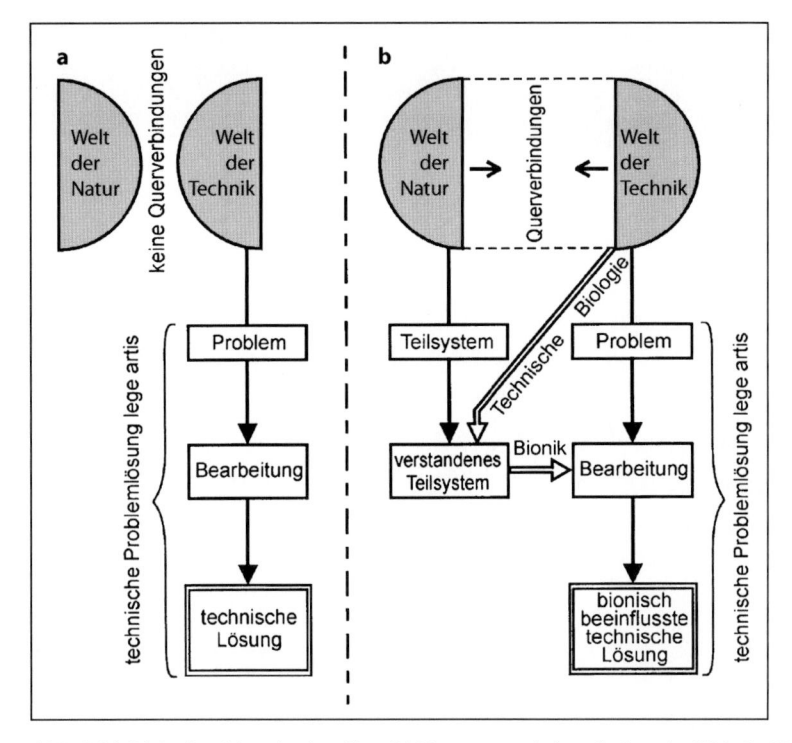

Abb. 9.24 Bisherige (**a**) und zukünftige (**b**) Zusammenarbeit zwischen der Welt der Natur und der Welt der Technik

Zukünftiges Vorgehen fordert eine neue Realität, neue Querbeziehungen, die diese scheinbar getrennten Welten besser und besser aneinander koppeln (Abb. 9.24b). *Technische Biologie* macht durch Übertragen technischer Methoden und Deskriptionsweisen in die Biologie biologische Grundlagenforschung effizienter. Die Erkenntnisse können mit der *Bionik* in die Technik zurückprojiziert werden und dort Anregungen für Weiterentwicklungen geben. Das Endprodukt einer solchen Weiterentwicklung wird zwar stets ein technisches bleiben. *Dieses Endprodukt kann aber bionisch mitbeeinflusst und mitgestaltet sein.*

Dies kann sich auf kleine Facetten beschränken, sodass rasch vergessen wird, dass die Natur eigentlich Pate gestanden hatte. Auf der anderen Seite kann das Einbringen eines bionischen Know-how aber auch die Gesellschaft verändern und Ansätze für eine Überlebensstrategie der Menschen geben.

Als die drei allerwichtigsten Forderungen stehen die „Nutzung der Sonnenenergie" (artifizielle Photosynthese als Basis für eine zukünftige solare Wasserstofftechnologie), das „Prinzip der totalen Rezyklierung" und die „Verfahren des komplexen, umweltorientierten Managements" im Vordergrund.

10
Bionik als Ansatz zum strukturierten Erfinden

„Die besten Ideen kommen mir unter der Dusche" hat ein bekannter Erfinder einmal gesagt. Aufgeschrieben – und fertig? Der zündende Einfall wird zweifellos immer eine erfinderische Basis bleiben. Dazu lässt sich kaum eine Anleitung geben, höchsten lassen sich fallbezogen gute Voraussetzungen schaffen (z. B. die Dusche anmachen).

Es gibt aber auch Methoden eines „strukturierten Erfindens", gerne angewandt z. B. in der Konstruktionstechnik, die zwar ideale Ergebnisse nicht herzaubern, aber Wege bahnen kann, auf denen man ihnen besser und rascher, eben „systematischer" näher kommt. Dazu gehören unter anderem die im Folgenden genannten und kurz gekennzeichneten Ansätze.

Bionik als systematisches Hilfsmittel wird hierbei nur selten eingesetzt. Deshalb wird zu untersuchen sein, inwieweit Bionik als integrierter Bestandteil in die genannten Ansätze eingebracht werden kann.

10.1 Bionik bei BR, TRIZ, SIT und anderen Entwicklungsmethoden

Die im Folgenden angeführten Methoden hängen, abgesehen von der BR-Methode, insofern eng zusammen, als dass sie sich teils auseinander entwickelt haben und dass alle mit „Abstraktionen" außerhalb der speziellen fachlichen Fragestellung arbeiten. Solche Abstraktionsebenen können auch Strukturen und Funktionen der belebten und unbelebten Natur bieten, und solche wurden denn auch oft zum Vergleich herangezogen, wenn bisher auch kaum systematisch. Es könnte sein, dass sich hierbei Bionik, die ja mit ihren beiden ausgestreckten Armen Natur und Technik per se verbindet, als ein ganz besonderer Impulsgeber herausstellt.

Derartige strukturierte Vorgehensweisen eignen sich insbesondere für Erfindungsvorgänge, die *in sich Widersprüche enthalten*. Für die Bearbeitung widerspruchsfreier oder -armer Problemstellungen ist dagegen das klassische Brainstorming, die Methode, gemeinsam alles zu sammeln und versuchsweise einmal einzubauen, wohl die einfachere.

10.1.1 BR: „Brainstorming"

10.1.1.1 Prinzip

Das klassische Brainstorming – hier aus Gleichbehandlungsgründen mit BR abgekürzt – ist so bekannt, dass eine ganz kurze Rekapitulierung wohl genügt.

Ein Gremium setzt sich zusammen, formuliert ein Problem, und jeder schreibt auf Zettelchen, was ihm dazu einfällt – jedes neues Stichwort auf ein neues Zettelchen. Die Zettelchen werden „gleichwertig" auf eine Stecktafel angepinnt und dann während der laufenden Diskussion nach Überbegriffen geordnet, woraus sich in der weiteren Diskussion parallele Lösungsvorschläge entwickeln.

Diese werden weiter nach Praktikabilitätsgesichtspunkten geordnet oder bis zu einem praktikabel erscheinenden Rest bereits ausgesiebt. Dieser Rest wird zur Basis für weiteres Vorgehen genommen.

10.1.1.2 Beispiel unter Einbeziehung des Bionikaspekts

Für die – zugegebenermaßen mutvoll weit gespannte (aber es war ja ein Anfang) Problemstellung „Wo könnte Bionik im Automobilbau hilfreich sein?" hatte eine Gruppe von etwa 20 biologisch interessierten Ingenieuren und an Ingenieurwissenschaft interessierten Biologen anlässlich eines Firmenseminars, an dem ich beteiligt war, an die 100 Stichwortzettelchen ausgefüllt. Daraus hatten sich sechs Hauptkomplexe herauskristallisiert, nämlich (aufgelistet nach der Zuordnungshäufigkeit):

- Leichtbau,
- Umströmungsbeeinflussung (Widerstandsverminderung),
- Komfort bei der Mensch-Maschine-Interaktion,
- Sicherheit,
- Akzeptanz (Wahlverhalten beim Autokauf) und
- Abstandkontrolle („Schwarmverhalten").

Für die beiden ersten Komplexe wurden Arbeitsgruppen eingerichtet, die die genannten Fragestellungen nochmals aufgegriffen, wieder gesiebt und in Unterkomplexe zusammengefasst haben. Einige davon wurden über ca. ein Jahr weiter bearbeitet. Einige Grundaspekte wurden schließlich für den Bau eines Demonstrators übernommen.

10.1.2 TRIZ: Theorie des erfinderischen Problemlösens (russ. Abk.)

Bezugnahme auf das oben geschilderte Verfahren: Das Brainstorming funktioniert als „heuristisches Prinzip", wenn es um eine Vorauswahl verfolgenswerter Fragestellungen geht. Es eignet sich aber weniger zur Lösung definiert vorliegender Probleme, erst recht dann nicht, wenn diese inhärente Widersprüche aufweisen (was eher die Regel ist).

Als Alternative wurden mehr zielgerichtete Entwicklungsmethoden ausgearbeitet, die dem Entwickler begehbare Wege weisen, ihn damit freilich auch kanalisieren. Ein besonders klassisches – und gleichzeitig wohl das komplexeste – Verfahren stellt die TRIZ-Methode dar.

Der russische Marinepatentprüfer Genrich Solowich Altshuller analysierte mit seinen Mitarbeitern um die Mitte des vergangenen Jahrhunderts eine Unzahl von Patenten unterschiedlicher Fachgebiete auf zugrunde liegende kennzeichnende Merkmale von Erfindungen, deren „Erfindungsmuster" man in besonderer Weise als „kreativ" bezeichnen kann. Aus dem langwierigen Prüfungs- und Ordnungsverfahren hat sich eine Liste von etwa 40 Kenngrößen beziehungsweise Prinzipien ergeben, die (in ihrer Gesamtheit oder einzeln) dazu beitragen können, einen probleminhärenten Widerspruch aufzulösen und damit zu beseitigen. Diese Kenngrößen können hier freilich nicht näher geschildert werden.

Mit der Anwendung der rund 40 Prinzipien eignet sich das TRIZ-Verfahren, wie erwähnt, insbesondere zur Lösung erfinderischer Probleme, die in sich widerspruchsbehaftet sind. Diese Prinzipien stellen die „Entwicklungsmuster" sehr zahlreicher Erfindungsvorgänge dar, von denen jeder erfolgreich war, das heißt in ein Patent eingemündet ist. Somit ergibt sich nach Altshuller eine gute Chance, dass ein neu dazukommender Erfindungsvorgang in diesen Prinzipien bereits „analog abgebildet" und damit in gewisser Weise *vorgelöst* ist. Die Kenntnis dieser *aus Altvorgängen abstrahierten Zusammenhänge*, angewandt auf den *neu dazugekommenen Erfindungsvorgang* kann helfen, genau dessen „technologische Zielkonflikte" durch eine *vorgefertigte strukturierte Vorgehensweise* zu lösen. So kann man rascher zu konzeptuellen Ergebnissen kommen.

Nachteile der TRIZ-Methode sind die Notwendigkeit der detaillierten Abstraktion des zu bearbeitenden Vorgangs und der Benutzung spezifischer (in der Regel: externer) Datenbanken, der strikte Vergleich vieler Parameter, von denen sich wahrscheinlich nur wenige letztlich als problemrelevant herausstellen würden und eine spezifische Eignung eher für Vorgänge denn für Hardwarekonstruktionen.

10.1.2.1 Beispiel zur Bearbeitung einer biologischen Frage

Die Wissenschaftler Vincent (Biologe) und Mann (Maschinenbauer) haben im Jahr 2000 mit Biologiestudenten ein interdisziplinäres Seminar „TRIZ in biology teaching" veranstaltet, dem das folgende Beispiel (gekürzt) entnommen worden ist (Vincent u. Mann 2000). Die Studenten sollten sich unter anderem unter Herausarbeitung von Widersprüchen mithilfe des TRIZ-Verfahrens mit der Lösung einer ökologischen Problemstellung befassen.

1. Problemstellung: Eine Raupe ernährt sich von den Blättern eines Strauchs. Als Verteidigungsmaßnahme entwickelt der Strauch eine glasartig-glatte und gehärtete Rinde. Was sollte die Raupe „erfinden" um weiter Blätter dieses Strauchs fressen zu können?
2. Problembearbeitung: Die folgenden Widersprüche wurden identifiziert, bearbeitet und gegeneinander abgewogen.

- Kraft gegen Energienutzung
  - *Periodisch Agieren*: Einzelelemente einer Art Förderband auf der Raupenunterseite sind lediglich in periodischem Kontakt mit der Stammoberfläche.
  - *Eine andere Dimension wählen*: Entweder schießt die Raupe eine Art Klebefortsatz auf das Blatt, an dem sie sich heraufhangelt, oder sie springt einfach weiter.
- Kraft gegen Nutzungsvorteil
  - *Selbstbedienung*: Nutzung eines sowieso produzierten oder eines Abfallprodukts. Zum Beispiel könnte eine Gespinstablage oder der klebrige Faeces die glatte Rindenoberfläche wieder rau machen.
- Kraft gegen Gewicht
  - *Segmentierung*: Schlängelbewegungen ermöglichen; periodisch agieren.
  - *Vibration*: Pulsierende mechanische Eingriffe ermöglichen; ebenfalls ähnlich einem periodischen Agieren.
- Kraft gegen Geschwindigkeit
  - *Mechanikersatz*: Statt der raupentypischen Fußhakenmechanik Adhäsion, Klebung oder Ansaugen.
  - *Bewegungsdynamik*: Etwa eine Art „niederfrequentes Vibrieren".
- Fläche gegen Festigkeit
  - *Kontaktveränderung*: Feinstaufspreißelung der raupentypischen Fußhaken zur Ermöglichung einer Van-der-Waals-Haftung

3. Problemlösung: Das Problem erweist sich als eines des Kontaktschlusses, das durch die Kenngrößen „Kraft" und „Festigkeit" darstellbar ist. Die beiden Kenngrößen müssen gestärkt werden, ohne dass zu große Kompromisse bei Energieverbrauch, Gewicht, Dauerhaftigkeit und Bewegungsvermögen eingegangen werden.

10.1.2.2 Beispiel zur Bearbeitung technischer Fragen

Eine ausführliche Zusammenfassung findet sich bei Vincent u. Mann (2000).

10.1.3 SIT: „Structured Inventive Thinking"

Bei diesem Ansatz handelt es sich im Grunde um eine vereinfachte TRIZ-Methode.

10.1.3.1 Prinzipien des Ansatzes

Bezugnahme auf das vorhergehend geschilderte Verfahren: Inhärente Nachteile der TRIZ-Methode wurden oben schon genannt. Es sind dies die Notwendigkeit einer detaillierten Abstraktion des zu bearbeitenden Vorgangs und die Benutzung spezifischer (in der Regel externer) Datenbanken, der strikte Vergleich vieler Parameter, von denen sich wahrscheinlich nur wenige als problemrelevant herausstellen werden, ein intermediärer Nutzungszwang von Standardlösungen und eine spezifische Eignung eher für Vorgänge denn für Hardwarekonstruktionen. Demgemäß wurde nach reduzierten Lösungsansätzen gesucht.

Genady Filkowsky, ehemaliger Mitarbeiter bei dem russischen Patentprüfer Altshuller, dem Entwickler des TRIZ-Verfahrens, vereinfachte nach seiner Emigration nach Israel die TRIZ-Methode. Zusammen mit seinen Mitarbeitern reduzierte er die etwa 40 TRIZ-Prinzipien auf vier grundlegende Prinzipien oder Vorgehensweisen und bezeichnete diese Methode als „Systematic Inventiv Thinking". Diese ist einfacher anzuwenden als TRIZ und verzichtet auf externe Datenbanken. Stephan u. Schmierer (2003), beide Ford-Mitarbeiter, haben diese Vorgehensweise im Hinblick auf eine bessere Eignung für industrielle Anwendung verändert und – bei gleichbleibender Abkürzung – als „Structured Inventiv Thinking" bezeichnet. Der Hauptschwerpunkt dieser Methode liegt damit „mehr darauf, viele Lösungsalternativen für ein Problem zu finden, und nicht so sehr darauf, eine einzige besonders einfallsreiche Lösung zu entdecken".

10.1.3.2 Vorgehensweise und Bionikaspekt

Die eben genannten Autoren kennzeichnen die Grundprinzipien ihrer SIT-Version wie folgt:
„Das Schlüsselprinzip von SIT ist die Vereinfachung. Ein typisches ingenieurtechnisches Problem ist mit einer immensen Anzahl von Details behaftet, die für die Entdeckung eines *Lösungskonzeptes* vollkommen irrelevant sind. Der SIT-Ansatz liegt dementsprechend darin, dass das Problem von allen überflüssigen Details befreit wird, sodass die wesentlichen Punkte klar und intuitiv erfassbar werden. SIT trägt der Tatsache Rechnung, dass ein Erfinder mit zweierlei Problemlösungssituationen konfrontiert sein kann. *Eine* Situation ... besteht darin, dass es bereits eine Problemlösung gibt, diese aber Nachteile hat, die der Erfinder aus dem Weg räumen will. Bei der *anderen* Situation handelt es sich dagegen um ein neues Problem, für das noch keinerlei Lösung bekannt ist.

Die erste Vorgehensweise, die *Closed-World-Method (Methode der geschlossenen Welt)* analysiert die bestehende Problemlösung unter dem Funktionsaspekt und untersucht dann deren Mängel. ... Die zweite Methode, die *Particle-Method* (Teilchenmethode), die oft auf Probleme angewandt wird, für die es noch keinerlei Lösungen gibt, geht das Problem genau von der anderen Seite her an, als es die meisten Ingenieure oder Wissenschaftler gewöhnt sind. Man geht von einer idealen Lösung aus und versucht dann, von dort zur gegenwärtigen Situation zurückzukommen...

Die beiden Vorgehensweisen vereinigen sich an dem Punkt, wo das Problem vom Standpunkt der Systembesonderheiten untersucht wird. ... Die Lösungstechniken umfassen eine verdichtete Zusammenfassung der über 40 TRIZ-Lösungsprinzipien und haben sich in der Vergangenheit als nützliche Hilfsmittel zur Erarbeitung kreativer Problemlösungen bewährt."

Bislang wurde in dem geschilderten SIT-Verfahren die Bionik als Betrachtungsaspekt nicht eingebracht, doch haben die Autoren nach einem Treffen großes Interesse für bionische Näherungen bekundet, sodass man in Zukunft wohl auch mit bionischen SIT-Ansätzen rechnen kann.

10.1.4 NM: Methode von Nakayama Masakazu

Bezugnahme auf das vorhergehend geschilderte Verfahren: Die diskutierte SIT-Methode beinhaltet, wie ausgeführt, zumindest in ihrer ursprünglichen Form letztlich eine reduzierte TRIZ-Methode. Sie öffnet sich derzeit nur in Ansätzen den Spektren „scheinbar unvergleichbarer" Vorbilder aus der Natur und hat noch deutlich formaleren Charakter. Anders geht beispielsweise die NM-Methode vor (Mazakazu o. J.).

Diese Methode ist nach ihrem Erfinder Nakayama Masakazu benannt. Als Mitarbeiter im zentralen Forschungslabor einer Telekomfirma und später Inhaber einer eigenen erfindungsorientierten Firma hat er mehr als 100 Patente erarbeitet. Seine Methode beinhaltet die folgende Vorgehensweise.

Dem zu lösenden technischen Problem wird ein irgendwo (in Technik, Tierwelt, Pflanzenwelt anorganischer Natur ...) bereits gelöstes Problem in Analogie entgegengesetzt. Dessen Lösungsprinzipien werden als analoge Lösungsstrategie auf das zu lösende technische Prinzip zurückprojiziert, wodurch dieses (wenn es klappt) gelöst wird. Man sieht hier durchaus schon gewisse Parallelen zur Vorgehensweise der Bionik.

Nakumura vom japanischen Sanno-Institute of Management, der 2003 diese Methode mit seiner eigenen Ariz-02-Methode kombiniert hat, gibt für die NM-Methode ein klassisches Beispiel in Tabellenform (Abb. 10.1).

10.1.4.1 Beispiel aus der industriellen Praxis

Die Herstellung großer, flacher Glasscheiben gelang erst mit einem Verfahren, dass der Engländer Sir Alisteir Pilkington im Analogieschluss gefunden hatte. Beim Nachdenken über das Problem erinnerte er sich, dass Öl auf der Oberfläche von Wasser (einem flüssigen Medium, aber dichter als Öl) „flach" aufschwimmt. In gleicher Weise, so überlegte er, müsste flüssiges Glas auf einer Flüssigkeit flach aufschwimmen, die dichter als Glas ist. Er kam auf flüssiges Zinn – auch heute noch eine Basis für den Glasscheibenguss. Das Wasser-Öl-System war das *analoge Vorbild* (hier: aus der unbelebten Umwelt) zur *Herausarbeitung eines Prinzips* (hier: spezifisch leichtere Flüssigkeit schwimmt auf spezifisch schwererer auf), das *technisch analog umgesetzt* wurde. Man erkennt darin die Bionikschritte (A) → (B) → (C), bei diesem Beispiel mit Zahlen bezeichnet ([1] → [2] → etc.).

Bei der NM-Methode ist – wie der Vergleich mit der Originaltabelle von Abb. 10.1 zeigt (technische Ableitung, „abduction"), ein Schlüsselwort zu formu-

Steps of NM Method and an example how to use it.

Steps and description	Example
Problem Select the problem to be solved	Mass production of flat glass sheets
① K W (Key Word) Define the function or the main feature of the required technical system in a short clause including a verb.	To make flat surface instantly.
② Q A (Question Analogy) Look for an event that meets with the KEY WORD defined in ① among natural phenomena or man-made systems.	Oil on water
③ Q B (Question Background) Clarify the principle and/or the mechanism that work(s) in the background of the analogous phenomenon found in step ②	Relative density and surface tension
④ Q C (Question Conception) Idea generation from the principle and the mechanism of QB.	Pour glass onto something that has larger density than glass. It could be molten tin.
⑤ A B D (Abduction) Combine ideas and brush up the concept.	Put molten tin in a bath. Then pour glass onto it. (Float glass process)

Abb. 10.1 Allgemeine Vorgehensweise bei der Anwendung der NM-Methode und klassisches technisches Beispiel nach Nakamura (2003)

lieren, besser ein kurzer Schlüsselsatz (1) („keyword"). Dann folgt die Nennung einer Analogie (2) („question analogy"). Im 3. Schritt (Prinzipien „im Hintergrund"; „question background") wird herausgearbeitet, auf welche allgemeinen Prinzipien es bei dieser Analogie ankommt; es wird also sozusagen nach deren Hintergrund gefragt. Diese Prinzipien werden schließlich im Konzept als technisch adäquates, allgemeines Lösungskonzept eingebracht (4) (Konzept, „question conception"). Dieses wird dann mit Lösungsschritt (5); (technische Ableitung, „abduction") technisch konkretisiert, was (wenn es klappt) zur Lösung des eingangs benannten Problems führt.

10.1.4.2 Beispiel mit Bezugnahme auf Bionik

In Abb. 10.2 habe ich die aus Abb. 6.5 übernommene Vorgehensweise bei der Konzeption eines bionischen Haft-Pads der entsprechenden Darstellung des technischen Beispiels gegenübergestellt.

Die NM-Methode kann gut auch für die Vorgehensweise bei bionischen Näherungen eingesetzt werden, wenngleich noch weitere Vereinfachungen, kombiniert mit stärkeren Berücksichtigungen biorelevanter Vorgehensweisen, vorstellbar sind, wie im übernächsten Abschnitt 10.1.6 aufgezeigt wird.

SCHRITTE	Beispiel
Problemwahl	Fertigung eines auch bei Feuchte haftenden technischen Haftbands
1.) KW (Key Word) Schlüssel-Kennzeichnung	Konzeption eines auch bei Feuchte haftenden technischen Haftbands
2.) QA (Question Analogy) Biologische Analyse	Dystiscus-Haftfeld
3.) QB (Question Backround) Hintergrund-Prinzipien	Auflösung einer Haftfläche in serielle, multifunktionelle, statistisch haftende Haftelemente
4.) QC (Question Conception) Technisches Konzept	Zerteilung einer technischen Fläche, z.B. durch Prägung oder Schnittführung, in technische Einzelelemente, die entsprechend 3.) wirken
5.) ABD (Abduction) Technisches Fertigung	Aufbau einer Präge/Schneide-Einrichtung, die eine Fläche in z.B. hexagonale Einzelelemente mit Zentralnapf, ringförmiger Adhäsionsfläche und Seitkerben zerlegt; Kerbenausfüllung mit Haftmittel

Abb. 10.2 Bezug der NM-Methode nach Abb. 10.1 auf das biologisches Fallbeispiel nach Abb. 6.5

10.1.5 YN/ARIZ 02: Methode von Yoshiki Nakamura

10.1.5.1 Prinzip

Bezugnahme auf das vorhergehend geschilderte Verfahren: TRIZ und NM arbeiten mehr oder minder ausgeprägt mit Analoga. Da TRIZ sich auf Patente und Erfindungen beschränkt, NM aber alle Systeme der Natur und Technik zulässt, umfasst NM einen weit größeren Vergleichsraum, in dem man brauchbare Analoge erst einmal finden muss – was die Sache wegen der eventuell extrem großen „Spannweite" deutlich schwieriger macht oder doch machen kann. TRIZ ist zudem festgelegt auf die Aufdeckung von Widersprüchen und auf eine Art Ereignisstrukturierung, während NM alles als Vergleichsbasis zulässt, analoge Strukturen, Verläufe, Funktionen, Eigentümlichkeiten etc. Es wurde demgemäß versucht, Aspekte der genannten Ansätze unter Einbeziehung weiterer Überlegungen sozusagen zu einem neuen Block zusammenzubauen.

Dies hat Nakamura (2003) vom japanischen Sanno-Institute of Management mit seinem Konzept YN/ARIZ 02 bewerkstelligt, das insbesondere NM und die bis dahin vorliegende ARIZ-Version kombiniert. Diese letztere folgt in gewisser Weise TRIZ, teilt aber das Vorgehen in kleine Schritte ein, sodass mit mehreren Zwischenergebnissen der Suchraum für den Einzelschritt kleiner wird („Mini-Problems") und die Suche nach einer Analogie in einem somit beschränkten Suchraum einfacher und möglicherweise erfolgreicher wird. Anschließend werden die Restriktionen aufgehoben, und es wird das (theoretisch unbeschränkte) NM-Verfahren („Maxi-Problem") angehängt.

10.1.5.2 Schritte

In Abb. 10.3 entsprechen die Schritte 1–6 der Methode ARIZ, die Schritte 7–9 der Methode NM, wobei 7/ARIZ mit QA, QB und QC der NM-Methode korrespondiert (Nr. 2,3,4 in Abb. 10.2) und 8 und 9 mit ABD der NM-Methode korrespondiert (Nr. 5 in Abb. 10.2).

Die einzelnen in Abb. 10.3 aufgezeigten Schritte bedeuten folgendes:

Schritt 1: Problemverständnis. Das System mit dem zu lösenden Problem ist identifiziert, sein Umfeld ist definiert, und ein Eingangsverständnis der Problemsituation ist vorhanden.

Schritt 2: Identifikation der technischen Widersprüche. Die zu verbessernden Charakteristiken und unerwünschten Resultate sind definiert und die erfinderischen Prinzipien sind aus Widerspruchstafeln herausgesucht und werden als Basis für die Entwicklung von Ideen genommen.

Schritt 3: Physikalische Widersprüche. Die technischen Widersprüche werden in physikalische Widersprüche transformiert, und die Prinzipien der Separation (gemeint ist das Feld der Querbeziehung Technik ↔ Physik) werden benutzt, um Ideen zu generieren.

Schritt 4: S-F-Analyse. Die Querbeziehungen zwischen dem Objekt, der angewendeten Methode und dem Umfeld sind identifiziert und analysiert. Standardlösungen werden angewandt.

Schritt 5: Simulation mit dem SLP-Modell. Die Widerspruchssituation wird in ein grafisches Modell transformiert, das „Smart Little People" (SLP) benutzt. Durch Simulation wird das widerspruchsbehaftete Modell in ein Modell ohne Widersprüche verändert.

Flow of YN/ARIZ02

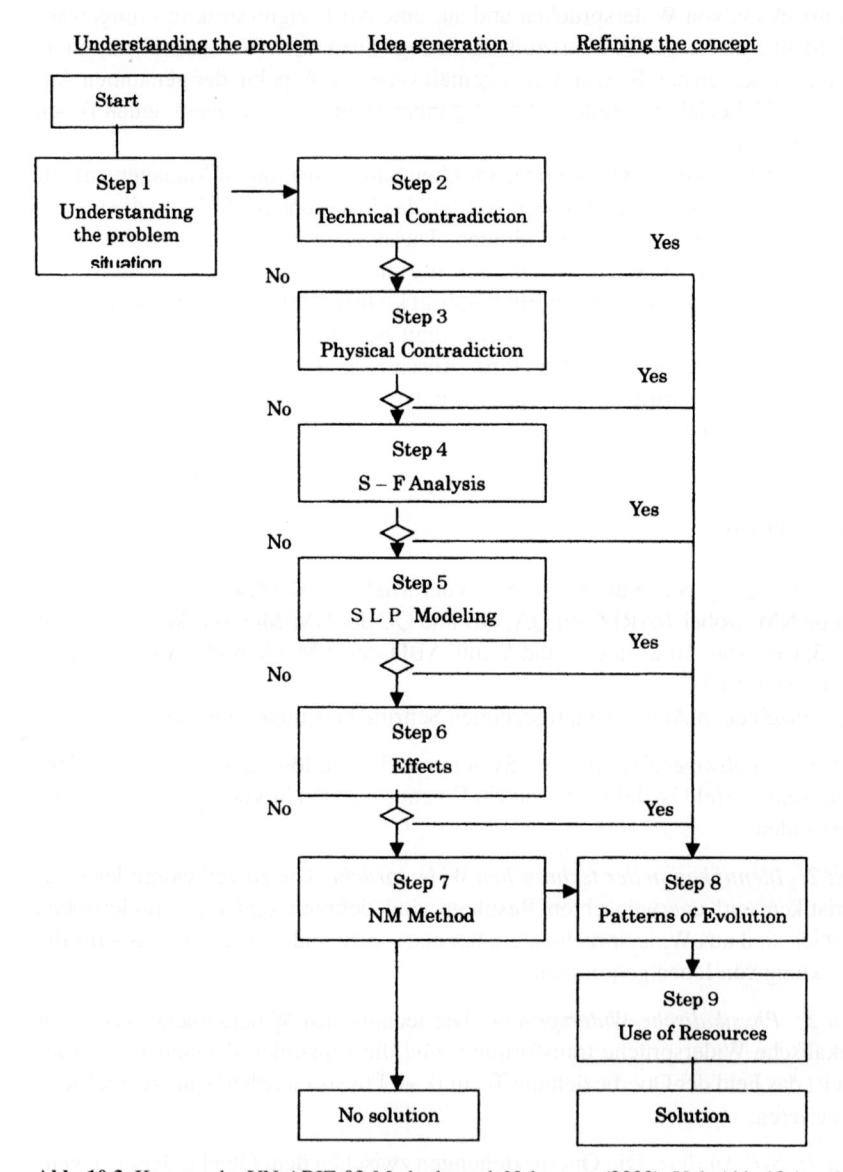

```
Understanding the problem    Idea generation    Refining the concept
```

[Flowchart:

Start → Step 1 Understanding the problem situation → Step 2 Technical Contradiction
- Yes → (to Solution path)
- No ↓
Step 3 Physical Contradiction
- Yes → (to Solution path)
- No ↓
Step 4 S – F Analysis
- Yes → (to Solution path)
- No ↓
Step 5 S L P Modeling
- Yes → (to Solution path)
- No ↓
Step 6 Effects
- Yes → (to Solution path)
- No ↓
Step 7 NM Method → Step 8 Patterns of Evolution → Step 9 Use of Resources → Solution
↓
No solution]

Abb. 10.3 Konzept der YN-ARIZ-02-Methode nach Nakamura (2003). Vgl. Abb. 10.1 und 10.2

Schritt 6: Anwendung der Effekte. Die erwünschte Funktion wird in Form von Schlüsselwörtern ausgedrückt.

Schritt 7: Anwendung der NM-Methode (vgl. Abb. 10.1). Unter Nutzung der Schlüsselworte KW von Schritt 6 wird eine Analogie gesucht (QA). Das im Hintergrund arbeitende Prinzip wird identifiziert (QB), und in der Folge wird das Prinzip in eine Lösungsidee umgewandelt (QC).

Schritt 8: Anwendung von Evolutionsmustern auf technische Systeme. Evolutionsmuster werden benutzt, um die bis dato erhaltenen Ideen zu kategorisieren und zu verfeinern (ABD).

Schritt 9: Suche nach Ressourcen. Schließlich wird am Objekt selbst und in seinem Umfeld nach Ressourcen gesucht, die es erlauben, das System zu optimieren (ebenfalls ABD).

Die Vorgehensweise dieser Kombinationsmethodik kann hier nur skizziert werden. Wesentliche Prinzipien dürften im Vergleich mit den Abb. 10.1 und 10.2 verständlich geworden sein; der Anwender wird aber nicht auf die Originalliteratur verzichten können. Hilfreich dürften noch Anmerkungen des Autors sein, der bemerkt, dass man seine in Abb. 10.3 skizzierte Vorgehensweise auf zwei unterschiedliche Weisen nutzen kann:

- *Verbesserung eines bereits existierenden Systems:* Man folgt den Schritten 2 bis 7. Zuerst müssen die Probleme des zu verbessernden Systems geprüft werden; wenn sich daraus keine Detaillösungen ergeben, ist der Prozess ab Stufe 1 zu wiederholen. Erst am Ende erfolgt die „Globallösung" mittels der NM-Methode.
- *Entwicklung eines neuen Systems:* Hierfür ist es günstiger, den Prozess in umgekehrter Richtung zu durchlaufen, also mit Schritt 7 zu beginnen und zu Schritt 2 zurückzugehen. Zuerst müssen die prinzipiellen Erfordernisse für das neu zu konzipierende System klargemacht werden. Dann kann man beispielsweise an die Bearbeitung der dafür nötigen Materialien, Strukturen und Mechanismen gehen. Ganz am Anfang wird deshalb die NM-Methode eingesetzt; Sekundärprobleme, die dabei auftauchen, werden erst im Anschluss durch den sukzessiven Einsatz von TRIZ-Technik (physikalischer Widerspruch, technischer Widerspruch etc.) gelöst.

10.1.6 NAIS: „Naturorientierte Inventionsstrategie"

Bezugnahme auf das vorhergehend geschilderte Verfahren: Die bei diesem Verfahren angewandten Sichtweisen sind zum Teil außerordentlich komplex und in jedem Fall stark formalisiert. Sie sind zeitaufwendig und erfordern ein bewusstes „Dabeibleiben"; für eine mehr von der Anschauung her kommende Sichtweise sind sie gänzlich ungeeignet. Doch will man zur Ideenfindung ja auch „eben mal blättern", um dann, wenn man eine Spur entdeckt hat, möglicherweise eines der genannten abstrakteren Verfahren anzuwenden.

Hill vom Institut für Technik und die Didaktik der Universität Münster gehört zu den nicht eben vielen Vertretern der Ingenieurwissenschaften, die sich spezielle Gedanken gemacht haben über die Einbindung von Anregungen aus der Natur in die Wege, die zu technischen Konstruktionen führen. Den bionischen Denk- und Handlungsprozess mit seiner dreistufigen Vorgehensweise, seiner Prinzipabstraktion und Analogiebildung sowie seinen Konkretisierungsverfahren sieht der Autor im Großen und Ganzen ähnlich, wie ich ihn aus meiner Sichtweise in diesem Buch schildere. Detaillierter nimmt er Stellung zur Vorgehensweise bei bionisch orientierten Entwicklungsprozessen.

10.1.6.1 Strategiemodell

Hill (2005) vergleicht seine Methode mit der „fuzzy logic", „denn in einem assoziativ ermittelten Lösungsansatz liegt noch die Unschärfe, die mit der Kreativität des Konstrukteurs auszufüllen ist. Die Bestimmung der Entwicklungsrichtung des antizipierten technischen Systems besteht in der Aufdeckung relevanter Evolutionstrends und -gesetzmäßigkeiten und die Lösungsfindung in der Herauslösung der

Strategiemodell zur Zielbestimmung und Lösungsfindung in bionisch orientierten Entwicklungsprozessen

1 Zielbestimmung	2 Lösungsfindung
Schritte / methodische Hilfen	Schritte / methodische Hilfen
1.1 Untersuchung der Markt- und Bedarfssituation (speziellen Betrachtungsbereich ermitteln) / W-Fragen-Methode	2.1 Bestimmung der den widersprechenden Forderungen zugrundeliegenden Grundfunktionen / Orientierungsmodell biologischer Grundfunktionen
1.2 Durchführung einer Systemanalyse/ Funktionsanalyse, Strukturanalyse	2.2 Aufdeckung relevanter biologischer Strukturen mit gleichen oder ähnlichen Funktionsmerkmalen / Katalogblätter
1.3 Erfassung des Standes der Technik/ Entwicklungsstandstabelle	2.3 Zusammenstellung relevanter Strukturen in einer Tabelle und Ableitung erster Lösungsansätze (Prinziplösungen) / Tabelle biologischer Strukturdarstellungen
1.4 Durchführung einer Generationsbetrachtung / Generationstabelle	
1.5 Bestimmung des Evolutionsstandes/ Evolutionsstandstabelle	2.4 Übertragung der ermittelten Lösungsansätze in eine technische Lösung entsprechend den Anforderungen, Bedingungen (ökonomische, technisch-technologische, ökologische, soziale, ...)
1.6 Bestimmung von Effektivitätsfaktoren/ Effektivitätsgleichung	
1.7 Aufstellung der Anforderungsmatrix und Auswahl relevanter Widersprüche	2.4.1 Variieren und/oder Kombinieren relevanter Merkmale / Variations- und/oder Kombinationsmethode
1.8 Bezeichnung der paradoxen Forderung	2.4.2 Bewertung von Lösungselementen bzw. technischen Varianten / Bewertungsmethoden
	2.5 Ausarbeitung der technischen Lösung
Entwicklungsaufgabe mit erfinderischer Zielstellung	**Technische Lösung**

Abb. 10.4 Strategiemodell zum Natur-Technik-Vergleich nach Hill (1998)

10.1 Bionik bei BR, TRIZ, SIT und anderen Entwicklungsmethoden

den biologischen Strukturen zugrunde liegenden Prinzipien sowie deren Übertragung auf den technischen Problemsachverhalt. *Naturbezogene Zielbestimmung und Lösungsfindungen sind daher Kernelemente der naturorientierten Innovationsstrategie*".

Es wird bei dieser Vorgehensweise also unterschieden, in eine (evolutionsbedingte) Zielbestimmung als Entwicklungsaufgabe mit erfinderischer Zielstellung und eine (strukturbedingte) Lösungsfindung als den eigentlichen Weg zu technischen Lösungen (Linde u. Hill 1993; Hill 1997). Details zu diesen beiden Parametern sind in Abb. 10.4 zusammengefasst.

Die Zielbestimmung wird dabei durch folgende Schritte gekennzeichnet:

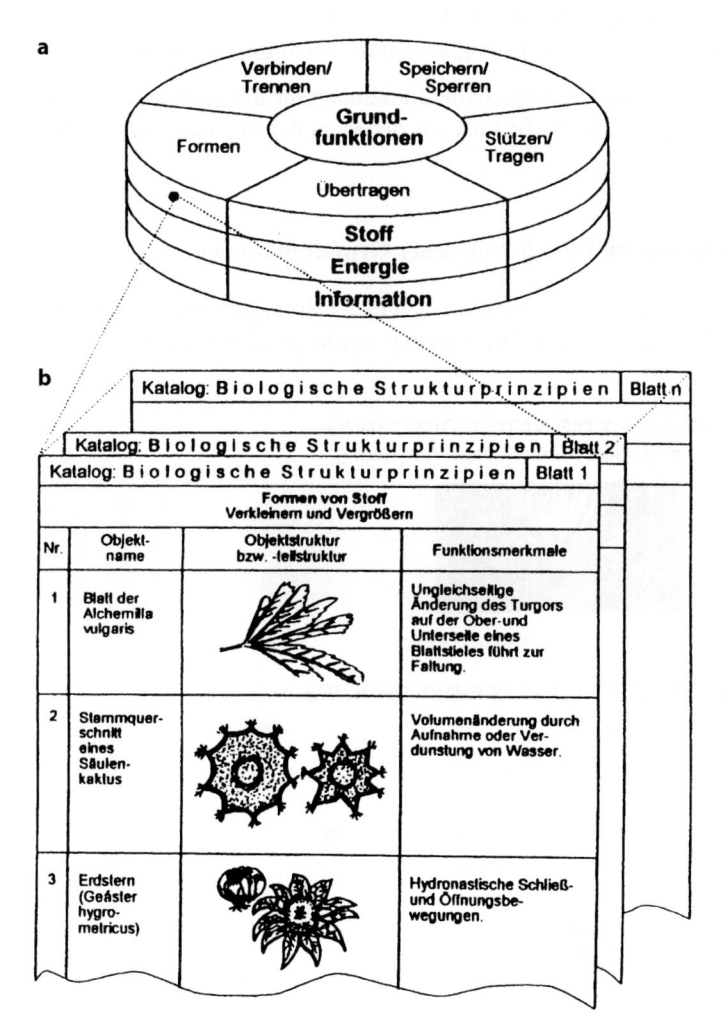

Abb. 10.5 Schema der Grundfunktionen (**a**) und Beispiel für ein biologisches Katalogblatt (**b**) nach Hill (1998)

1. Ermitteln des Standes der Technik und Aufdecken von Mängeln aus mehrperspektivischer Sicht.
2. Übertragen der Evolutionsgesetzmäßigkeiten auf den Stand der Technik.
3. Ableiten von Schlussfolgerungen für Erfolg versprechende Lösungsrichtungen.

Die Lösungsfindung auf der anderen Seite wird durch folgende Schritte gekennzeichnet:

1. Festlegung der gewohnten technischen Funktion beziehungsweise der widersprechenden Forderung als Zielgrößen (konstruktive Paradoxie; vgl. dazu das TRIZ-Verfahren, Abschn. 10.1.2).
2. Ermitteln von Vorbildern (Tiere, Pflanzen), die diese Funktion erfüllen → Kataloge biologischer Strukturen (Abb. 9.21).
3. Übertragen der gewonnenen Erkenntnisse auf das zu lösende Problem.

Darüber hinaus ergeben sich gewisse Grundfunktionen für die bionische Übertragung von Naturprinzipien auf die Technik aus der Sicht der Ingenieurwissenschaften.

10.1.6.2 Aufgliederung biologisch-bionischer Grundfunktionen

Grundfunktionen sowohl in der Technik als auch in der Biologie werden auf die drei Kategorien „Stoff", „Energie" und „Information" zurückgeführt. Diese lassen sich,

A.) **AM ANFANG STEHT DIE NATURFORSCHUNG**
("Technische Biologie" → Grundlagenforschung)

Klettfrüchte haften an Fellen und Kleidern

B.) **ES FOLGT DIE ABSTRAKTION EINES PRINZIPS**

Prinzip der
statistischen Verhakung

C.) **DAS PRINZIP WIRD TECHNISCH UMGESETZT**
("Bionik" → angewandte Forschung)

Technisches Klettband

Abb. 10.6 Vorgehen der LU-Methode. Vergleiche die Einleitung (Vorwort)

10.1 Bionik bei BR, TRIZ, SIT und anderen Entwicklungsmethoden

wie Abb. 10.5a zeigt, in Sektoren wie „Formen", „Übertrag", „Verbinden/Trennen" usw. aufgliedern. Zu jedem dieser Sektoren lassen sich für den interessierten Ingenieur „Katalogblätter" entwerfen, die biologische Strukturen und deren Funktionsmerkmale enthalten (Abb. 10.5b).

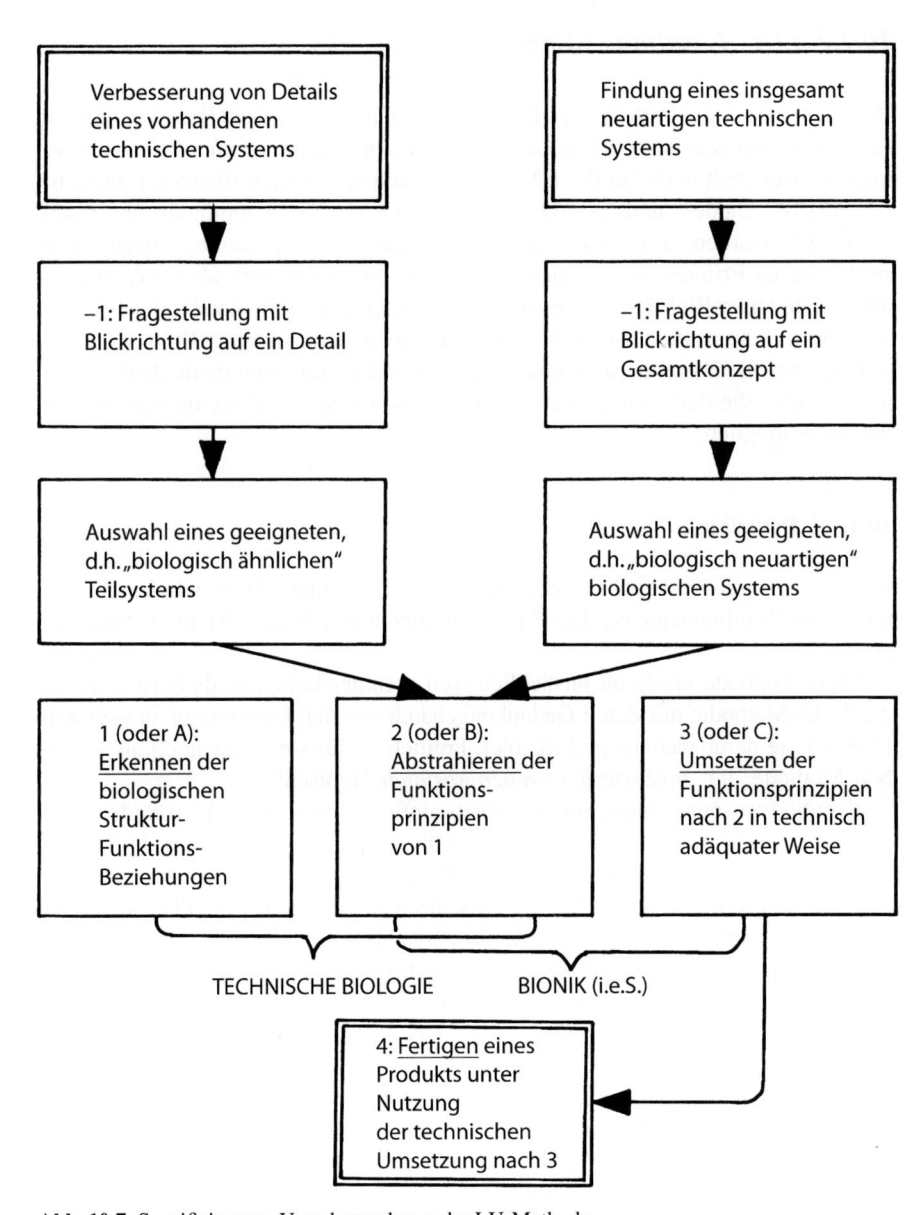

```
┌─────────────────────────┐          ┌─────────────────────────┐
│ Verbesserung von Details│          │ Findung eines insgesamt │
│ eines vorhandenen       │          │ neuartigen technischen  │
│ technischen Systems     │          │ Systems                 │
└───────────┬─────────────┘          └───────────┬─────────────┘
            ▼                                    ▼
┌─────────────────────────┐          ┌─────────────────────────┐
│ –1: Fragestellung mit   │          │ –1: Fragestellung mit   │
│ Blickrichtung auf ein   │          │ Blickrichtung auf ein   │
│ Detail                  │          │ Gesamtkonzept           │
└───────────┬─────────────┘          └───────────┬─────────────┘
            ▼                                    ▼
┌─────────────────────────┐          ┌─────────────────────────┐
│ Auswahl eines geeigneten│          │ Auswahl eines geeigneten│
│ d.h. „biologisch        │          │ d.h. „biologisch        │
│ ähnlichen"              │          │ neuartigen"             │
│ Teilsystems             │          │ biologischen Systems    │
└─────────────┬───────────┘          └───────┬─────────────────┘
              │                              │
              ▼                              ▼
┌───────────────┐   ┌───────────────┐   ┌───────────────────┐
│ 1 (oder A):   │   │ 2 (oder B):   │   │ 3 (oder C):       │
│ Erkennen der  │   │ Abstrahieren  │   │ Umsetzen der      │
│ biologischen  │   │ der Funktions-│   │ Funktionsprinzipien│
│ Struktur-     │   │ prinzipien    │   │ nach 2 in technisch│
│ Funktions-    │   │ von 1         │   │ adäquater Weise   │
│ Beziehungen   │   │               │   │                   │
└───────────────┘   └───────────────┘   └───────────────────┘
        └──────────┬──────────┘              │
    TECHNISCHE BIOLOGIE      BIONIK (i.e.S.)
                            ┌──────────────────────┐
                            │ 4: Fertigen eines    │
                            │ Produkts unter       │◄──┘
                            │ Nutzung              │
                            │ der technischen      │
                            │ Umsetzung nach 3     │
                            └──────────────────────┘
```

Abb. 10.7 Spezifizierteres Vorgehensschema der LU-Methode

Der Autor sieht seine Methode geeignet, einen Paradigmenwechsel in der Technik mitzutragen und gleichzeitig über einen Ausgleich von Effektivität und Abstraktion die Suchrichtung nach dem Ideal einzugrenzen.

10.1.7 LU: „Luscinius-Methode"

Bezugnahme auf die vorhergehend geschilderten Verfahren: Dem Bioniker fällt auf, dass bei all den genannten Methoden *Bionik mit eingebracht werden kann* – am wenigsten zwanghaft noch bei der NM-Methode und nach einem Blätterverfahren bei der NAIS-Methode – und dass das auch bei allen Methoden zumindest ansatzweise versucht worden ist. Er bemerkt aber auch, dass all die genannten Ansätze zum strukturierten Erfinden *keine eigene, eigentlich bionische Methode als Grundlage* aufweisen. Unter Einbringung des im Vorwort zusammengefassten bionischen Umsetzungsverfahrens (Schritte A → B → C, hier noch einmal dargestellt in Abb. 10.6) scheint aber die Formulierung einer vergleichsweise einfachen methodischen Vorgehensweise, die sich vom Aufbau her in das geschilderte Methodengefüge einreiht, unschwer möglich.

10.1.7.1 Prinzipien

Ich will sie in gebotener gebremster Eitelkeit mit den Anfangsbuchstaben meines latinisierten Familiennamens („Luscinius") abkürzen und als „LU-Methode" bezeichnen.

Diese Methode erscheint tatsächlich weit weniger komplex als beispielsweise die TRIZ-Methode, mit deren Gedankengebäude sie sich keineswegs messen will. Doch ist sie dafür weitaus praktikabler. Freilich ist für sie, mehr noch als für die NM-Methode, die *„Inhärenz der großen Abstände"* typisch:

Es gibt zwar nur wenige Schritte, doch umfassen diese unter Umständen riesige Bereiche. Die Auswahl des jeweils angemessenen Analogons muss deshalb gegebenenfalls ebenfalls aus einem sehr großen „Datenpool" erfolgen. Das erfordert entweder ein sehr umfangreiches biologisches und technisches Detailwissen (einer der wenigen Punkte im übrigen, in denen ein höheres Lebensalter – einfach wegen der größeren gespeicherten Datenfülle – die hoch spezialisierte Wissenschaftsjugend mit einem Lächeln schlägt) oder eben fachübergreifende Kooperation. Oder man baut Zwischenschritte ein, wie es die YN/ARIZ-02-Methode vorsieht, indem man die Schritte 1–3 der Abb. 10.3 iteriert.

Die Methode ist in Abb. 10.7 als Flussdiagramm verdeutlicht.

10.1.7.2 Unterschiedliche Ausgangsfragestellungen – „Kochrezepte"

Bionisches Vorgehen ist stets auf der Suche nach Querbeziehungen zwischen Biologie und Technik. Diese beginnt mit analogen Gegenüberstellungen („Analogiefor-

10.1 Bionik bei BR, TRIZ, SIT und anderen Entwicklungsmethoden

schung"). Daraus kann sich als gemeinsame Schnittstelle ein abstrahiertes Naturprinzip entwickeln. Von diesem aus kann der Weg zu einem bionisch beeinflussten technischen Produkt weiterführen (Abb. 10.8). In der Praxis kann der Anstoß zu einer bionischen Kooperation entweder aus der Biologie oder aus der Technik kommen.

BIOLOGIE

Entweder Ausgang für Ideentransfer in die Technik (Abb. 10.9 a,b) oder Bezugsbasis für technische Fragestellung (Abb. 10.10, a,b)

ABSTRAKTION

Aufgrund eines detaillierten Vergleichs zwischen Daten aus der Biologie und analogen Daten aus der Technik Herausarbeitung (Abstraktion) eines Naturprinzips

Analoge Gegenüberstellung

Weiterführung

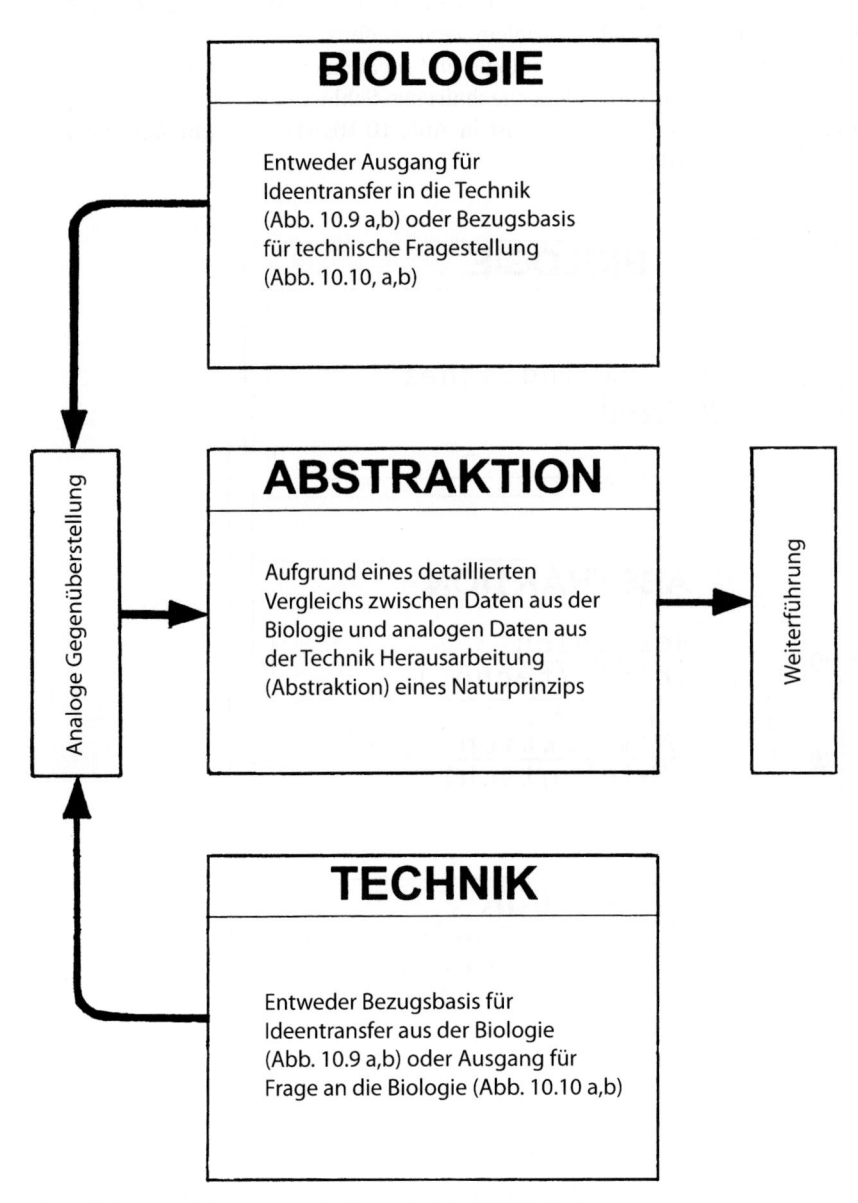

TECHNIK

Entweder Bezugsbasis für Ideentransfer aus der Biologie (Abb. 10.9 a,b) oder Ausgang für Frage an die Biologie (Abb. 10.10 a,b)

Abb. 10.8 Abstraktion als zentraler Topos bei der LU-Methode

Im ersteren Fall lautet die Frage: „Was könnte man mit einem bestimmten biologischen Befund in der Technik anfangen?" Man recherchiert also in der Technik und sucht ein Problem, das das Schloss für einen vorhandenen biologischen Schlüssel darstellt. Der zugehörige Sechsstufenweg ist in Abb. 10.9a aufgezeigt, ein Anwendungsbeispiel ist in Abb. 10.9b skizziert.

Im letzteren Fall lautet die Frage: „Welche Befunde aus der Biologie könnten bei einem bestimmten technischen Problem weiterhelfen?"

Man recherchiert also in der Biologie und sucht einen biologischen Befund, der als Schlüssel zu einem vorhandenen technischen Schloss passt.

Der zugehörige Sechsstufenweg ist in Abb. 10.10a skizziert, ein Anwendungsbeispiel in Abb. 10.10b.

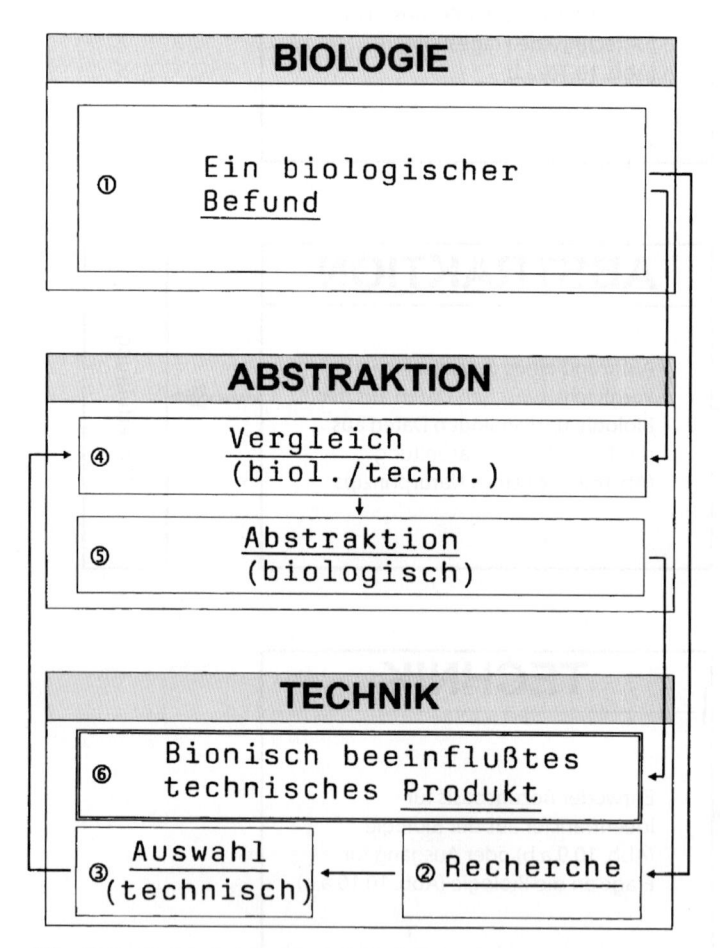

Abb. 10.9a Sechsstufenweg der LU-Methode, wenn eine Entdeckung der Biologie am Anfang steht. („Was könnte man mit einem bestimmten biologischen Befund in der Technik anfangen?")

10.1 Bionik bei BR, TRIZ, SIT und anderen Entwicklungsmethoden

Zusammenfassend kann man sagen, dass die LU-Methode wohl einen Mittelweg darstellt. Sie formalisiert nicht zu sehr (vgl. dazu z. B. die TRIZ-Methode), gibt aber doch *Leitlinien* vor. Hier lässt sie für alle Sonderideen und Sonderwege Räume, beharrt allerdings auf dem „kleinsten gemeinsamen Nenner", der *Abstraktion* des „Vorbilds Natur". Sie rekurriert stark auf den *Analogievergleich*, den sie nahe dem *Anfang* ansetzt, überzieht aber dessen Bedeutung nicht und wertet ihn in der Hauptsache als *heuristisches Prinzip*.

Welchen der beiden Wege man immer einschlagen will: Vorausgesetzt ist in jedem Fall, dass die *Grundlagenforschung der Technischen Biologie* technikrelevante Befunde zutage gefördert hat, aus denen man auswählen kann.

BIOLOGIE

① Lotus-Blätter (u.a.) sind selbstreinigend

ABSTRAKTION

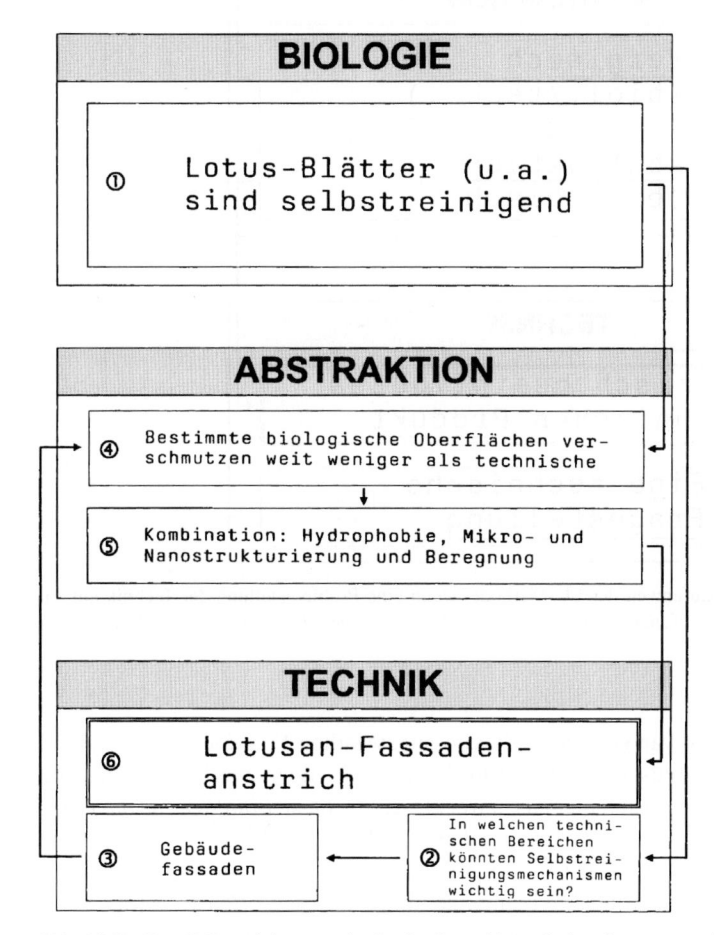

④ Bestimmte biologische Oberflächen verschmutzen weit weniger als technische

⑤ Kombination: Hydrophobie, Mikro- und Nanostrukturierung und Beregnung

TECHNIK

⑥ Lotusan-Fassadenanstrich

③ Gebäudefassaden

② In welchen technischen Bereichen könnten Selbstreinigungsmechanismen wichtig sein?

Abb. 10.9b Das Selbstreinigungsprinzip des Lotusblatts findet eine erste technische Anwendung in der Konzeption eines neuartigen Fassadenlacks. (Flussdiagramm basierend auf Barthlott u. Neinhuis 1997, vereinfacht)

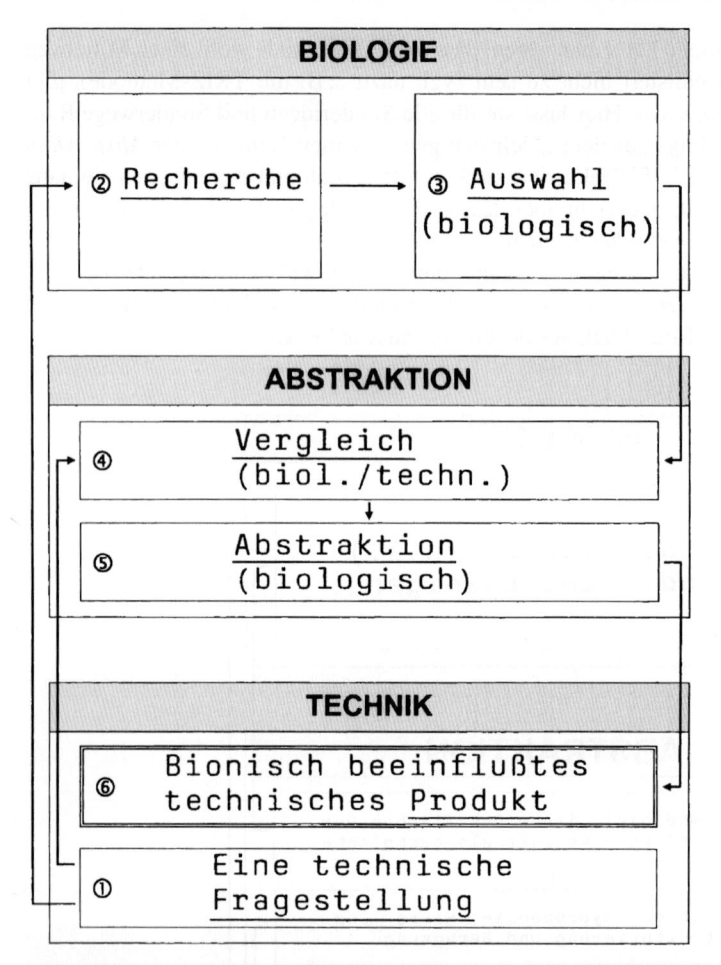

```
┌─────────────────────────────────────────────┐
│                 BIOLOGIE                    │
│   ┌──────────────┐      ┌──────────────┐   │
│ →│ ② Recherche  │────→│ ③ Auswahl    │─┐ │
│   │              │      │  (biologisch)│  │ │
│   └──────────────┘      └──────────────┘  │ │
└────────────────────────────────────────────┼┘
┌────────────────────────────────────────────┼┐
│               ABSTRAKTION                  │ │
│   ┌─────────────────────────────────────┐ │ │
│ →│ ④      Vergleich                    │←┘ │
│   │         (biol./techn.)              │   │
│   └─────────────────────────────────────┘   │
│                    ↓                         │
│   ┌─────────────────────────────────────┐  │
│   │ ⑤      Abstraktion                  │─┐│
│   │         (biologisch)                │ ││
│   └─────────────────────────────────────┘ ││
└───────────────────────────────────────────┼┘
┌───────────────────────────────────────────┼┐
│                 TECHNIK                   │ │
│   ┌─────────────────────────────────────┐│ │
│   │ ⑥   Bionisch beeinflußtes           │←┘│
│   │     technisches Produkt             │  │
│   └─────────────────────────────────────┘  │
│   ┌─────────────────────────────────────┐  │
│ ─┤ ①   Eine technische                  │  │
│   │     Fragestellung                   │  │
│   └─────────────────────────────────────┘  │
└─────────────────────────────────────────────┘
```

Abb. 10.10a Sechsstufenweg der LU-Methode, wenn eine Problemstellung der Technik am Anfang steht. („Welche Befunde aus der belebten Welt könnten bei einem technischen Problem weiterhelfen¿')

In diesem Buch war viel die Rede von angewandten Fragestellungen und von Übertragungen biologischer Befunde in die Technik. Basis wird aber immer die „zunächst zweckfreie" (und niemals „zwecklose") *technisch-biologische oder auch rein biologische Grundlagenforschung bleiben (Abb. 9.13)*. Diese bringt kein Geld, und sie kostet Geld. In der gewinnorientierten Wirtschaft ist sie deshalb nicht so beliebt. Ständig ist sie von Mittelkürzungen bedroht. Eine offensive Strategie tut deshalb Not. Die Vertreter der angewandten Disziplinen sind gut beraten, wenn sie diejenigen der Grundlagendisziplinen unterstützen. Denn:

Wo nichts erforscht wird, gibt es nichts zu übertragen.

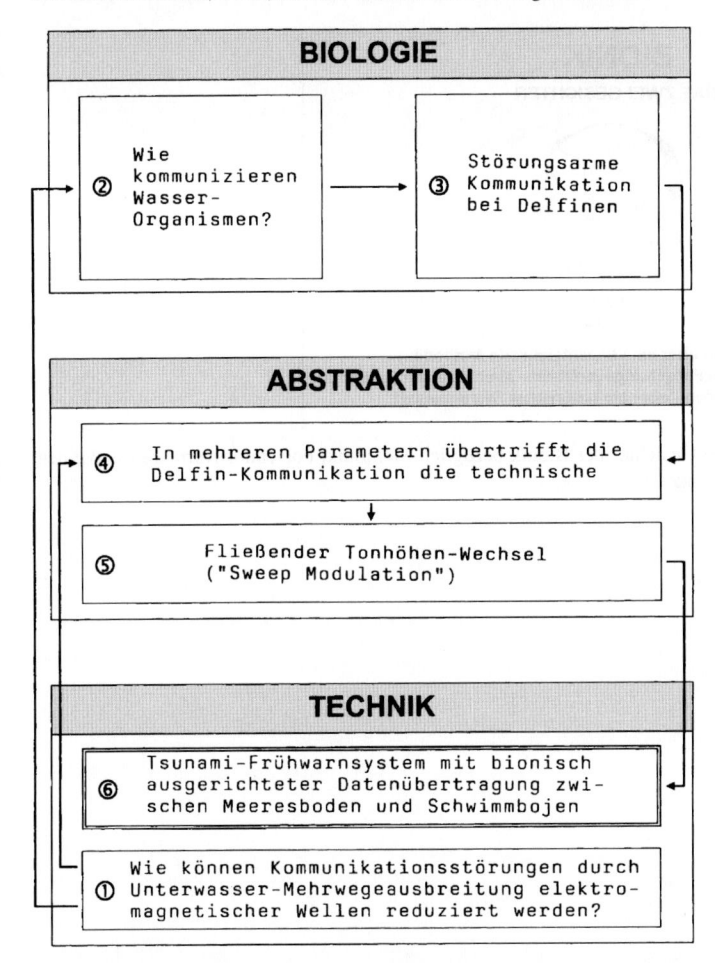

10.1 Bionik bei BR, TRIZ, SIT und anderen Entwicklungsmethoden

BIOLOGIE

② Wie kommunizieren Wasser-Organismen? → ③ Störungsarme Kommunikation bei Delfinen

ABSTRAKTION

④ In mehreren Parametern übertrifft die Delfin-Kommunikation die technische

⑤ Fließender Tonhöhen-Wechsel ("Sweep Modulation")

TECHNIK

⑥ Tsunami-Frühwarnsystem mit bionisch ausgerichteter Datenübertragung zwischen Meeresboden und Schwimmbojen

① Wie können Kommunikationsstörungen durch Unterwasser-Mehrwegeausbreitung elektromagnetischer Wellen reduziert werden?

Abb. 10.10b Störungsbehebung bei drahtloser Unterwasserkommunikation durch Einsatz des Delfinprinzips. (Flussdiagramm basierend auf Yakovlew u. Bannasch 2006, vereinfacht)

Freilich ist Bionik kein Wundermittel. Und sie hat auch stets zwei Gesichter, wie alles im Leben (Abb. 10.11).

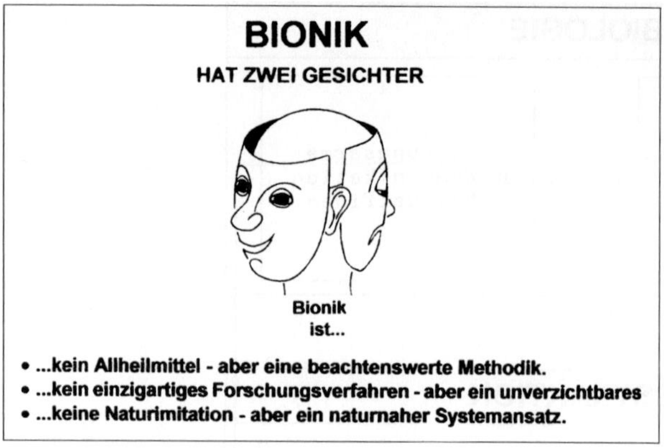

BIONIK
HAT ZWEI GESICHTER

Bionik ist...
- ...kein Allheilmittel - aber eine beachtenswerte Methodik.
- ...kein einzigartiges Forschungsverfahren - aber ein unverzichtbares
- ...keine Naturimitation - aber ein naturnaher Systemansatz.

Abb. 10.11 Die zwei Gesichter der Bionik bezüglich Methodik, Forschungsverfahren und einem naturnahen Systemansatz

Literaturverzeichnis

Ablay, P. (2006): Wechselschritte auf dem Tanzboden der Evolution. In: Blüchel, G., Malik, F. (Hrsg.): Faszination Bionik, 256–273, Bionik-Media, München.
Achinstein, P. (1977): Function statements. Philosophy of science 44, 341–367.
Adorno, T. W. (1973): Ästhetische Theorie. Frankfurt.
Alexander McNeill, R. (1968): Animal mechanics, Sidgwick & Jackson, London.
Altshuller, G. (1984/1986/1998) Erfinden – Wege zur Lösung technischer Probleme. Hrsg. Prof. M. Möhrle (1998), BTU Cottbus, Cottbus.
Aristoteles: Physik. Übers. H. Wagner 1983, Berlin.
Autrum, H. (1984): Über Energie- und Zeitgrenzen der Sinnesorgane. Naturwiss. 35, 361.
Autumn, K., Chang, W. P., Fearing, R., Hsieh, T., Kenny, T., Liang, L., Zesch, W., Full, R. J. (2000): Adhesive force of a single gecko hair. Nature 405, 681–685.
Bacon (1620): Novum Organon, 1. Bd. 1974, Wiss. Buchges., Darmstadt.
Barthlott, W., Neinhuis, C. (1997): Purity of the sacred lotus or escape from contamination in biological surfaces. Planta 202, 1–8.
Bauch, B. (1926): Die Idee, E. Reinicke, Leipzig.
Beament, J. W. L. (Hrsg.)(1960): Models and analogues in biology. Soc. Exp. Biol. Symp. 14, Cambridge Univ. Press, Cambridge.
Bertalanffy, L. (1935): Das Gefüge des Lebens, Teubner, Leipzig.
Bertalanffy, L. (1949): Das biologische Weltbild, Bern.
Bieri, P. (1987): Evolution, Erkenntnis und Kognition. In: Lütterfelds, W. (Hrsg.): Transzendentale oder evolutionäre Erkenntnistheorie? Darmstadt.
Blickhan, R. (1992): Bionische Perspektiven der aquatischen und terrestrischen Lokomotion. In. Nachtigall, W. (Hrsg.): BIONA-report 8, 135–154, Akad. Wiss. Lit. Mainz, Fischer, Stuttgart.
Blüchel, K., Malik, F. (Hrsg.) (2006): Faszination Bionik. Die Intelligenz der Schöpfung, Bionik-Media, München.
Burdach K. F. (1842): Blicke ins Leben. I. Comparative physiology, 1. Teil. Leipzig.
Carrier, M. (2004): Knowledge, gain and practical use: Models in pure and applied research. In: Gilles, D. (Hrsg.): Laws and Models in Science, King's College Publications, London.
DaimlerChrysler AG (Hrsg.)(2000): Die Geschichte einer Leidenschaft, Festschrift.
Dawkins, R. (1988): Auf welche Einheiten richtet sich die natürliche Selektion? In: Meier, H. (Hrsg.): Die Herausforderung der Evolutionsbiologie, 53–78, München.
Descartes, R. (1960): Von der Methode des richtigen Vernunftgebrauchs, Meiner, Hamburg.
Di Bartolo, C. (1996): Methodology of bionic design for innovation design. In: Nachtigall, W., Wisser, A. (Hrsg.): Technische Biologie und Bionik 3, 3. Bionik-Kongreß Mannheim, BIONA-report 10, 23–31, Fischer, Stuttgart.
Driesch, H. (1928): Philosophie des Organischen, 4. Aufl., Quelle & Meyer, Leipzig.

Duncker, H.-R. (1994): Probleme der wissenschaftlichen Darstellung der komplexen Organisation in lebenden Systemen. In: Maier, W., Zoglauer, T. (Hrsg.): Technomorphe Organismuskonzepte, 299–317, problemata 128. Frommann-Holzboog, Stuttgart-Bad Cannstatt.

Dürr, H (1989): Artifizielle Photo-Synthese. Ein Beitrag zum Problem der Sonnenenergie-Konversion. Magazin Forschung der Univ. d. Saarlands 1, 61–67.

Duden-Schülerlexikon (1969): Bibl. Inst. Mannheim.

Feyerabend, P. (1980): Rückblick. In: Duerr, H. P. (Hrsg.): Versuchungen, Bd. 2, Frankfurt.

Francé, R. H. (1919): Die technischen Leistungen der Pflanzen, Veit & Co., Leipzig.

Francé, R. H. (1920): Die Pflanze als Erfinderin, 12. Aufl. Franckh, Stuttgart.

Frey, C. (1998): Konfliktfelder des Lebens, Theologische Studien zur Bioethik, Göttingen.

Gasc, J. P., Renous, S. Castanet, G. (1983): Surface à coefficient des frottements directionnel. Brevet francais No 8301243, INPI, Paris.

Gehring, P. (2005): Zirkulierende Körperstücke, zirkulierende Körperdaten. Hängen Biopolitik und Bionik zusammen? In: Rossmann, T., Tropea, C. (Hrsg.): Bionik. Aktuelle Forschungsergebnisse in Natur-, Ingenieur- und Geisteswissenschaft, 191–207, Springer, Berlin, Heidelberg, New York.

von Gleich, A. (Hrsg.) (1998): Bionik – Ökologische Technik nach dem Vorbild der Natur?, Täubner, Stuttgart.

Gutmann, M. (1996): Die Evolutionstheorie und ihr Gegenstand: Beitrag der methodischen Philosophie zu einer konstruktiven Theorie der Evolution, Berlin.

Gutmann, W., Weingarten, M. (Hrsg.) (1995): Die Konstruktion der Organismen II. Struktur und Funktion. Aufsätze und Reden der Senckenbergischen Naturforschenden Gesellschaft Nr. 43, Frankfurt.

Gutmann, M., Hertler, C., Weingarten, M. (1998): Ist das Leben überhaupt ein wissenschaftlicher Gegenstand? Fragen zu einem grundlegenden biologischen Selbst(miß)verständnis. In: Was wissen Biologen schon vom Leben? Loccumer Protokolle 14/97, 111–128.

Gymnasium Unterhaching (Hrsg.) (1995): Bionik – Lernen von der Natur, Studientag der 11. Klasse.

Hansen, J. (1999): Positionspapier für die 1. Sitzung „Kompetenznetz Bionik" vom 1.10.1999, DLR-PT-Umwelt, Bonn, unveröff.

Haraway, D. (1995): Die Neuerfindung der Natur: Primaten, Cyborgs und Frauen, Frankfurt.

Hartmann, M. (1937): Philosophie der Naturwissenschaften, Springer, Berlin.

Hartmann, M. (1948): Die philosophischen Grundlagen der Naturwissenschaft, Fischer, Jena.

Hartmann, M. (1951): Teleologisches Denken, de Gruyter, Berlin.

Hartmann, M. (1959): Die philosophischen Grundlagen der Naturwissenschaften. Erkenntnistheorie und Methodologie, Fischer, Stuttgart.

Hartmann, M. (1965): Einführung in die Allgemeine Biologie und ihre philosophischen Grund- und Grenzfragen, Fischer, Stuttgart.

Hasselberg, D. (1972): Biologische Sachverhalte in kybernetischer Sicht, Köln.

Hassenstein, W. (1949): Zum Funktionsbegriff es Biologen. Studium generale 2, 21–28.

Hassenstein, B. (1967a): Erklären und Verstehen in den Naturwissenschaften. Freiburger Dies Universitatis 14, 100–122.

Hassenstein, B. (1967b): Biologische Kybernetik 3. Aufl., Quelle & Meyer, Heidelberg.

Hegel, G. W. F. (1970): Vorlesungen über Ästhetik, Frankfurt.

Helmcke, G. (1972): Ein Beispiel für die praktische Anwendung der Analogieforschung. Mitt. Inst. leichte Flächentragwerke Univ. Stuttgart (IL), 4, 6–15.

von Helmholtz, H. (1921): Schriften zur Erkenntnistheorie. Hertz, Schlick (Hrsg.), Springer, Berlin.

Hempel, C. G. (1977): Aspekte wissenschaftlicher Erklärung, de Gruyter, Berlin, New York.

Herder (1994): Lexikon der Biologie, Spektrum, Heidelberg.

Hertel, H. (1963): Biologie und Technik. Struktur, Form, Bewegung, Krausskopff, Mainz.

Heydemann, B. (2004): Vielfalt im Leben. Biologische Diversität. Vorbilder für die Ökotechnologie. Ausblicke in die Zukunft, Nieklitz GmbH und Schmidt & Klaunig, Kiel.

Hill, B. (1997): Innovationsquelle Natur – Naturorientierte Innovationsquelle für Entwickler, Konstrukteure und Designer, Shaker, Aachen.

Hill, B. (1998): Orientierungsmodelle und ihre heuristische Nutzung im bionisch orientierten Konstruktionsprozeß (naturorientierte Innovationsstrategie). In: Nachtigall, W., Wisser, A. (Hrsg.): BIONA-report 12, Technische Biologie und Bionik, 4. Bionik-Kongreß, München 1998, 245–256. Akad. Wiss. u. Lit., Mainz, G. Fischer, Stuttgart, Jena, Lübeck, Ulm.

Hill, B. (2005): Naturorientierte Innovationsstrategie – Entwickeln und Konstruieren nach bionischen Vorbildern. In: Rossmann, T., Tropea, C. (Hrsg.): Bionik. Aktuelle Forschungsergebnisse in Natur-, Ingenieur- und Geisteswissenschaft, 313–322, Springer, Berlin, Heidelberg, New York.

Hobbes, T (1984): Leviathan, Frankfurt.

Hodgkin, A. L. (1957): Ionic movements and electric activity in giant nerve fibres. Roy. Soc. B 148, 1–37.

Janich, P., Weingarten, M. (1999): Wissenschaftstheorie in der Biologie, Fink, München.

Jantsch, E. (1972): Towards Interdisciplinarity and Transdisciplinarity in Education and Innovation. In: Apostel, L. et al. (Hrsg.): Interdisciplinarity – Problems of Teaching and Research in Universities, 97–121, CERI/OECD, Paris.

Kant, I. (1787): Kritik der reinen Vernunft, Stuttgart.

Kapp, E. (1877): Philosophie und Technik, Braunschweig.

Kitcher, P. (1993): Function and design. Midwest Studies in Philosophy 18, 379–397.

von Klitzing, K. (1991): Die harten Fakten zwingen zu sanften Lösungen. In: WWW (Hrsg.): Bionik, München.

Kramer, M. (1960): Boundary layer stabilization by distributed damping. A.S.N.E.-Journal Febr. 1960, 25–33.

Krohs, U. (2005a): Biologisches Design. In: Krohs, U., Toepfer, G. (Hrsg.): Philosophie der Biologie, 53–70, Suhrkamp, Frankfurt.

Krohs, U. (2005b): Wissenschaftstheoretische Rekonstruktionen. In: Krohs, U., Toepfer, G. (Hrsg.): Philosophie der Biologie, 304–321, Suhrkamp, Frankfurt.

Krohs, U., Toepfer, G. (Hrsg.)(2005): Philosophie der Biologie, Suhrkamp, Frankfurt.

Kummer, B. (1962): Funktioneller Bau und funktionelle Anpassung des Knochens. Anat. Anz. 111, 261–293.

Kummer, B. (1965): Biomechanik des Säugetierskeletts. Hb. Zoologie VII, 6. Teil.

Kutschera, U. (2002): Intelligentes Design und Evolution. Biologen heute 6, 13–14.

de LaMettrie, J. O. (1747): L'homme machine. Übersetzt und herausg. von C. Becker (1991), Hamburg.

Latour, B. (1987): Science in action. How to follow scientists and engineers through society, Harvard Univ. Press, Cambridge/Mass.

Laubichler, M. D. (2005a): Systemtheoretische Organismuskonzeptionen. In: Krohs, U., Toepfer, G. (Hrsg.): Philosophie der Biologie, 109–124, Suhrkamp, Frankfurt.

Laubichler, M. D. (2005b): Das Forschungsprogramm der evolutionären Entwicklungsbiologie. In: Krohs, U., Toepfer, G. (Hrsg.): Philosophie der Biologie, 322–337, Suhrkamp, Frankfurt.

Leibniz, G. W. (1960): Philosophische Schriften. Herausgegeben von C. I. Gerhardt, Hildesheim.

Linde, H., Hill, B. (1993) Erfolgreich erfinden: widerspruchsoriente Innovationsstrategie für Entwickler und Konstrukteure. Hoppenstedt Technik Tabellen Verlag, Darmstadt.

Mahner, M. (2005): Biologische Klassifikation und Artbegriff. In: Krohs, U., Toepfer, G. (Hrsg.): Philosophie der Biologie, 231–248, Suhrkamp, Frankfurt.

Maier, W., Zoglauer, T. (1994) (Hrsg.):Technomorphe Organismuskonzepte. problemata 128. Frommann-Holzboog, Stuttgart-Bad Cannstatt.

Malik, F. (2000): Führen, Leisten, Leben. Wirksames Management für eine neue Zeit, DVA, München.

Malik, F. (2006): Die Natur denkt kybernetisch. In: Blüchel, K., Malik, F. (Hrsg.): Faszination Bionik, 80–91, Bionik-Media, München.

Mattheck, C. (1993): Design in der Natur. Der Baum als Lehrmeister, Rombach, Freiburg.

Maturana, H. (1987): Erkennen – Die Organisation und Verkörperung von Wirklichkeit, Braunschweig.
Mayr, E. (1961): Cause and effect in biology. Science 134, 1501–1506.
Mazakazu, N. (o. J.): All of NM Method, Sanno Publ.
McLaughlin, P. (2005): Funktion. In: Krohs, U., Toepfer, G. (Hrsg.): Philosophie der Biologie. Suhrkamp Taschenbuch Wissenschaft 1745, Suhrkamp, Frankfurt.
Merton, R. (1973): The Society of Science: Theoretical and empirical inverstigations, Chicago Univ. Press, Chicago.
Mohr, H. (1964/65): Das Gesetz in der Biologie. In: Freiburger Dies Universitatis 12, 23–50.
Müller, M. (1997): Brauchen wir eine neue Moral? Beiträge zur philosophischen Anthropologie. Denk-Anstöße, Heft 8, Kath. Akad., Trier, Abt. Saarbrücken.
Müller-Mohnnsen, H. (1967): Stationärer negativer Widerstand und Verstärkerfunktion des Ranvier'schen Schnürrings. Ber. Ges. Strahlenschutzforschung München, Bericht B 137.
Nachtigall, W. (1960): Über Kinematik, Dynamik und Energetik des Schwimmens einheimischer Dytisciden. Z. Vergl. Physiol 43, 48–118.
Nachtigall, W. (1961): Funktionelle Morphologie, Kinematik und Hydromechanik des Ruderapparates von Gyrinus. Z. Vergl. Physiologie 45, 193–226.
Nachtigall, W. (1966): Die Kinematik der Schlagflügelbewegungen von Dipteren. Methodische und analytische Grundlagen zur Biophysik des Insektenflugs. Z. Vergl. Physiologie 52, 152–211.
Nachtigall, W. (1967): Zur Aerodynamik des Coleopterenflügels: Wirken die Elytren als Tragflügel? Verh. Dtsch. Zool. Ges. Kiel 1963, 319–326.
Nachtigall, W. (1969): Wie steuern die Insekten während des Flugs? Umschau in Wissenschaft und Technik 69 (17), 554f.
Nachtigall, W. (1971a): „Technische" Konstruktionselemente in der Biologie. Umschau 26, 966–970.
Nachtigall, W. (1971b): Biotechnik. Statische Konstruktionen in der Natur, UTB 54, Quelle & Meyer, Heidelberg.
Nachtigall, W. (1972): Biologische Forschung. Aspekte, Argumente, Aussagen, Quelle & Meyer, Heidelberg.
Nachtigall, W. (1974): Phantasie der Schöpfung. Faszinierende Entdeckung der Biologie und Biotechnik, Hoffmann und Campe, Hamburg.
Nachtigall, W. (1977): Funktionen des Lebens. Physiologie und Bioenergetik von Mensch, Tier und Pflanze, Hoffmann und Campe, Hamburg.
Nachtigall, W. (1978): Einführung in biologisches Denken und Arbeiten, Quelle & Meyer, Heidelberg.
Nachtigall, W. (1981): Zoophysiologischer Grundkurs, 2., überarb. Aufl., Studium Biologie, Verlag Chemie, Weinheim.
Nachtigall, W. (1983): Biostrategie. Eine Überlebenschance für unsere Zivilisation, Hoffmann & Campe, Hamburg.
Nachtigall, W.(1985): Warum die Vögel fliegen, Röhring, Hamburg 1985.
Nachtigall, W. (1986): Konstruktionen. Biologie und Technik, VDI Verlag, Düsseldorf.
Nachtigall, W. (1993): Technische Biologie und Bionik – Können biologische und technische Disziplinen etwas voneinander lernen? In: Zwierlein, E. (Hrsg.): Natur als Vorbild. Philosophisches Forum, Univ. Kaiserslautern, Bd. 4, 191–208, Schulz-Kirchner Verlag.
Nachtigall, W. (1995): Zum Optimierungsbegriff in der Biologie. In: Teichmann, K., Willke, J. (Hrsg.): Prozeß und Form natürlicher Konstruktionen, Ernst & Sohn, Passau.
Nachtigall, W. (Hrsg.) (1996): BIONA-Report 10. Technische Biologie und Bionik. Akad. Wiss. Lit. Mainz; Fischer, Stuttgart.
Nachtigall, W. (1997): Vorbild Natur. Bionik – Design für funktionelles Gestalten, Springer, Berlin.
Nachtigall, W. (2001a): Biomechanik. Grundlagen, Beispiele, Übungen, Vieweg, Braunschweig.
Nachtigall, W. (2001b): Technische Biologie von Umströmungsvorgängen und Aspekte ihrer bionischen Übertragbarkeit. Akad. Wiss. Lit. Mainz 4, 1–23.
Nachtigall, W. (2001c): Natur macht erfinderisch, Ravensburger Buchverlag, Ravensburg.

Nachtigall, W. (2002): Bionik. Grundlagen und Beispiele für Ingenieure und Naturwissenschaftler, 2., überarb. u. erw. Aufl., Springer, Berlin.
Nachtigall, W. (2003): Bau-Bionik. Natur, Analogien, Technik, Springer, Berlin.
Nachtigall, W. (2005a): Attachment in animals by tiny, mulitfold devices. In: Rossmann, T., Tropea, C. (Hrsg.): Bionik. Aktuelle Forschungsergebnisse in Natur-, Ingenieur- und Geisteswissenschaft, Springer, Berlin.
Nachtigall, W. (2005b): Biologisches Design. Systematischer Katalog für bionisches Gestalten, unter Mitarbeit von A. Wisser, Springer, Berlin.
Nachtigall, W. (2006a): Ökophysik. Plaudereien über das Leben auf dem Land, im Wasser und in der Luft, unter Mitarbeit von A. Wisser, Springer, Berlin, Heidelberg.
Nachtigall, W. (2006b): Testlabor Natur. Entwickeln und Konstruieren nach biologischen Vorbildern. In: Blüchel, G., Malik, F. (Hrsg.): Faszination Bionik, 186–207, Bionik-Media, München.
Nachtigall, W. (2008): Bionik. Lernen von der Natur, Beck'sche Reihe „Wissen", C. H. Beck, München.
Nachtigall, W., Bilo, D. (1965): Die Strömungsmechanik des Dytiscus-Rumpfes. Z. Vergl. Physiol. 50, 371–401.
Nachtigall, W., Bilo, D. (1980): Die Strömungsanpassung des Pinguins beim Schwimmen unter Wasser. J. Comp. Physiol. A 137, 17–26.
Nachtigall, W., Blüchel, K.(2001): Das Große Buch der Bionik. Neue Technologien nach dem Vorbild der Natur, 2. Aufl., DVA, München.
Nachtigall, W., Kage, M. (1980): Faszination des Lebendigen. Eine graphische Entdeckungsreise durch den Mikrokosmos, Herder, Freiburg.
Nachtigall, W., Wilson, D. M. (1967): Neuro-muscular control in dipteran flight. J. Exp. Biol. 47, 77–97.
Nachtigall, W., Wisser, A. (Hrsg.) (1998): BIONA-report 12. Technische Biologie und Bionik 4. 4. Bionik-Kongreß, München 1998, Akad. Wiss. u. Lit. Mainz; G. Fischer, Stuttgart.
Nagel, E. (1979): The structure of science, Indianapolis.
Nakamura, Y. (2003): Combination of ARIZ92 and NM (Nakayama, Masakazu) Method for the 5-th level problems. TRIZCON2003, philadelphia, March 2003.
Nervi, P., Bartoli, A. (1950): Perfezionamento nella costruzione di solai, volte, cupole, traviparete et strutture portanti in genere a due o tre dimenzioni, con disposizione delle nervature resistenti lungo de linee isostatiche dei momenti o degli sforzi normali. Italienisches Patent Nr. 455678.
Neumann, D. (Hrsg.) (1993): Technologie-Analyse Bionik. Analyse und Bewertung zukünftiger Technologien, VDI Technologiezentrum Physikalische Technologien, VDI Verlag, Düsseldorf.
Nordmann, A. (2005): Was ist TechnoWissenschaft? Zum Wandel der Wissenschaftskultur am Beispiel der Nanoforschung und Bionik. In: Rossmann, T., Tropea, C. (Hrsg.): Bionik. Aktuelle Forschungsergebnisse in Natur-, Ingenieur- und Geisteswissenschaft, 209–218, Springer, Berlin, Heidelberg, New York.
Orloff, M. (2006) Grundlagen der klassischen TRIZ: ein praktisches Lehrbuch des erfinderischen Denkens für Ingenieure. 3. Auflage, Springer, Berlin etc.
Otto, F. (1988): Gestaltwerdung. Zur Formentstehung in der Natur, Technik und Baukunst, Köln.
Pfeiffer, F., Cruse, H. (1994): Bionik des Laufens. Technische Umsetzung biologischen Wissens. Konstruktion 46, 261–266.
Pittendrigh, C. S. (1958): Adaption, naturqal selection and behaviour. In: Roe, A., Simpson, G. G. (Hrsg.): Behaviour and evolution, New Haven.
Pohl, G. (2006): Wo die Natur das Maß vorgibt. In: Blüchel, G., Malik, F. (Hrsg.): Faszination Bionik, 208–219, Bionik-Media, München.
Popper, K. (1969): Logik der Forschung, Mohr, Tübingen.
Popper, K. (1975): Objective Knowledge, Clarendon Press, Oxford.
Portmann, A. (1956): Biologie und Geist, Herder, Freiburg.
Post, M. (1996): Bionik-Design. In: Nachtigall, W., Wisser, A. (Hrsg.): Technische Biologie und Bionik 3, 3. Bionik-Kongreß Mannheim, BIONA-report 10, 23–31, Fischer, Stuttgart.
Putnam, H. (1982): Vernunft, Wahrheit und Geschichte, Frankfurt.

Rechenberg, I. (1973): Evolutionsstrategie – Optimierung technischer Systeme nach Prinzipien der biologischen Evolution. Frommann-Holzboog, Problemata 15. Folgeband: Evolutionsstrategie 94. Werkstatt Bionik und Evolutionstechnik, Bd. 1, Frommann-Holzboog, Stuttgart.

Rosenblueth, A., Wiener, N., Bigelow, J. (1943): Behaviour, purpose and technology. Phil. Sci. 10.

Rossmann, T., Tropea, C. (Hrsg.)(2005): Bionik. Aktuelle Forschungsergebnisse in Natur-, Ingenieur- und Geisteswissenschaft, Springer, Berlin, Heidelberg, New York.

Schark, M. (2005): Organismus – Maschine: Analogie oder Gegensatz? In: Krohs, U., Toepfer, G. (Hrsg.): Philosophie der Biologie, 418–435, Suhrkamp, Frankfurt.

Schildknecht, H. E., Maschwitz, E., Maschwitz, U. (1968): Die Explosionschemie der Bombardierkäfer (*Coleoptera, Carabidae*). Z. Naturforschung 23b, 1213–1218.

Schmidt, J. C. (2000): Die physikalische Grenze. Eine modelltheoretische Studie zur Chaostheorie und zur nichtlinearan Dynamik, St. Augustin.

Schmidt, J. C. (2002a): Vom Leben zur Technik? Kultur- und wissenschaftstheoretische Aspekte der Natur-Nachahmungsthese in der Bionik. Dialekti, Zeitschrift für Kulturphilosophie, 2, 129–142.

Schmidt, J. C. (2002b): Wissenschaftsphilosophische Perspektiven der Bionik. Therma Forschung TU Darmstadt 2, 14–19.

Schmidt, J. C. (2002c): Interdisziplinäre Erkenntniswege. In: Krebs, H. et al. (Hrsg.): Perspektiven interdisziplinärer Erkenntnisforschung, 55–72, Münster.

Schmidt, J. C. (2005): Bionik und Interdisziplinarität: Wege zu einer bionischen Zirkularitätstheorie der Interdisziplinarität. In: Rossmann, T., Tropea, C. (Hrsg.): Bionik. Aktuelle Forschungsergebnisse in Natur-, Ingenieur- und Geisteswissenschaft, 219–245, Springer, Berlin, Heidelberg, New York.

Schülein, J. A., Reitze, S. (2002): Wissenschaftstheorie für Einsteiger: WUV, UTB, Facultas, Wien, WUV Universitätsverlag.

Schweitzer, A. (1988): Das Problem des Ethischen in der Entwicklung des menschlichen Lebens. In: Bähr, H. W. (Hrsg.): Die Ehrfurcht vor dem Leben, Grundtexte aus fünf Jahrtausenden, 5. Aufl., München.

Serres, M. (1992): Hermes II, Interferenz, Berlin.

Serres, M. (1994): Der Naturvertrag, Frankfurt.

Stachowiak, H. (1973): Allgemeine Modelltheorie, Ropohl, Wien, New York.

Steele, J. E. (1961): In: Bionics symposium: Living prototypes – the key to new technology. Wadd Technical Report, Wright-Patterson Airforce Base (US Airforce), Ohio.

Stephan, C., Schmierer, R. (2003): Strukturelles Erfinden – What is „Structured Inventive Thinking" (SIT)? http://www.triz-online-magazin.de/Ausgabe0301/artikel2.htm.

Stotz, K. (2005a): Organismen als Entwicklungssysteme. In: Krohs, U., Toepfer, G. (Hrsg.): Philosophie der Biologie, 125–143, Suhrkamp, Frankfurt.

Stotz, K. (2005b): Geschichte und Positionen er evolutionären Entwicklungsbiologie. In: Krohs, U., Toepfer, G. (Hrsg.): Philosophie der Biologie, 338–358, Suhrkamp, Frankfurt.

Strasburger, E. (1978): Lehrbuch der Botanik für Hochschulen, 31. Aufl., Fischer, Stuttgart.

Sulzer, J. G. (1750): Versuch einiger moralischer Betrachtungen über die Werke der Natur, Berlin.

Tarassow, L. (1999): Symmetrie. Strukturprinzipien in Natur und Technik, Spektrum, Heidelberg.

Toepfer, G. (2005): Der Begriff des Lebens. In: Krohs, U., Toepfer, G. (Hrsg.): Philosophie der Biologie, 157–174, Suhrkamp, Frankfurt.

Treviranus, G. R. (1802): Biologie oder Philosophie der lebenden Natur für Naturforscher und Ärzte, Bd. 1., Göttingen.

Vester, F. (1999): Die Kunst vernetzt zu denken: Ideen und Werkzeuge für einen neuen Umgang mit der Komplexität, DVA, Stuttgart.

Vincent, J. F. V., Mann, D. (2000): TRIZ in biology teaching. http://www.triz-journal.com/archives/2000/09/a/index.htm.

da Vinci, L. (1506): Sul volo degli ucelli. Florenz. In: Giacometti, R.: Gli scritti di Leonardo da Vinci sul volo. Bardi, Roma, 1936.

Wagner, R. (1961): Rückkopplung und Regelung, ein Urprinzip des Lebendigen. Die Naturwissenschaften 8.

Weber, C. (2005): CPM/PDD – An extended theoretical approach to modelling products and product development processes. In: Bley, H. et al. (Hrsg.): Proc. of the 2. German-Israel Symp. on advances in methods and systems for development of products and processes, 159–179, Fraunhofer IRB-Verlag, Stuttgart.

Weber, H. (1930): Biologie der Hemipteren. Eine Naturgeschichte der Schnabelkerfe, Springer, Berlin.

Weber, M. (1999): Hans Driesch's Argumente für den Vitalismus. Philosophia naturalis 36, 265–295.

Weber, M. (2005a): Supervenienz und Physikalismus. In: Krohs, U., Toepfer, G. (Hrsg.): Philosophie der Biologie, 71–87, Suhrkamp, Frankfurt.

Weber, M. (2005b):Philosophie des biologischen Experiments. In: Krohs, U., Toepfer, G. (Hrsg.): Philosophie der Biologie, 71–87, Suhrkamp, Frankfurt.

Weischedel, W. (Hrsg.) (1957): I. Kant – Kritik der Urteilskraft, Frankfurt.

Weiss, P. (Hrsg.)(1971): Hierarchically organized systems in theory and practice, New York.

von Weizsäcker, C. F. (1974): Die Einheit der Natur, München.

von Weizsäcker, E. U. (1974): Offene Systeme, Stuttgart.

Willis, D. (1997): Der Delphin im Schiffsbug. Wie Natur die Technik inspiriert, Birkhäuser, Basel, Originalausgabe: The Sandollar slide Rule (1995): Addison-Wesley, New York.

Winkler, G. (2000): Gekkomat. http://www.gekkomat.de.

Wolff, C. (1740): Philosophia rationalis sive logica, Pars I, Hildesheim.

Yakovlew, S., Bannasch, R. (2006): Maritime Technik. Von der Delphin-Kommunikation zum Tsunami-Frühwarnsystem. In. BioKon (Hrsg.): Industriekongreß Bionik 2006 – Innovationsmodell Natur, 1999–2006. BioKon e. V., Berlin.

Zerman, Z., Barthlott, W. (2006): Meilensteine auf dem Weg vom biologischen Vorbild zum Produkt. Vorstellung der Ergebnisse einer Befragung der BioKon-Mitglieder zum Thema "Übertragung biologisch inspirierter Erfindungen in die Technik", Publ. Bundesministerium für Bildung und Forschung.

Zerbst, E. W. (1987): Bionik, Teubner, Stuttgart.

Zoglauer, T. (1994): Modellübertragungen als Mittel interdisziplinärer Forschung. In: Maier, W., Zoglauer, T. (Hrsg.) (1994):Technomorphe Organismuskonzepte, 12–24, problemata 128, Frommann-Holzboog, Stuttgart-Bad Cannstatt.

Personenverzeichnis

A

Ablay 113
Achinstein 63
Adorno 127
Alexander 105
Altshuller 181
Aristoteles 41, 55
Autrum 27
Autumn 163

B

Bacon 41
Bannasch 146, 199
Barthlott 99, 122
Bartoli 91, 93
Bauch 41
Beament 111
Bertalanffy 6
Bieri 102
Bilo 133
Blickhan 148
Blüchel 128
Bourguet 7
Boveri 39
Burdach 4
Burgeff 39

C

Carrier 138
Castanet 146
Cruse 158

D

da Vinci 92, 93
Dawkins 76
de La Mettrie 128
Descartes 5, 9
di Bartolo 69, 72
Driesch 10, 55
Duncker 64, 65, 68
Dürr 173

F

Feyerabend 86
Filkowsky 183
Frey 5

G

Galilei 23, 34, 41, 44, 48
Gasc 146
Gehring 86, 136
v. Gleich 158
Gürtler 85
Gutmann 4

H

Hansen 146
Haraway 138
Hartmann 34, 39, 40, 45
Hasselberg 102
Hassenstein 56, 63, 102
Hegel 127
Helmcke 90, 152
v. Helmholtz 37
Hempel 100
Heydemann 126
Hill 129, 165, 166, 189–191
Hobbes 100

Hodgkin 82
Hume 130

J

Janich 122
Jantsch 135

K

Kage 126
Kant 52, 130, 135
Kitcher 73
v. Klitzing 129
Kloskowski 7
Kramer 94
Krohs 62, 73, 76, 77, 122
Kummer 93, 95, 96, 99
Kutschera 69, 76

L

Latour 138
Laubichler 5, 6, 77
Leibniz 9, 40

M

Mahner 11
Malik 113, 158
Mann 181
Mattheck 173
Maturana 6
Mayr 52
McLaughlin 62–64
Merton 137
Mohr 57
Müller 175
Müller-Mohnnsen 108

N

Nachtigall 3, 19, 20, 24, 27, 31, 50, 69, 70, 75, 86, 103, 120, 122, 126, 128, 130, 133, 136, 160, 167, 172, 194
Nagel 11
Nakamura 185–188
Nakayama Masakazu 184
Neinhuis 99
Nervi 91, 93
Neumann 164
Nordmann 137, 138

O

Otto 119

P

Pascher 39
Pfeiffer 158
Pittendrigh 101, 130
Pohl 80
Popper 39, 54, 56, 57, 137
Portmann 55
Post 69, 71
Putnam 84

R

Rechenberg 173
Reitze 3
Renous 146
Rosenblueth 101
Rossmann 137

S

Schark 128
Schildknecht 96
Schmidt 83, 84, 87, 90, 120, 122, 124, 127, 129, 130, 135, 136, 139, 140, 147
Schmierer 183
Schülein 3
Schweitzer 5
Serres 136, 139
Stachowiak 84
Steele vii
Stephan 183
Stotz 6, 77
Sutton 39

T

Tarassow 127
Thanbichler 170
Toepfer 4, 7, 51, 52, 122
Treviranus 4
Tropaea 137

V

Vertebraten 68
Vester 104, 173
Vincent 181

W

Wagner 113
Warnke 152
Weber 10, 11, 23, 153

Weingarten 122
Weiss 6
v. Weizsäcker 140
v. Wettstein 39
Willis 158
Wilson 24
Winkler 163
Wolff 10

Y

Yakovlew 199

Z

Zerbst 124, 126
Zerman 158
Zoglauer 87, 97, 102

Sachverzeichnis

A

Abgrenzungsproblem, Design 75
Abhängigkeit, eindeutige 49
Abhängigkeit, statistische 49
adäquate Deskriptionsform 19
Adler 35
Alltagsbewusstsein 3
Analogie und Modellbegriff 97
Analogie von Kenngrößen 110
Analogie, funktionelle 90
Analogiefindung „im Nachhinein" 96
Analogieforschung 90, 154
Analogieforschung am Anfang 152
Analyse und Synthese 12, 40
Apollo-Mondladefähre 97
argument from design 76
Artbegriff, biologischer 34, 42
Ästhetik
– als Betrachtungskategorie 126
– als Nachahmungstyp 126
– als Ordnungsprinzip 126
Atemapparat 68
Augentierchen 101
Ausweichmechanismus 50, 53
äußere Teleologie 51

B

Begreiflichkeit, Natur 37
Beinbewegung 8, 16
belebte Systeme, Kennzeichen 6
Belebtsein 4
Beobachtung und Beschreibung 15, 22
Beschreibung, angemessene 17
Beschreibungsformen 18
beurteilen 33

Beziehungsgefüge 176
BioKoN 137
Biologie
– technische viii, 8, 66, 91, 122, 137, 143
– Vorgehensweisen 15
Biologie → Analogiebildung → Technik 92
Biologie und Technik 12
biologische
– Art 42
– Erkenntnis 104
– Selbstreinigung 99
biologischer Befunde, Abstraktion 59
biologisches Design 69, 71
Bionik viii, 86, 137
– als Ansatz zum strukturierten Erfinden 179
– als fachübergreifende Vorgehensweise 149
– als heuristisches Prinzip 162
– als interdisziplinärer Ansatz 135
– als konzeptueller Ansatz 143
– als naturbasierter Ansatz 119
– als sprachbasierte Übersetzungsmethodologie 147
– als „symmetrischer Zirkulationskatalysator" 140
– beginnt mit der Gegenüberstellung 153
– Definitionen 144, 146
– Design 69, 123
– ein Denkansatz 171
– ein Werkzeug 176
– eine Lebenshaltung 174
– eine ursprüngliche Definition 144
– im weitesten Sinne viii
– kein allgemeiner Problemlöser 176
– keine Heilslehre 176
– Suchblätter 165

- VDI-Definition 144
- zukunftsadaptive Definition 145
- zwei Gesichter 200
Bionikdarstellungen 165
Bionikdaten auf Katalogblättern 165
bionische
- Designvorlagen 165
- Näherungsweise 72
- Übertragung, gleichartige 163
- Übertragung, Sichtweise des VDI 164
- Übertragung, ungleichartige 163
bionisches Kooperationsprojekt, Beispiel 150
blutende Hostie 9
Blutgefäßsystem 72
Bogen-Sehnen-Brücke 96
Bombardierkäfer 97
Brainstorming (BR) 180

C

Chaosbionik 140

D

Dampflokomotive, Radantrieb 49
Dampfturbine, Drehzahlregler 103
Deduktion 33
deduktiv-nomologisches Erklärungsmodell 100
deduktive
- Komponente 37
- Methode 33, 34
Dehnungskurve 28
Delfinhaut 94
Denken 103
Denkmodelle 115
Design 69
Deskription 19
deskriptive Morphologie 74
drahtlose Unterwasserkommunikation 199
Dreipol 113
Druck- und Zugspannungstrajektorien 93

E

Effizienz und Optimierung 129
Effizienzbegriff 131
einfachste Erklärungsmöglichkeit 9
Einzelfälle, konstruierte 38
Einzelfälle, prüfbare 38
Elytren 20
Emergenztheorie 11
Entwurfsfunktion 63

epistemologischer Reduktionismus 10
erklären 33, 54, 56
Erklärungswert finaler Beziehungen 52
Eselspinguin 133
Ethik 175
Evolution 5
Experiment 23, 44
- qualitatives 23, 25
- quantitatives 24
- Typen 23
- Verbindlichkeit 48

F

fädige Kunststoffe 121
Fallversuche, Galilei 34
Falsifizierungstheorem 39
Feldbahnkupplung 154
finale Handlungserklärung, Modell 101
Finalität 55
- als heuristisches Prinzip 54
Finalität und Heuristik 50
Finalitätsbetrachtungen 55
Fliege 24
Flügelbewegung 17, 46
Formvergleich 155
Fortpflanzungserfolg 131
Frosch 43
Funktion und Komplexität 64
funktionale Ähnlichkeit 99
funktionelle
- Anforderungen 71
- Formgestaltung 70
- Mehrfachausprägung 63
Funktionsarten 63
Funktionsausprägung 63
Funktionsbionik 123
Funktionsebenen, Hierarchie 64, 65
Funktionserklärung, Modell 102
Funktionsmodell 112
Funktionsmorphologie 71, 75
Funktionsträger 63
Funktionsvergleich 64, 155

G

Galileis Fallversuche 44, 45
Ganzheit 55
Ganzheitsbetrachtungen 26
Gebrauchsfunktion 63
generelles Design 77
Geräte 16
Gesetz 57
gezielte Ausschaltung, Prinzip 29

Sachverzeichnis

Gleitflug   35
graben   48
Grashalm und Fernsehturm   91, 152
Grenzüberschreitung   9, 55
Grundlagenforschung   104
– als Kulturauftrag   157
– problembezogene   156, 157
– vergleichende   156
– „zweckfreie"   157
Grundprinzipien natürlicher Systeme   172
Gymnasium Unterhaching, Bionik-Tage   170

H

Haft-Pad   79, 87
Hafttarsus   87
Hand   50
Handlungsnachahmungsthese, Bionik   124
haploide Organismen   39
Hebb-Synapse   122
hermeneutischen Spirale   66
heuristisches
– Modell   112
– Prinzip   54
Hilfsbegriff „optimiert"   132
homologe Organe   43
Hund   22
Hundertfüßler   16
Hypothese   38, 56
Hypothesenprüfung   38

I

ikonische Ähnlichkeit   98
Indirekte Messung, Prinzip   27
Induktion   33
– exakte   43
– generalisierende   41
– reine   41
– vierfaches Methodengefüge   40
induktive Methode   33
induktiven Schließen, Prinzipkette   36
Informationsbionik   123
Informationspool   86, 104, 156
innere Teleologie   51
Insekt   27
Insektenlaufmaschine   158
Intention   101
intentionale Handlungserklärung, Modell   101
Intentionalitätsproblem, Design   73
Interdisziplinarität   135
isostatische Betonrippen   93
iterative Modellbetrachtung   141

K

Kaffeemaschine   61
Karpfenmaul   105
kausale Zuordnung, Unsicherheit   48
Kausalerklärung, Modell   100
Kausalität und Statistik   48
Kausalitätsprinzip   45
Kausalverbindungen   49
Kausalverknüpfung   29, 30, 46
– mehrerer Phänomene   46
Kette   113
kinematischen Kette   106
kleine Schritte, Prinzip   25
Klettband   viii
Klettfrüchte   viii
Knochenbälkchen   70
„Kochrezepte" zur Bionik   194
Kofferfisch   85, 160
Komplexauge   27
Konstruktionsbionik   123
Konstruktionsmorphologie   71, 75
Konstruktionsnachahmungsthese, Bionik   124
konstruktiver Funktionshorizont   69
Konstruktivismus   84
Körper geringsten Widerstands   70
Körpertemperatur   21
Korrelation   29, 30
Kräfteverlaufs im Biegebalken   99
Kreativitätstraining mit Bionik   166
künstliche
– Delfinhaut   94
– Schlagflügel   93
Kunststofffäden   121
Kurvenflug   24

L

Langlaufskibelag   146, 147, 163
Laufmaschine   159
Laufschuhe   152
Leben   3
Leben → Technik   127
lebende Systeme, Prinzipien   7
Lebendiges   4
Lebensäußerung   5
Lebenserscheinungen   4
Lebensform   4
Lernen   103
Lernen von der Natur   119
Lichtsinneszelle   26
Lösung einer Struktur, Prinzip   27
Luscinius-Methode (LU)   194

M

Maikäfer 20
Maikäferelytren 20
Masche 113
Maschinenanalogie 100
Maschinentheorie von Lebewesen 128
Maulwurf 48
Maus 21
Mehlschwalbe 159
Mehrdeutigkeitsproblem, Design 74
Mehrfachverknüpfung 30
Mensch 50
– Wärmehaushalt 109
Mercedes-Benz bionic car 85, 158, 160
Metapher 90
Methode von Nakayama Masakazu (NM) 184
Methode von Yoshiki Nakamura (YN) 186
Metodo risolutivo 23
Modell 105
– als analoge Abstraktion 105
– als Schnittmenge 83
– als Vorbild 84
– Naturrelation 81
Modellbegriff 84
– erkenntnistheoretische Kritik 83
Modellbildung als Basis 79
Modelle
– chemische 112
– elektrische 108, 109
– kybernetische 112
– mathematische 114
– mechanische 105, 107
– nachrichtentechnische 113
Modellerklärungen 100
modellmäßige Abstraktion 79, 104
– Schlussfolgerungen 115
Modelltypen und -theorien 82, 98
Modellübertragung 86, 88, 98, 99
Modellzirkulation 140
Moral 175

N

Nachahmungsthese der Bionik 124
Nachahmungstypen, Bionik 125
Nahrungsverwertung 36
Natur vii
– als Abstraktionsbasis 79
Natural Design 69
natural kinds 11
Naturbegriff 117, 119
Naturnachahmung durch Bionik 122
Naturorientierte Inventionsstrategie (NAIS) 189
Naturprinzipien, abstrahierte vii
Naturvergleich, Formalisierung 149
Naturvorbilder 117
natürliche Arten 11
(neo-)pragmatische Modelltheorie 84, 97
Nervenleitung 81
Nervenmembran 84, 108
nicht reduktiver Physikalismus 10
nomologische Ähnlichkeit 99

O

Ober-Unterarm-System 74
Ökophysik 120
ontologischer Reduktionismus 10
Optimierungsbegriff 130
Optimierungskriterien als heuristische Prinzipien 132
Organisation 4
organismische
– Formgestaltung 70
– Komplexität 66
„Organismus Maschine" 128
Organismusbegriff 5
Organnachahmungsthese, Bionik 125

P

Pantoffeltierchen 50, 53
Parallellaufen 30
Pfortadersystem 62
Philosophie und Pragmatismus 127
Physikalismus 9
Physikotheologie 51
Pinguinrumpf 70
Pragmatismus 84
Prinzip
– Nutzung der Sonnenenergie 173
– der einfachsten Möglichkeiten 18
– der weiterführenden Möglichkeiten 18
– Energieeinsparung 173
– Entwicklung 173
– Feinabstimmung 172
– integrierte Konstruktion 172
– Multifunktionalität 172
– Optimierung 172
– totale Rezyklierung 173
– Vernetzung 172
– zeitliche Limitierung 173
Prinzipien lebender Systeme 7
Problemfindung 54
Prozessbionik 123

Sachverzeichnis 217

R

Räuber – Beute 21
Realismus 84
Reduktionismus 9, 10
reduktiver Physikalismus 10, 12
Regeln 102, 103
Regulation 4
Relationskriterium 81
Reproduzierbarkeit, Prinzip 28
Reynoldszahl 133
Rückmeldung 103

S

Säugerrumpf 96
Säugerskelett 95
Schachtelsystem, widerspruchsfreies 48
Schlangenhaut 146
Schlangenschuppen-Morphologie 163
Schließen
– deduktives 34, 35
– induktives 34
schlussfolgern 33
Schneckenfuß 28
Schnürring 107
Schule und Bionik 169
Schwimmbewegungen 19
Schwimmverhalten 53
Sechsstufenweg
– Biologie → Technik 196
– der LU-Methode 196
– Technik → Biologie 198
Seeigel 79
Selbstdarstellung 55
Selbstoptimierung 129
Selbstreinigungsprinzip 197
SFB 230 „Natürliche Konstruktionen" 119
Sinnesorgane 15
Sollwerteingabe 103
Sony-Hund 158
Speichelsekretion 22
spezielle Teleologie 51
Spezifikationskriterium 81
Spinnfadenmaterial 121
Springen, Koboldmaki 49
Star 46
Steuern 102, 103
Stoffwechselleistung 131
Strategiemodell zum Natur-Technik-Vergleich 190
Structured Inventive Thinking (SIT) 182
Supervenienztheorie 11
synoptische Darstellung 68

System 5
System Organismus 6

T

Taumelkäfer 19
Technik → Analogiebildung → Technischen Biologie 94
Technik → Leben 127
Technik und biologische Evolution 129
Technische Biologie und Bionik als Kreislaufsystem 148
Technowissenschaft 135, 136
– Vorgehensweise 138
Teleologie 51, 130
Teleologie und Zweckhaftigkeit 51
Teleologische/finale Naturerklärung 101
teleologischer Gottesbeweis, Design 76
Teleonomie 130
Tetrapodenschädel 74
Theorie 3, 56
Theorie des erfinderischen Problemlösens (TRIZ) 180
Therapsiden 68
TRIZ-Methode 180
Tunneldiode 107
Typisierung der Bionik 122

U

überholter Ergebnisse 57
Umsetzung, technische vii
unfunktionelle Analogien 90
universale Teleologie 51
Ursache 53
ursächlichen Zusammenhang 30

V

Vererbung, Chromosomentheorie 39
Verfahrensbionik 123
Verfahrensnachahmungsthese, Bionik 125
vergleichende Grundlagenforschung 104
Verknüpfungen über Zwischenstufen 49
Vernunftnachahmungsthese, Bionik 125
Verstehen 56
Visualisierung von Bionikdaten 165
visuelle Darstellung 67
Vitalisten 55
Vogelschwungfeder 93
Vollständigkeitskriterium 82
Vorgehensschema der LU-Methode 193
Vorgehensweise
– der Bionik 89
– der Technischen Biologie 89
Vorhersagen 56

W

Wanzenflügel-Kupplung 154
Warmblütigkeit 68
Wärmeaustausch 109, 110
Wasserkäfer 87, 133
Widerstandsbeiwert 133
Windebewegung 17
Wirkung oder Folge 53
Wirkungsgrad 131, 132
Wissenschaft 3
Wissenstypen 3
Wissensverzicht 57

Z

Zielsetzung für Bionik und Gesellschaft 175
Zirkulation 135, 136
Zirkulationsprinzip 139
Zusammenarbeit Biologie – Technik 157
Zweck 52
„zweckfreie" Grundlagenforschung 157
Zweckmäßigkeit 51, 54
Zweckmäßigkeitsbegriff 130
Zwecksetzung 51
Zweipol 113
Zwischenstufen, nicht berücksichtigte 48

Prof. em. Dr. rer. nat. Werner Nachtigall hat an der Ludwigs-Maximilians-Universität und an der Technischen Universität München unter anderem Biologie und Physik studiert. Nach Ablegung seines Philosophikums und des Staatsexamens wurde er mit einer biophysikalischen Arbeit promoviert. Mit einer weiteren fachübergreifenden Arbeit hat er sich habilitiert; auch in der Folge ist er an der Ludwigs-Maximilians-Universität in München, an der University of California in Berkeley und an der Universität des Saarlands in Saarbrücken dem Grenzgebiet zwischen Natur und Technik treu geblieben.

Neben seinem Hauptarbeitsgebiet „Bewegungsphysiologie" hat er als langjähriger Leiter des Zoologischen Instituts der Universität des Saarlandes die Forschungs- und Ausbildungsrichtung „Technische Biologie und Bionik" gegründet sowie eine Gesellschaft gleichen Namens. Mit über 200 wissenschaftlichen Arbeiten auf diesen Gebieten und zahlreichen Buchpublikationen ist er einer der Begründer einer modernen Bionik sowie Mitbegründer des Bionik-Kompetenz-Netzes BioKoN. Er gilt weltweit als der bedeutendste Promotor dieses Fachs, für dessen Konstituierung und Verankerung in Wissenschaft und Gesellschaft er sich jahrzehntelang intensiv eingesetzt hat.